Functionalization of
Carbon Supports of Electrocatalysts

电催化剂碳载体的功能化

杨丽丽　陈维民　著

化学工业出版社
·北京·

内容简介

低温燃料电池作为一种清洁、高效的新型电源，正在取得日益广泛的应用。电催化剂是低温燃料电池的重要组成部分，其性能直接决定了燃料电池的能量转化效率。碳载体是低温燃料电池普遍采用的催化剂载体，具有良好的分散性、导电性和电化学性能。对碳载体进行功能化处理，可以使碳载体本身的优势得到更加有效的发挥，从而显著提升电催化剂的性能。

本书总结了近年来在电催化剂碳载体功能化方面的研究成果，对碳载体的共价功能化、碳载体的非共价功能化、共轭导电聚合物的功能化作用、有机物热解产物的功能化作用以及无机材料的功能化作用分别进行了阐述。

本书适合从事催化材料及燃料电池等领域研究和开发的人员阅读，也可供高等院校相关专业的本科生和研究生参考。

图书在版编目（CIP）数据

电催化剂碳载体的功能化/杨丽丽，陈维民著. —北京：化学工业出版社，2021.4

ISBN 978-7-122-38935-0

Ⅰ.①电… Ⅱ.①杨…②陈… Ⅲ.①电催化剂-研究 Ⅳ.①TM910.6

中国版本图书馆 CIP 数据核字（2021）第 067588 号

责任编辑：仇志刚 高 宁　　文字编辑：于 水
责任校对：王鹏飞　　装帧设计：张 辉

出版发行：化学工业出版社（北京市东城区青年湖南街 13 号 邮政编码 100011）
印 装：北京天宇星印刷厂
710mm×1000mm 1/16 印张 12½ 字数 235 千字
2021 年 4 月北京第 1 版第 1 次印刷

购书咨询：010-64518888　　售后服务：010-64518899
网 址：http://www.cip.com.cn
凡购买本书，如有缺损质量问题，本社销售中心负责调换。

定 价：98.00 元

前言

随着人类对能源需求的不断增长和对环境质量要求的不断提高，清洁能源在能源消耗中日益成为主要的选择。传统的火力发电需要燃烧大量的化石燃料，排放大量的污染物，其能量转化流程是化学能→热能→机械能→电能，能量转化效率很低。燃料电池是一种不经过燃烧、将物质的化学能直接转化为电能的电化学装置。燃料电池的放电不需要经过热功转换的过程，其能量转化不受卡诺循环的限制，因此能量利用效率远高于热机。同时，燃料电池的产物比较清洁，对环境的影响较小。由此可见，燃料电池是一种清洁、高效的能量转换装置，拥有广阔的发展前景。

低温燃料电池技术在近年来取得了快速的发展。低温燃料电池的运行温度通常只有几十摄氏度，这有利于减小能量损失，并便于其日常维护。低温燃料电池采用聚合物电解质，这赋予它较好的可移动性，既可用于交通运输，也可用于便携式设备的供电。低温燃料电池所采用的燃料可以是氢气，也可以是醇类等有机小分子物质。由于运行温度较低，低温燃料电池的催化剂通常采用负载型贵金属催化剂。为提高燃料电池活性组分的利用率，需要将贵金属制成高分散的纳米粒子，并均匀地负载于载体材料上。这就要求载体材料具有较大的比表面积和较好的分散性。此外，燃料电池的电化学反应伴随着电子转移，这又要求载体材料具有较高的电子导电性。

碳材料具有优异的电子导电性和良好的分散性能，是燃料电池催化剂较为理想的载体材料。常见的碳载体包括炭黑、碳纳米管、碳纳米纤维、石墨烯及规整介孔碳材料等。这些碳载体都具有较大的比表面积和良好的导电性，已被广泛应用于电催化领域。此外，不同的碳载体又有各自的特点。例如炭黑载体主要由无定形碳构成，其多孔结构十分有利于纳米金属粒子的负载与分散，其表面官能团对纳米金属粒子具有锚定作用；但炭黑的耐腐蚀性稍差，特别是作为阴极催化剂载体时，在高电位下长期运行时会发生腐蚀，导致纳米金属粒子的团聚，降低了催化活性。碳纳米管、石墨烯等材料具有石墨表面结构，其耐腐蚀性较好；但其光滑的表面使得负载的纳米金属粒子易于发生迁移和聚集，也会造成催化剂电化学表面积的减小和催化活性的降低。

为充分发挥碳载体材料的自身优势，并使其性能更加完善，研究者们通过对碳载体进行功能化处理，使其更加有利于纳米金属粒子的分散和负载，并利用协同效应进一步提升催化剂的活性，增强催化剂的耐久性。①改变碳载体对催化剂纳米金属粒子的分散性能：在催化剂的制备过程中，通过在碳载体表面引入均匀分布的特征官能团，利用这些官能团与催化剂金属前驱体之间的相互作用，使金属前驱体均匀地分布在这些官能团的周围，然后在还原剂的作用下，原位还原成尺度均一且分散均匀的纳米金属粒子。②建立碳载体与催化剂活性组分之间的协同相互作用：在碳载体表面引入特征官能团，利用官能团与纳米金属粒子之间的配位相互作用，增强催化剂的活性和稳定性。还可以通过高温热解等方式在碳载体的表面引入杂原子，如氮掺杂、硫掺杂等。利用这些表面杂原子与催化剂纳米金属粒子之间的电子相互作用，实现催化剂活性和耐久性的改善。③优化碳载体的形貌和孔隙结构：通过自组装过程、模板法等途径，在碳载体的表面构建特定的形貌特征和孔隙结构，一方面可以阻止碳载体本身的堆叠和聚集，使其表面得以充分利用，并有效地改进催化剂的传质性能；另一方面可以在碳载体表面形成半封闭的孔结构，从而抑制催化剂活性组分的迁移和聚集，延长催化剂的使用寿命。

综上所述，通过对电催化剂的碳载体进行功能化处理，既可以保留其原有的优点，又能够在不同方面对其进行性能优化，使之更加适应燃料电池催化剂的要求。碳载体的功能化使低温燃料电池催化剂在纳米金属粒子的分散性、催化剂的活性、抗中毒能力及稳定性等方面都得到了显著的改善，这对于燃料电池这种清洁高效的新型电源的快速发展具有重要意义。

笔者长期从事低温燃料电池催化剂的制备和性能改进工作，对碳载体的改性和功能化进行了较为深入的研究。书中引用了笔者及研究组在国内外期刊发表的研究论文，也引用了部分其他研究者发表的相关研究论文。本书共分6章。第1章对电催化剂与碳载体进行了简要介绍。第2章探讨了碳载体的共价功能化对电催化剂性能的影响。第3章探讨了碳载体的非共价功能化对电催化剂性能的影响。第4章至第6章分别阐述了共轭导电聚合物、有机物热解产物以及无机材料的功能化作用。本书第1～4章由杨丽丽撰写，第5、6章由陈维民撰写。由于作者水平有限，书中不可避免地存在不足之处，望广大读者批评、指正。

著者

2021年2月

目录

第1章 电催化剂与碳载体

第2章 碳载体的共价功能化对电催化剂性能的影响

第6章 无机材料的功能化作用

第1章

电催化剂与碳载体

1.1 电催化剂及其载体

低温燃料电池是电催化剂的主要应用领域之一。燃料电池是一种利用电化学反应将燃料的化学能直接转化为电能的装置[1,2]。与蒸汽机、内燃机等热机相比，燃料电池的一个突出优点在于其高能量转化效率。这是由于燃料电池的运行不需要经过热功转换过程，因而其能量转化效率不受卡诺循环的限制。此外，燃料电池的排放产物相对清洁，是一种环境友好的新型电源。在燃料电池家族中，低温燃料电池的运行条件较为温和，其运行温度一般不高于 100℃，这十分有利于其在交通运输、便携式电源等领域的应用。低温燃料电池主要包括以氢为燃料的聚合物电解质燃料电池和以有机小分子为燃料的直接醇类燃料电池等[3-5]。

电催化剂是低温燃料电池的重要组成部分。低温燃料电池的运行温度相对较低，这使得阳极的燃料电氧化反应和阴极的氧还原反应具有较高的过电位。贵金属（如 Pt、Pd 等）在低温下具有良好的催化活性，因此低温燃料电池所采用的电催化剂通常以贵金属为主。贵金属材料价格昂贵，并且在长期使用过程中易于烧结，为充分发挥贵金属的催化活性，有必要将其负载在合适的载体材料上。电催化剂对载体材料的要求较为苛刻。首先，载体材料需要具有较大的比表面积，以利于贵金属粒子的充分分散，提高其利用率。其次，为确保电化学反应中的电子传递，载体材料还应具备良好的电子导电性。最后，载体材料本身不应参与电化学反应，这要求载体材料具有优良的耐腐蚀性和电化学惰性。由此看来，绝大多数的金属材料和非金属材料都无法满足电催化剂载体的要求。

碳材料广泛应用于社会生产和生活的各个领域。在碳单质的存在形式中，除金刚石以外，石墨型碳和无定形碳都被广泛地用作催化剂的载体材料。炭黑是一种具有多孔结构的无定形碳，是电催化剂的常用载体。近年来，碳纳米管、富勒烯、石墨烯等石墨型碳材料也被广泛地用作电催化剂的载体。石墨型碳材料由 sp^2 杂化的碳原子构成，具有单层或多层的石墨片层结构，其比表面积较大，这有利于金属活性组分的负载与分散。同时，石墨片层结构的耐腐蚀性较强，在电化学环境中比较稳定，这有利于电催化剂的长期使用。

1.2 碳载体的分类

1.2.1 无定形碳

无定形碳是指石墨化程度很低、近似非晶形态的碳材料。电催化剂中最常用的无定形碳载体是炭黑（carbon black）。炭黑具有丰富的孔结构，其比表面积较大，这十分有利于纳米金属粒子的均匀负载。同时，由于炭黑主要来源于天然或人工合成有机物的高温碳化过程，其表面往往含有多种官能团，如羟基、羧基、环氧基等。这些表面官能团使炭黑表面具备一定的活性，可以通过与金属前驱体的相互作用来促进纳米金属粒子的均匀分散。图 1-1 为 Vulcan XC-72 炭黑负载铂钌催化剂（PtRu/C）的透射电子显微镜（TEM）图片[6]。由图可见，炭黑载体（浅色团状物）呈无定形状态；PtRu 纳米粒子（深色颗粒）均匀地分散在炭黑载体上，其平均粒径为 2～3nm。炭黑载体广泛应用于电催化领域，其负载的催化剂具有较大的电化学表面积和较高的催化活性。炭黑载体的相对不足之处在于其耐腐蚀性稍差，在长期使用过程中会因发生腐蚀而导致负载金属粒子团聚，使催化活性降低。

1.2.2 石墨型碳

石墨型碳是指由 sp^2 杂化碳原子构成的具有石墨结构的单质碳材料。石墨晶体本身不具备多孔结构，其比表面积较小，不适合用作电催化剂的载体。石墨型

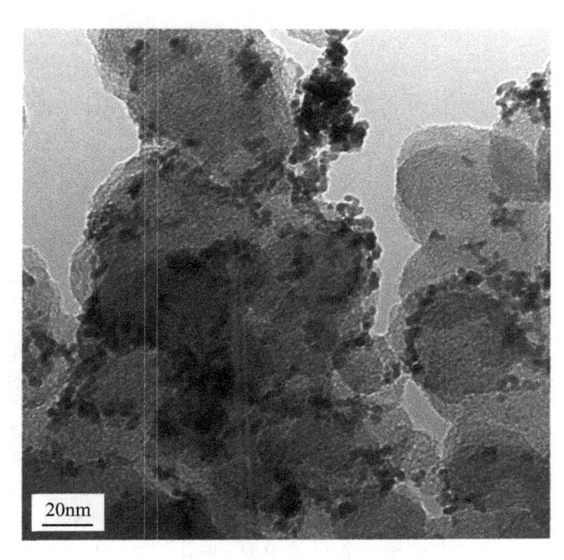

图 1-1　炭黑负载 PtRu 催化剂的 TEM 图片❶

碳载体指的是由单层或多层的石墨片层结构组成的碳纳米管、石墨烯、富勒烯等材料。它们具有较大的比表面积，所以适合用来负载金属粒子。

与无定形的炭黑相比，石墨型碳材料的一个突出优点是具有较强的耐腐蚀性，在电化学环境中比较稳定，这对于电催化剂的长期使用具有重要意义。因此，石墨型碳材料在电催化领域拥有广阔的应用前景。

碳纳米管（carbon nanotubes，CNTs）是由单层或多层的 sp^2 杂化石墨碳层构成的具有管状结构的碳材料，由 Iijima[7] 于 1991 年发现。此后不久，这种具有独特结构和性能的碳材料就在多个领域取得了应用。21 世纪初以来，碳纳米管已被广泛地用作电催化剂的载体材料。图 1-2 为多壁碳纳米管负载 PtRu 催化剂的 TEM 图片[8]。图中显示，PtRu 纳米粒子比较均匀地分散在碳纳米管的表面，其颗粒直径主要分布在 2～3nm 范围内。由 sp^2 杂化碳原子构成的规整表面对金属粒子的附着力较弱。为促进催化剂活性组分的分散，阻止金属粒子在碳纳米管表面的迁移和聚集，在制备催化剂时，可以对碳纳米管表面进行一定程度的功能化处理和改性。

石墨烯（graphene）是将石墨的 sp^2 杂化碳原子层剥离而形成的具有二维蜂窝状晶格结构的新型材料。石墨烯具有优异的光学、电学和力学特性，在材料、电子、能源及生物医学等方面有着广阔的应用前景。在电催化领域，一般采用具

❶ 扫描封底二维码，可以查看全书部分图片的彩色原图。

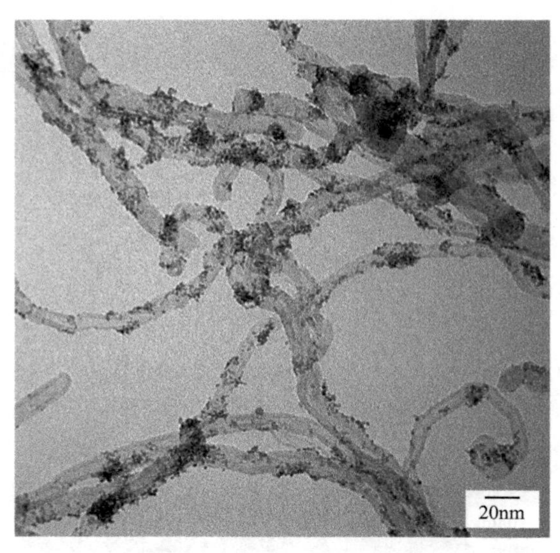

图 1-2　多壁碳纳米管负载 PtRu 催化剂的 TEM 图片

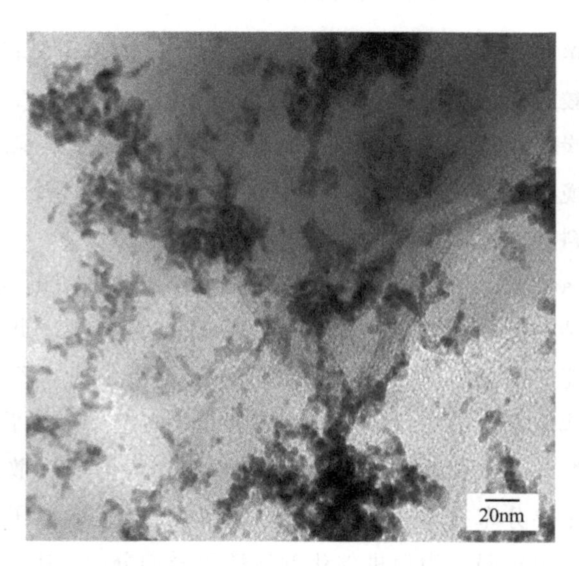

图 1-3　石墨烯纳米片负载 Pd 催化剂的 TEM 图片

有多层 sp^2 杂化碳原子结构的石墨烯纳米片作为载体材料。图 1-3 为石墨烯纳米片负载 Pd 催化剂的 TEM 图片[9]。可以看出，石墨烯纳米片的表面相对平整，金属粒子负载于其上。尽管石墨烯纳米片具有较大的比表面积，但在 sp^2 杂化碳原子的 π-π 相互作用下，其二维片状结构容易发生堆叠，使其表面难以得到充分利用。因此，有必要通过表面功能化处理和改性来阻止石墨烯纳米片载体的堆叠和聚集，从而充分利用其表面积，实现金属粒子的均匀分散。

富勒烯（fullerene）是一种由碳构成的中空分子，形状呈球形、椭球形、柱形或管状。富勒烯的结构与石墨类似，主要由六元环和五元环组成。依据所包含碳原子数的不同，富勒烯有多种组成方式，如 C_{28}、C_{32}、C_{50}、C_{60}、C_{70}、C_{240}、C_{540} 等。图 1-4 为 C_{60} 富勒烯的结构示意图。由多个富勒烯分子组成的团簇具有较大的比表面积和良好的分散性能，可以被用作电催化剂的载体。图 1-5 为 C_{60} 富勒烯负载 Pt 催化剂的 TEM 图片[10]。可以看出，C_{60} 富勒烯的加入量对 Pt 催化剂的分散情况有显著的影响。随着制备过程中 C_{60} 富勒烯加入量的增加，制得的催化剂中 Pt 纳米粒子的粒径显著减小。可见富勒烯载体对金属活性组分的均匀分散具有良好的促进作用。考虑到成本因素，现阶段富勒烯载体还不具备在电催化剂中实现大规模应用的条件。

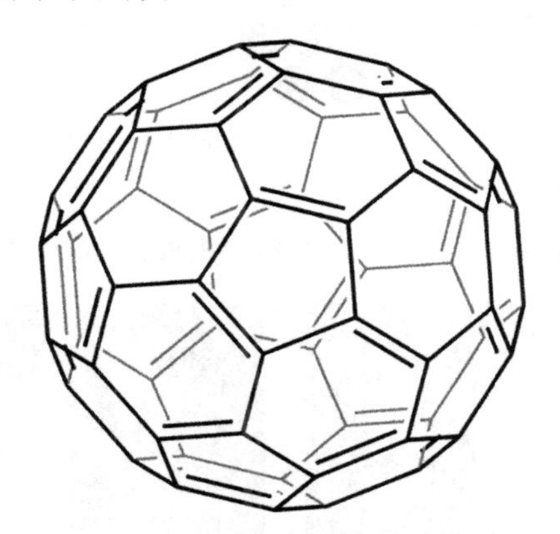

图 1-4　C_{60} 富勒烯的结构示意图

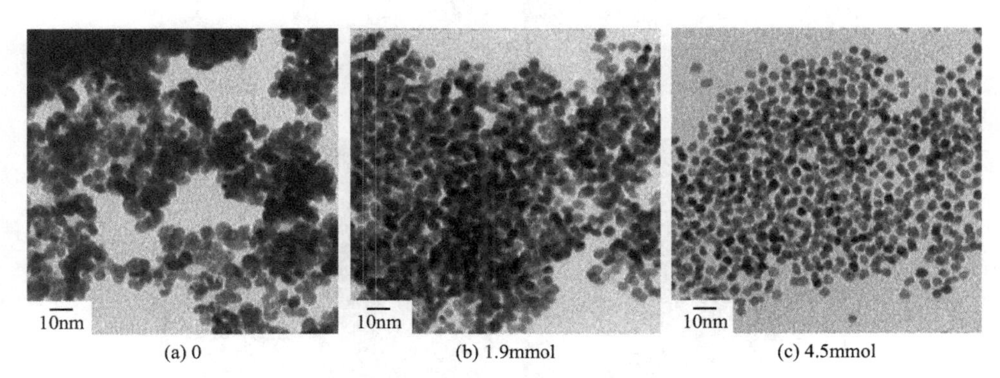

(a) 0　(b) 1.9mmol　(c) 4.5mmol

图 1-5　不同加入量的 C_{60} 富勒烯负载 Pt 催化剂的 TEM 图片

通过上述讨论可以看出，与无定形碳载体相比，石墨型碳载体的表面较为规整，这有利于其抵御电化学环境所造成的腐蚀。此外，当金属粒子负载于这种规整表面时，有发生迁移、聚集，并形成较大颗粒的趋势。因此，对石墨型碳载体进行表面功能化处理和改性，显得尤为必要。

1.2.3 有序介孔碳

有序介孔碳（ordered mesoporous carbons，OMCs）是以有序的介孔材料为模板，将碳前驱体负载到模板上，再经过碳化和去除模板过程得到介孔碳材料。图 1-6 为以有序介孔氧化硅 SBA-15 为模板合成有序介孔碳的示意图[11]。有序介孔碳具有较大的比表面积，可以作为超级电容器的电极材料、吸附剂材料、催化剂载体等使用[12-14]。

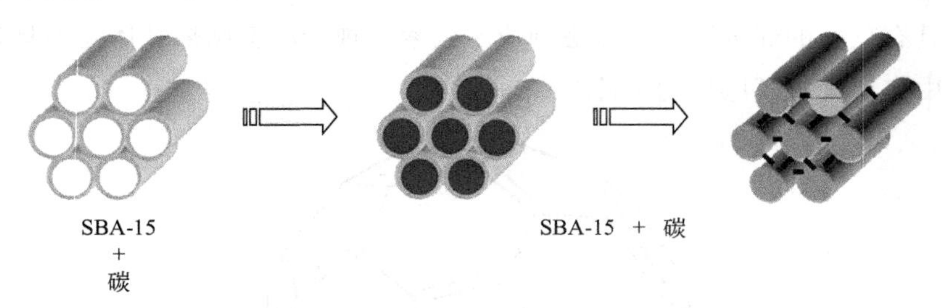

图 1-6　以有序介孔氧化硅 SBA-15 为模板合成有序介孔碳示意图

图 1-7　有序介孔氧化硅模板和有序介孔碳的 SEM 图和 TEM 图

有序介孔硅材料有多种合成方法。通过改变反应物和反应条件，可以有效地控制有序介孔氧化硅材料中孔的大小和结构。以有机物前驱体填充有序介孔氧化硅材料的孔道，经过高温碳化后，便可得到孔结构与有序介孔氧化硅模板相对应的有序介孔碳材料。例如，以碳前驱体溶液浸渍有序介孔氧化硅模板，干燥后于氮气保护下进行高温碳化，然后用 HF 溶液溶解除去有序介孔氧化硅模板，得到有序介孔碳载体[15]。图 1-7 分别显示了有序介孔氧化硅模板和有序介孔碳的 SEM 图片和 TEM 图片。可以看出，制得的有序介孔碳材料与所采用的有序介孔氧化硅在结构上具有非常好的对应关系。有序介孔碳材料的结构可控性使其作为电催化剂载体具有独特的优点。

1.3　碳载体的功能化

碳载体的负载和分散功能对于电催化剂的活性和稳定性具有重要意义。对现有碳载体进行功能化处理和改性，可以有效地改变其物理和化学特性，使其具备更好的分散性和更强的耐久性。具体手段包括改变碳载体的孔结构、改变碳载体的亲疏水性、在碳载体的表面引入特征官能团、在碳载体中引入杂原子等。

例如，针对炭黑载体耐腐蚀性相对较差的弱点，通过对其进行石墨化处理，可以提高其耐腐蚀性，从而改善电催化剂的耐久性[16]；通过表面氧化[17]、重氮化[18]、接枝[19]等手段，使碳载体表面产生羟基、羧基、巯基、氨基等官能团，实现对纳米金属粒子的锚定，阻止其发生团聚，并通过它们与金属粒子之间的相互作用来实现对催化剂活性组分的调变；通过在碳载体表面引入聚合物[20]、离子液体[21]等物质，改善纳米金属粒子的负载状况和导电、传质性能；通过在碳载体中引入杂原子等成分来强化催化剂的金属-载体相互作用，增强组分协同效应[22]，等等。

这些措施的采用，从多个方面优化了碳载体的结构和性能，使碳载体这种优良的载体材料在电催化剂中发挥出更大的作用。

参　考　文　献

［1］　衣宝廉．燃料电池——原理、技术、应用［M］．北京：化学工业出版社，2003．

［2］　Carrette L．，Friedrich K．A．，Stimming U．．Fuel cells：Principles，types，fuels，and applications［J］．ChemPhysChem，2000，1（4）：162-193．

［3］　Araya S．S．，Zhou F．，Liso V．，et al．A comprehensive review of PBI-based high temperature PEM fuel cells [J]. Int. J. Hydrogen Energy, 2016, 41 (46): 21310-21344.

[4] Kamarudin M. Z. F., Kamarudin S. K., Masdar M. S., et al. Review: Direct ethanol fuel cells [J]. Int. J. Hydrogen Energy, 2013, 38 (22): 9438-9453.

[5] Antolini E., Gonzalez E. R.. Alkaline direct alcohol fuel cells [J]. J. Power Sources, 2010, 195 (11): 3431-3450.

[6] Chen W., Wei X., Zhang Y.. Phosphomolybdic acid modified PtRu nanocatalysts for methanol electro-oxidation [J]. J. Appl. Electrochem., 2013, 43 (6): 575-582.

[7] Iijima S.. Helical microtubules of graphitic carbon [J]. Nature, 1991, 354: 56-58.

[8] 赵博琪，陈维民，朱振玉，等. 碳纳米管/石墨烯负载 PtRu 催化剂对甲醇的电催化氧化 [J]. 功能材料，2015，46 (16): 16129-16132.

[9] 王媛，陈维民，朱振玉，等. 纳米 Pd/石墨烯-碳纳米管的制备及乙醇电氧化性能 [J]. 化学反应工程与工艺，2015，31 (5): 430-435.

[10] Lee G., Shim J. H., Kang H., et al. Monodisperse Pt and PtRu/C-60 hybrid nanoparticles for fuel cell anode catalysts [J]. Chem. Commun., 2009, (33): 5036-5038.

[11] Nam J. H., Jang Y. Y., Kwon Y. U., et al. Direct methanol fuel cell Pt-carbon catalysts by using SBA-15 nanoporous templates [J]. Electrochem. Commun., 2004, 6 (7): 737-741.

[12] Calvillo L., Lazaro M. J., Garcia-Bordeje E., et al. Platinum supported on functionalized ordered mesoporous carbon as electrocatalyst for direct methanol fuel cells [J]. J. Power Sources, 2007, 169 (1): 59-64.

[13] Maiyalagan T., Nassr A. A., Alaje T. O., et al. Three-dimensional cubic ordered mesoporous carbon (CMK-8) as highly efficient stable Pd electro-catalyst support for formic acid oxidation [J]. J. Power Sources, 2007, 211: 147-153.

[14] Maiyalagan T., Alaje T. O., Scott K.. Highly stable Pt-Ru nanoparticles supported on three-dimensional cubic ordered mesoporous carbon (Pt-Ru/CMK-8) as promising electrocatalysts for methanol oxidation [J]. J. Phys. Chem. C, 2012, 116 (3): 2630-2638.

[15] Joo S. H., Pak C., You D. J., et al. Ordered mesoporous carbons (OMC) as supports of electrocatalysts for direct methanol fuel cells (DMFC): Effect of carbon precursors of OMC on DMFC performances [J]. Electrochim. Acta, 2006, 52 (4): 1618-1626.

[16] Takei C., Kakinuma K., Kawashima K., et al. Load cycle durability of a graphitized carbon black-supported platinum catalyst in polymer electrolyte fuel cell cathodes [J]. J. Power Sources, 2016, 324: 729-737.

[17] Chen W., Qu B.. Investigation of a platinum catalyst supported on a hydrogen peroxide-treated carbon black [J]. Int. J. Hydrogen Energy, 2010, 35 (19): 10102-10108.

[18] Kim J. Y., Kim Y. S., Lee S., et al. Enhanced durability of linker-containing carbon nanotube functionalized via diazonium reaction [J]. Electrochim. Acta, 2015, 154: 63-69.

[19] Yang L., Chen J. H., Wei X. G., et al. Ethylene diamine-grafted carbon nanotubes: A promising catalyst support for methanol electro-oxidation [J]. Electrochim. Acta, 2007, 53 (2): 777-784.

[20] Dongmulati N., Baikeri S., Maimaitiyiming X., et al. Comparison of different types of polypyrimidine/CNTs/Pt hybrids in fuel cell catalysis [J]. J. Nanopart. Res., 2018, 20 (8): 210.

[21] Wu Z. Q., Wang R. F., Zhai Y. N., et al. Strategic synthesis of platinum@ionic liquid/carbon cathodic electrocatalyst with high activity and methanol tolerance for the oxygen reduction reaction [J]. Int. J. Hydrogen Energy, 2016, 41 (34): 15236-15244.

[22] 于彦存，王显，葛君杰，等. 超支化聚合物氮修饰Pd催化剂促进甲酸电催化氧化 [J]. 高等学校化学学报，2019，40 (7)：1433-1438.

第2章

碳载体的共价功能化对电催化剂性能的影响

碳载体具有良好的导电性、较大的比表面积，且呈电化学惰性，是燃料电池催化剂中应用最为普遍的一类载体。除应用较早的炭黑以外，近年来，碳纳米管[1,2]、纳米碳纤维[3,4]、富勒烯[5,6]、有序介孔碳[7,8]、石墨烯[9,10]等新型碳材料不断地被应用到燃料电池催化剂中来，极大地改善了催化剂的性能。这些新型碳载体具有较大的比表面积和良好的耐腐蚀性，但也存在需要改进之处。例如，表面 sp^2 杂化的石墨碳结构较为平滑，这使得负载于其上的纳米金属粒子易于迁移和聚集，导致颗粒长大。为解决这一问题，研究者们尝试在碳载体的表面引入特定的官能团，通过这些官能团与纳米金属粒子之间的相互作用，实现对表面负载的纳米金属粒子的锚定，从而提高电催化剂的稳定性。实现碳载体表面功能化的途径主要包括共价功能化和非共价功能化两种。前者通过与碳载体表面形成化学键来引入官能团；后者则通过功能化材料与碳载体表面的非键相互作用使功能化材料附着于碳载体的表面，然后借助功能化材料所含有的官能团来实现对纳米金属粒子的锚定。本章探讨碳载体的共价功能化对电催化剂性能的影响。

2.1 碳载体的表面氧化

通过对碳载体表面 sp^2 杂化的石墨碳结构进行氧化处理，可以引入羟基、羧基、羰基等含氧官能团，它们以化学键的形式牢固地结合在碳载体的表面。这样处理过的碳载体表面含有丰富的含氧官能团。Sham 等[11]通过对碳纳米管进行紫外线/臭氧处理，实现其表面的功能化，并构建聚合物基体结构。含氧官能团的引入过程如图 2-1 所示。紫外线/臭氧处理过程是一种感光氧化过程。在这一过程中，材料本身或有机污染物上的分子均被吸收的短波长紫外辐射所激发和解离，同时位于碳纳米管缺陷位上的碳原子与氧原子反应，完成羧基化过程。结果表明，紫外线/臭氧处理可以有效地在碳纳米管表面产生羧基（O—C═O）等含氧官能团。随着处理时间的延长，碳纳米管表面羧基的含量稳步上升。

图 2-1　以紫外线/臭氧处理实现碳纳米管的羧基化

紫外线/臭氧处理不仅可以在碳载体的表面引入羧基等含氧官能团，而且还可以借助这些含氧官能团，进一步引入其他官能团（如氨基）。经过紫外线/臭氧处理的多壁碳纳米管进一步与三亚乙基四胺反应，可以将含氮官能团引入碳纳米管载体的表面。

臭氧氧化法也被用于处理碳载体。Wang 等[12]在不同温度下以臭氧处理 Vulcan XC-72 炭黑，用来负载铂钌双金属组分，制备了直接甲醇燃料电池 Pt-Ru/C 催化剂。以标准 BET 法测定 Vulcan XC-72 载体的比表面积，以 X 射线光电子能谱法测定其表面氧浓度。结果表明，随着处理时间的增加，碳载体的表面氧浓度起初下降，随后上升。在同一温度下，碳载体的比表面积随处理时间的延长而降低。随着温度的上升，碳载体的比表面积增加，并且在相同处理时间内，随着温度的上升，表面氧含量先下降后上升。X 射线衍射分析结果表明，催化剂活性组分由面心立方结构的 Pt-Ru 合金粒子组成，不存在金属态的 Ru 或 Ru 氧化物。采用循环伏安曲线和 Tafel 曲线评价 Pt-Ru/C 催化剂在 0.5mol/L CH_3OH 和 0.5mol/L H_2SO_4 溶液中的甲醇电氧化性能，结果表明臭氧处理后的

Vulcan XC-72 炭黑负载的 Pt-Ru 催化剂的催化活性显著高于未处理的 Vulcan XC-72 炭黑负载的 Pt-Ru 催化剂。考察了碳载体臭氧处理的时间和温度对 Pt-Ru/C 催化剂性能的影响。结果显示，当碳载体的处理时间为 6min、温度为 140℃时，所制得的催化剂具有最优的性能。

采用浓酸（硝酸、硝酸-硫酸等）处理碳载体，可使其表面发生氧化，产生多种官能团。Guha 等[13]考察了碳载体表面修饰对质子交换膜燃料电池铂催化剂的影响。采用浓酸对碳载体进行功能化处理，会在惰性的碳载体表面形成各种含氧官能团。研究发现，碳载体表面的功能化程度与酸处理的强度密切相关。图 2-2 为酸处理后纳米碳纤维的 X 射线光电子能谱图。从图中可以清楚地看到

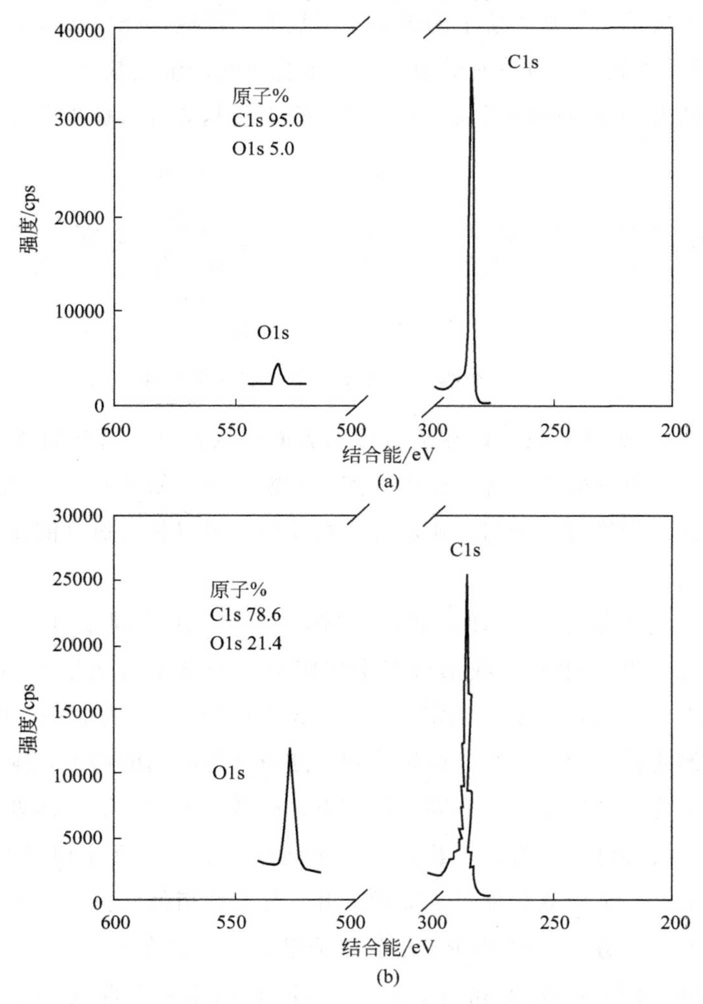

图 2-2　以硝酸（a）和硝酸-硫酸混酸（b）处理后的纳米碳纤维的 X 射线光电子能谱图

氧原子含量的变化。O1s 图谱显示，硝酸处理后，纳米碳纤维表面氧原子的含量为 5%；而混酸处理后，纳米碳纤维表面氧原子的含量则为 21.4%。这一结果表明，只要改变功能化试剂的强度，就可以使纳米碳纤维的表面得到不同程度的改性。对于纳米碳纤维，混酸是最有效的功能化介质；然而对于活性炭，由于在硝酸处理过程中更加稳定，硝酸也常被用作处理介质。

在碳载体的酸氧化过程中，不同的处理温度会导致碳载体表面发生不同程度的氧化。陈煜等[14]在不同温度下以浓硝酸处理碳纳米管，用作甲醇氧化电催化剂的载体。分别于 50℃、75℃和 100℃对碳纳米管进行浓硝酸氧化处理，制得 Pt/CNTs 催化剂，用于甲醇氧化反应。结果表明，碳载体表面适当程度的氧化有利于 Pt 纳米粒子的分散，制得的催化剂粒径较小且均匀；而碳载体表面的过度氧化则不利于 Pt 纳米粒子的均匀负载，会导致颗粒的聚集。图 2-3 为不同程度氧化的碳纳米管负载的 Pt 催化剂的 TEM 图片。可以看到，当碳纳米管的氧化处理温度为 50℃时，制得的催化剂 Pt/CNTs-50 的 Pt 纳米粒子分散不够均匀。

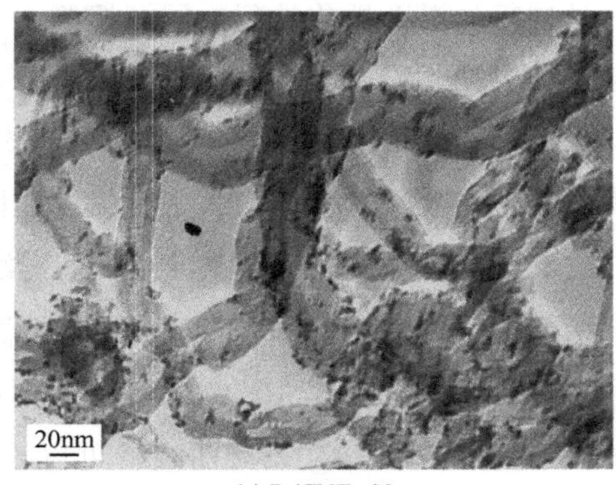

(a) Pt/CNTs-50

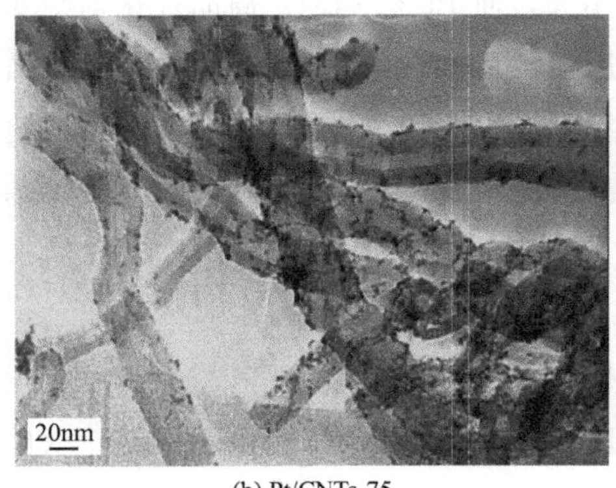

(b) Pt/CNTs-75

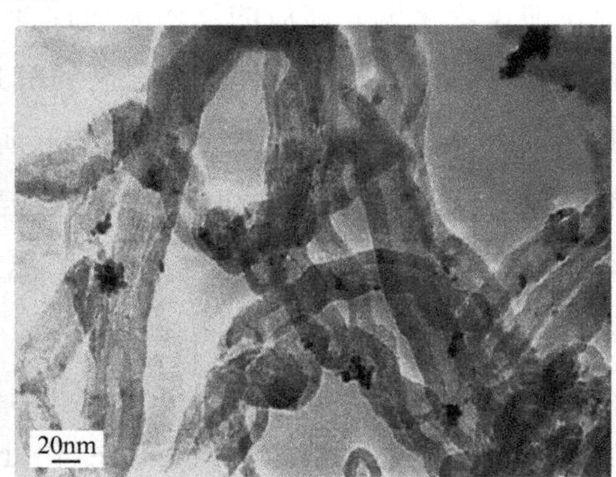

(c) Pt/CNTs-100

图 2-3　不同程度氧化的碳纳米管负载的 Pt 催化剂的 TEM 图片

这是由于处理温度较低时，在碳纳米管表面产生含氧官能团的数目较少，使得Pt纳米粒子沉积的活性位点较少。当碳纳米管的氧化处理温度为75℃时，制得的催化剂Pt/CNTs-75的Pt纳米粒子粒径较小且分散均匀。这是由于随着处理温度的升高，碳纳米管的氧化程度增大，产生了足够多的表面含氧官能团，有利于Pt纳米粒子的沉积。而随着碳纳米管处理温度的进一步升高，达到100℃时，Pt/CNTs-100催化剂的粒径反而增加，且分布极不均匀。这是由于在高温下，碳纳米管的表面结构被严重破坏，断裂和端口打开的程度增加，导致Pt粒子集中沉积于端口处，形成聚集现象。由此可见，当处理温度适中时，碳纳米管表面产生足够多的含氧官能团，且表面结构破坏较小，最有利于金属纳米粒子的分散。

炭黑是电催化剂广泛采用的载体，具有良好的分散效应和导电性。其不足之处在于耐腐蚀性较差，尤其是当用作阴极催化剂载体时，在高电位作用下极易发生腐蚀，导致负载的纳米金属粒子发生脱落和团聚，降低催化剂的活性。提高炭黑耐腐蚀性的途径之一是进行高温石墨化处理。闫海旭等[15]对Vulcan XC-72炭黑进行了1700℃的高温石墨化处理，得到石墨化炭黑（GCB）。在此基础上，再以硫酸-硝酸混酸处理，得到氧化石墨化炭黑（OGCB）。红外光谱和拉曼光谱分析显示，经过氧化处理，在石墨化炭黑表面引入了含氧官能团，同时还保留了石墨化炭黑的有序结构。以氧化石墨化炭黑为载体制备了Pt纳米催化剂，其性能显著提高。电化学测试结果表明，Pt/OGCB催化剂的电化学表面积和催化活性均高于商品催化剂Pt/C（JM）。图2-4是Pt/OGCB催化剂和Pt/C（JM）商品催化剂在5000次加速耐久性试验前后的LSV曲线。可以看出，Pt/OGCB催化剂在加速老化试验前后的氧还原活性变化不大，而Pt/C（JM）商品催化剂则变化显著。通过计算0.9V下催化剂的氧还原活性可知，经过5000次的电位扫描循环，Pt/C（JM）商品催化剂的氧还原活性衰减了42.5%，而Pt/OGCB催化剂则仅衰减了29.5%。这是由于经过混酸处理后，石墨化炭黑表面的杂质被基本去除，同时引入的O—C═O基团能改善载体的稳定性，进而提高了Pt纳米颗粒的稳定性。

采用超声化学氧化法，可以促进碳载体的表面氧化。Xing等[16]采用超声化学氧化法对多壁碳纳米管进行功能化处理，以提升其表面官能团的密度。以硝酸-硫酸混合物氧化碳纳米管，两种酸的浓度均为8.0mol/L。将反应烧瓶置于超声波水浴（130W，40kHz）中，温度维持在60℃。反应时间为1～8h。

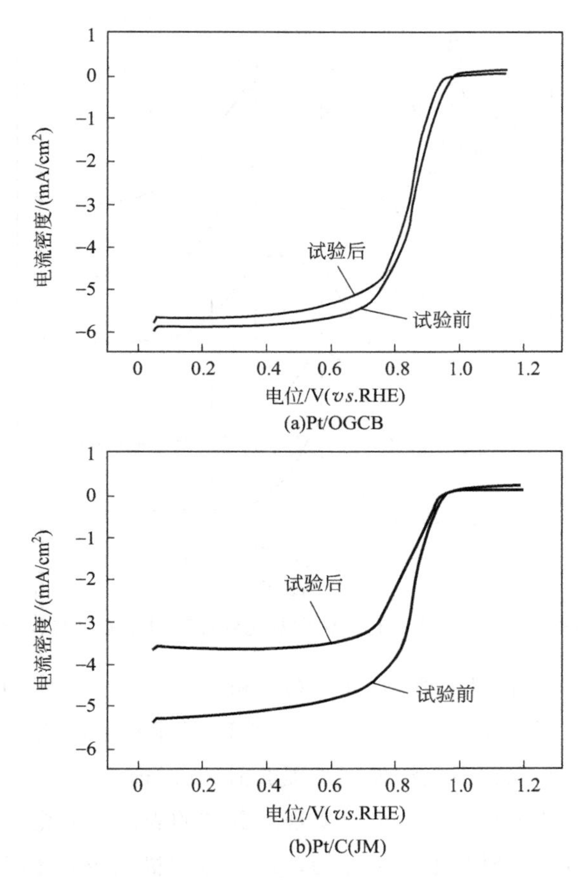

图 2-4　催化剂在 5000 次加速耐久性试验前后的 LSV 曲线

图 2-5 反映了碳纳米管的 C1s X 射线光电子能谱谱峰随超声化学氧化处理时间的变化。可以看出，未经氧化处理的碳纳米管的 C1s 谱图的结合能位于 284.4eV。超声氧化处理使得碳纳米管的表面不断被氧化，C1s 谱图的形状发生了变化。随着处理时间的增加，表面功能化效应不断增强，谱峰变宽。其中的 C1 峰代表未处理碳纳米管表面的石墨碳。图中出现的 2 个新谱峰，即 C2 峰和 C3 峰产生于超声化学功能化过程，分别表示为—C—O—（286.7eV）和—COO—（288.3eV）官能团。氧化处理后，碳纳米管表面—C—O—峰的增加较为显著，而—COO—峰的增加幅度较小。可以看出，经过 2h 以上的氧化处理，这种谱峰的变化已经很明显。由于—C—O—峰的信号较强，—C ═O 峰（287.6eV）的强度难以定量，但可以通过 O 1s 谱图来定量。由以上结果可以推断，碳纳米管表面高密度 Pt 纳米粒子的形成主要借助于其与—C—O—之间的相互作用。谱图中—COOH 官能团的强度较低，表明经过 2～4h 的氧化处理，碳

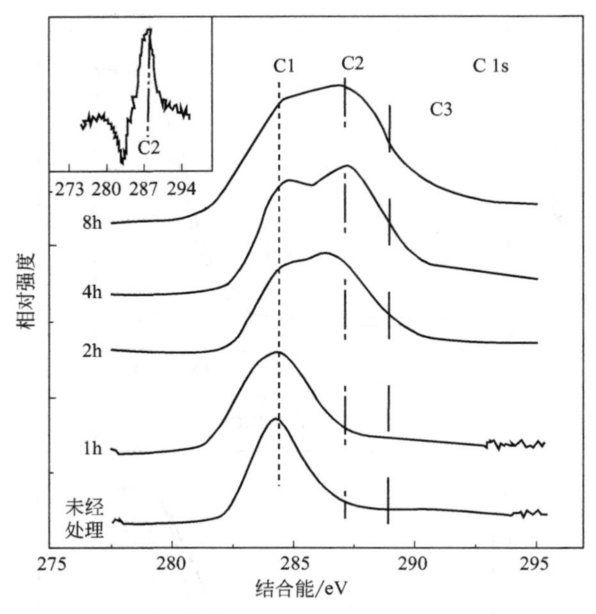

图 2-5 碳纳米管 C1s 谱峰随超声化学氧化处理时间而变化的 XPS 堆叠图谱

纳米管表面产生的官能团主要为—C—O—和—C ═O，而非—COOH。碳纳米管表面的—C—O—和—C ═O 官能团促进了 Pt 纳米粒子的均匀分布。碳纳米管的表面氧化主要发生在超声化学处理过程的前 2h 以内。

利用过氧化氢的氧化能力，可以实现碳载体的表面功能化。采用过氧化氢处理后的碳载体制备低温燃料电池催化剂，以电位扫描法评价 Pt/C 催化剂的电化学稳定性[17]。结果表明，过氧化氢处理后，碳载体表面产生了大量的含氧官能团。这些官能团通过氧原子与金属纳米粒子相结合，减轻了负载型纳米催化剂的烧结和团聚程度，增强了催化剂的电化学稳定性。金属与含氧官能团之间的化学相互作用对于纳米金属粒子在催化剂载体表面的锚定具有重要意义。

图 2-6 为过氧化氢预处理前后碳载体的红外光谱图。位于 $1147cm^{-1}$ 和 $1054cm^{-1}$ 的红外吸收峰对应于碳氧单键的伸缩振动。可以看到，经过氧化处理后，这两个吸收峰得到了增强。位于 $1726cm^{-1}$ 的吸收峰代表羧基的伸缩振动，位于 $1578cm^{-1}$ 的吸收峰则是碳氧双键特征吸收峰。图中显示，氧化处理后这两个吸收峰也得到了一定程度的加强。以上结果表明，过氧化氢预处理为碳载体的表面带来了更多的含氧官能团。

图 2-7 为催化剂在电位扫描试验前后的透射电子显微镜图片，图 2-8 为催化剂中 Pd 纳米粒子的粒径分布柱状图。电位扫描试验前，在 Pt/XC 和 Pt/XC-O 中，都存在较多数目的粒径 2～3nm 的 Pt 粒子，如图 2-7(a) 和 (b) 所示。电

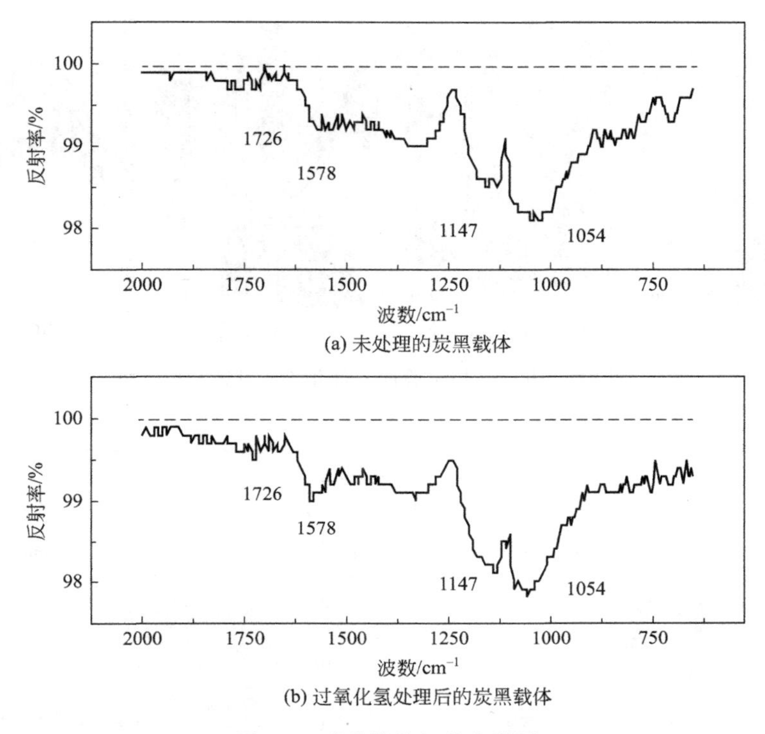

图 2-6　碳载体的红外光谱图

位扫描后，这些微小粒子的数目大幅下降。由图 2-7(c) 和 (d) 可见，出现了很多大颗粒的金属粒子，其粒径高达 6～8nm。可见电位扫描试验加速了催化剂纳米粒子的烧结和团聚。此外，在电位扫描过程中，一些氧化物在催化剂表面的积累以及高价氧化物的生成，也会促进催化剂粒子的生长。值得注意的是，经过电位扫描试验，Pt/XC-O 的平均粒径为 4.8nm，小于 Pt/XC 的平均粒径 (5.3nm)。这意味着 Pt/XC-O 催化剂的烧结程度低于 Pt/XC 催化剂。可以判断，以过氧化氢处理碳载体，可以有效地减轻由粒子团聚造成的催化剂性能衰减。

不同的氧化处理方法所得到的表面官能团的组成和结构也不相同。以电位扫描试验考察了碳载体的不同氧化处理方法对 Pt/C 催化剂电化学稳定性的影响。分别用 10％的过氧化氢溶液和 65％的硝酸溶液处理炭黑载体，使其表面发生氧化[18]。结果表明，氧化处理后，碳载体表面富含含氧官能团。碳载体的表面氧化处理强化了金属与载体间的相互作用，改善了 Pt/C 催化剂的电化学稳定性。以过氧化氢处理碳载体制得的 Pt/C 催化剂比以硝酸处理碳载体制得的催化剂具有更高的稳定性。

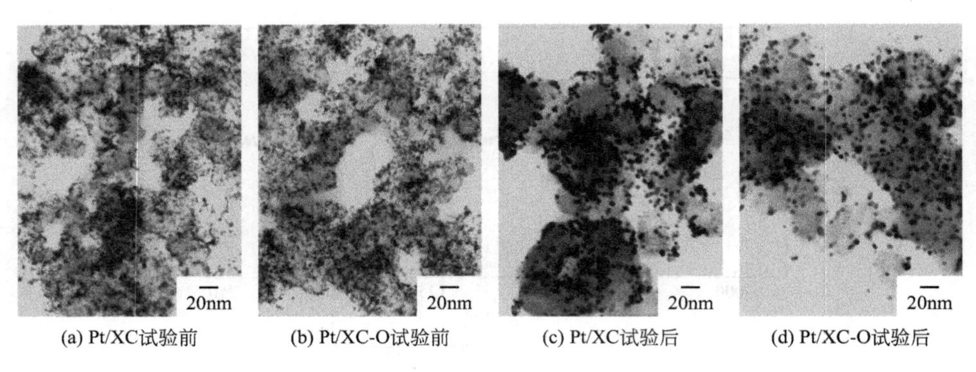

(a) Pt/XC试验前 (b) Pt/XC-O试验前 (c) Pt/XC试验后 (d) Pt/XC-O试验后

图 2-7 电位扫描试验前后催化剂的 TEM 图片

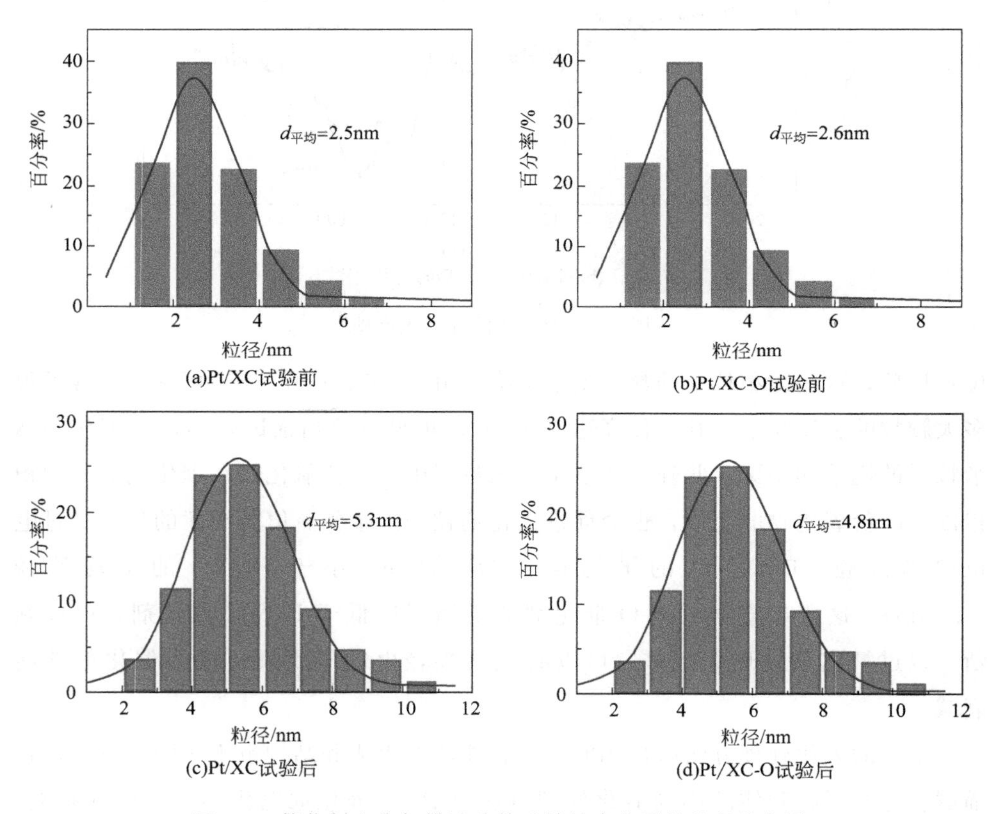

(a)Pt/XC试验前 (b)Pt/XC-O试验前 (c)Pt/XC试验后 (d)Pt/XC-O试验后

图 2-8 催化剂电位扫描试验前后铂纳米粒子的粒径分布图

图 2-9 为炭黑载体在氧化处理前后的红外光谱图。位于 $1150cm^{-1}$ 和 $1046cm^{-1}$ 的吸收峰代表碳氧单键的伸缩振动。可以看出，氧化处理后，这两个峰都有所增强，尤其是经过过氧化氢处理后，增强较为明显。此外，位于 $1722cm^{-1}$ 的吸收峰对应于羧基的伸缩振动，位于 $1570cm^{-1}$ 的吸收峰是碳氧双键

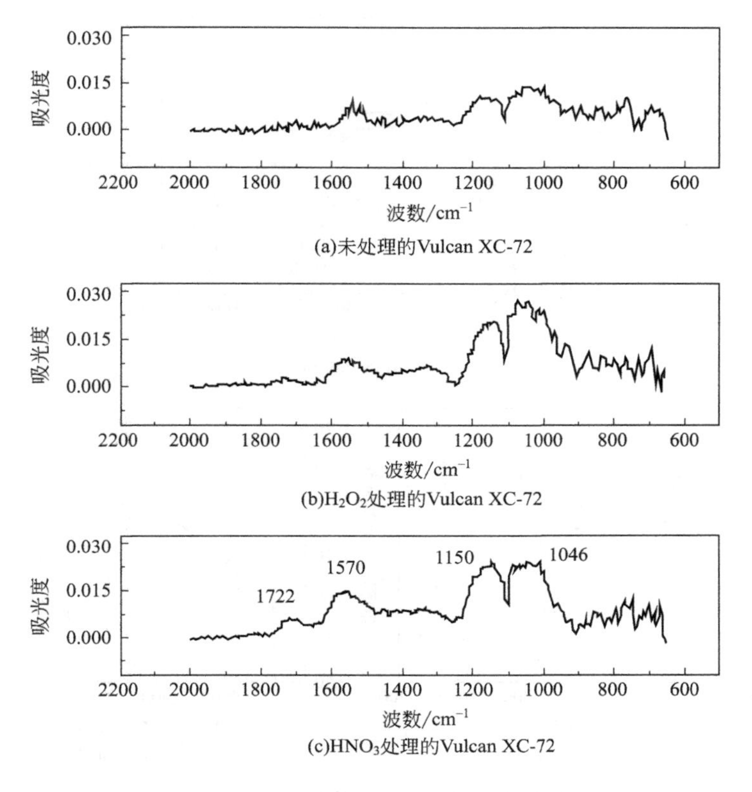

图 2-9　碳载体的 FTIR 红外光谱图

的特征吸收峰。图中显示，这两个峰在碳载体经过硝酸氧化后，均显著增强。红外光谱观测结果表明，过氧化氢处理后，碳载体表面弱酸性含氧基团的数目增多；而硝酸处理后，碳载体表面弱酸性和强酸性官能团的数目均有所增加。

图 2-10 为催化剂在电位扫描试验过程不同阶段的循环伏安曲线。可以看出，随着扫描圈数的增加，曲线中的氢吸附/脱附峰（0～300mV 电位区间）的峰面积单调减小。Pt/Vulcan-O 和 Pt/Vulcan-N 催化剂都显示出较好的电化学稳定性。以氢的脱附峰计算催化剂的电化学表面积，假定氢在多晶铂表面的单层吸附电量为（210μC/cm^2）。结果表明，经过电位扫描试验，Pt/Vulcan、Pt/Vulcan-O 和 Pt/Vulcan-N 三种催化剂的电化学表面积分别由 56.8m^2/g(Pt)、56.0m^2/g(Pt) 和 54.1m^2/g(Pt) 降至 34.9m^2/g(Pt)、38.4m^2/g(Pt) 和 37.4m^2/g(Pt)。可以看出，Pt/Vulcan-O 和 Pt/Vulcan-N 的电化学表面积损失远低于 Pt/Vulcan。显而易见，Pt/Vulcan-O 和 Pt/Vulcan-N 的电化学稳定性高于 Pt/Vulcan，并且 Pt/Vulcan-O 的电化学稳定性最好。

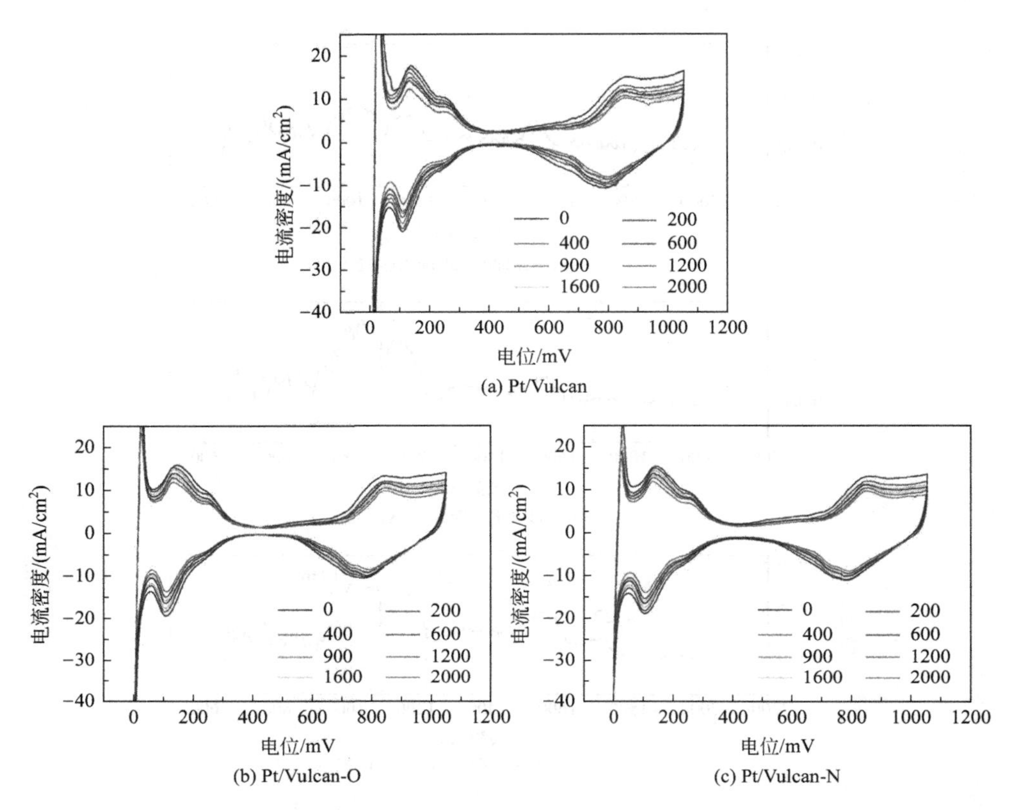

(a) Pt/Vulcan

(b) Pt/Vulcan-O

(c) Pt/Vulcan-N

图 2-10 电位扫描循环次数分别为 0、200、400、600、900、1200、1600 和 2000 时催化剂的循环伏安曲线

2.2 碳载体的巯基功能化

在多壁碳纳米管的表面引入巯基，可以促进贵金属纳米粒子的均匀分布。Kim 等[19]通过碳纳米管表面的硫醇化，改善了 Pt 纳米粒子的分散条件。借助 Pt 纳米粒子与碳纳米管表面硫醇基团的相互作用，实现了 Pt 纳米粒子在载体表面的高度分散。采用基于形成酰胺键的有机合成法在多壁碳纳米管表面引入了巯基，并以此作为 Pt 纳米粒子的载体，制备了催化剂。这种高度分散的 Pt 纳米粒子在甲醇氧化反应和氧还原反应中均显示出较高的催化活性和良好的电化学稳定性。在催化剂制备过程中，吸附于硫醇基团表面的大量的 Pt 前驱体离子作为晶种，生长出 Pt 纳米粒子，如图 2-11 所示。巯基的引入是通过首先进行碳纳米管的酰氯化，然后使之与巯基发生取代胺反应而实现的[20]。碳载体的硫醇化是一

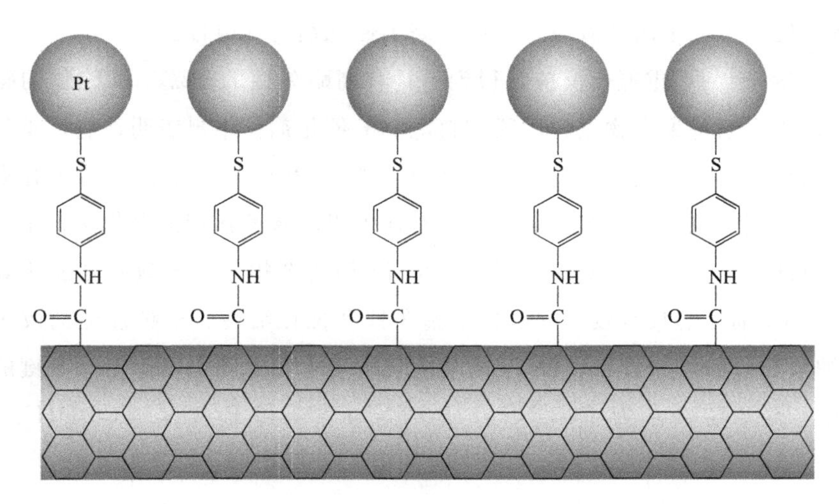

图 2-11　巯基化多壁碳纳米管负载 Pt 催化剂示意图

种实现贵金属纳米粒子高度分散的有效方法。

重氮化是一种实现碳载体表面共价功能化的有效手段。Zhu 等[21]以重氮化反应实现了多壁碳纳米管表面的苯巯基功能化。苯硫醇基团以 C—C 共价键结合到碳纳米管的表面。它对钯纳米粒子具有较强的锚定作用，使钯纳米粒子通过自组装过程负载于功能化碳纳米管的表面。循环伏安测试结果表明，制得的 Pd-fMWCNTs 催化剂在甲醛电氧化反应中具有出色的催化活性和长期稳定性。电化学阻抗谱显示，与 Pd-C 催化剂相比，Pd-fMWCNTs 催化剂具有较小的电荷传递阻抗，如图 2-12 所示。功能化碳纳米管 fMWCNTs 与 Pd 之间的强相互作

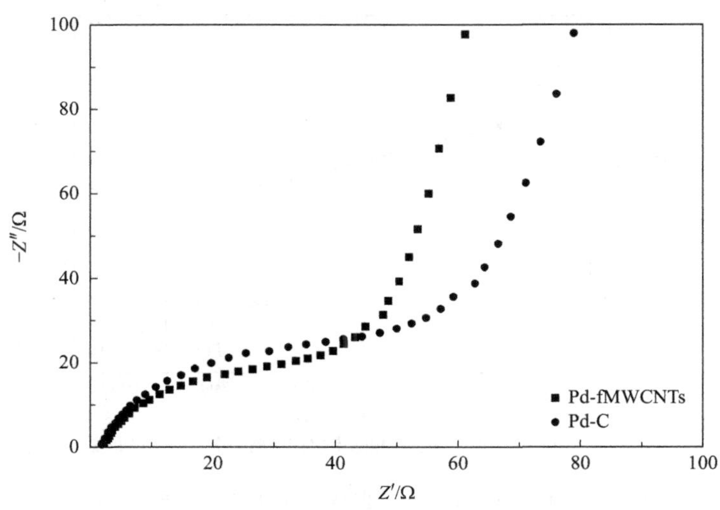

图 2-12　催化剂的电化学阻抗谱图

用有效地促进了电子离域效应，从而提高了催化剂的导电性。

Kim 等[22]利用重氮化反应，得到了具有高耐久性的苯巯基功能化的碳纳米管载体，用于制备聚合物电解质膜燃料电池的催化剂。结果表明，利用重氮化合物的偶联反应实现碳纳米管的功能化，可以改善 Pt 纳米粒子在碳纳米管表面的分散状况，使其粒径分布范围更窄，同时还可以改善催化剂的电化学稳定性。电化学分析证实，与未修饰碳纳米管负载的 Pt 催化剂相比，苯巯基功能化碳纳米管负载的 Pt 催化剂具有较高的电化学耐久性和催化活性。这种性能的改进归因于 Pt 纳米粒子的均一分布以及 Pt 与功能化碳纳米管之间借助于 Pt—S 键的强相互作用。图 2-13（a）为 Pt/CNTs、Pt/CNTs-SH 和 Pt/CNTs-COOH 三种催

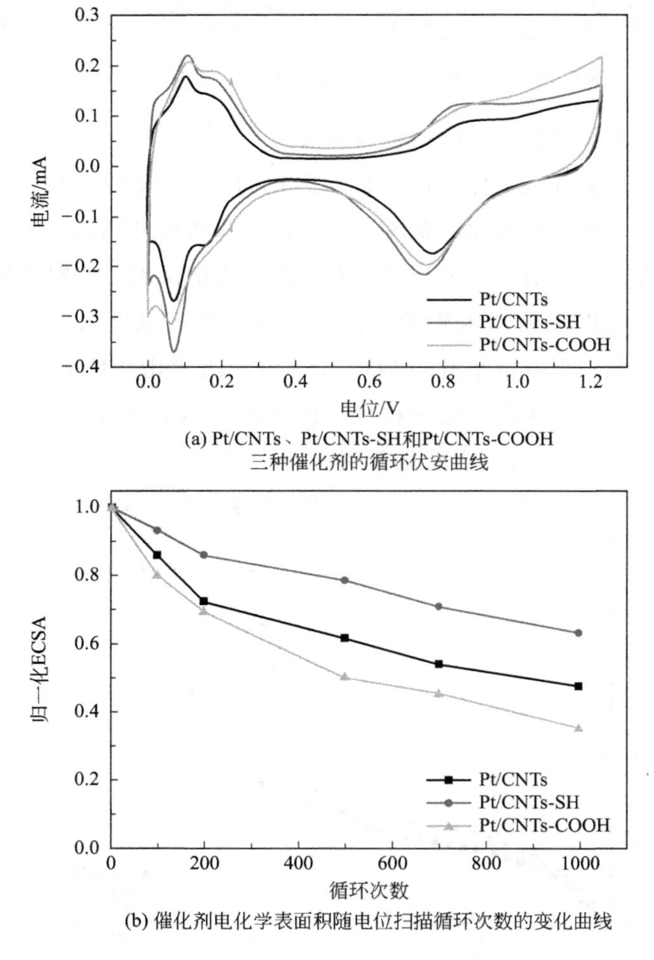

(a) Pt/CNTs、Pt/CNTs-SH和Pt/CNTs-COOH三种催化剂的循环伏安曲线

(b) 催化剂电化学表面积随电位扫描循环次数的变化曲线

图 2-13　催化剂的循环伏安曲线及其电化学表面积随电位扫描循环次数的变化曲线

化剂的循环伏安曲线。催化剂的电化学表面积由氢脱附峰的峰面积计算求得。测得 Pt/CNTs-SH 催化剂的电化学表面积为 $53.9m^2/g$，高于 Pt/CNTs 催化剂 ($45.1m^2/g$)。图 2-13(b) 反映了催化剂的电化学表面积随电位扫描循环次数的变化情况。扫描电位区间为 0.6～1.4V。采用较高的电位区间上限可以缩短加速老化试验所需的时间。结果表明，经过 1000 次的电位扫描循环，Pt/CNTs-SH 催化剂的电化学表面积仅减小了 34%，而 Pt/CNTs 和 Pt/CNTs-COOH 催化剂的电化学表面积则分别减小了其初始值的 54%和 65%。可见 Pt/CNTs-SH 催化剂的电化学耐久性远高于 Pt/CNTs 和 Pt/CNTs-COOH 催化剂。这是由于在含杂原子的碳载体表面与 Pt 纳米粒子之间存在着强相互作用。表面杂原子的存在提高了 Pt 的溶解电位，使得 Pt 纳米粒子的 Ostwald 熟化过程不易发生。Pt—S 键的存在使得 Pt/CNTs-SH 催化剂比 Pt/CNTs 催化剂具有更高的电化学稳定性。

碳载体的硫醇功能化还可以改善催化剂的抗 CO 中毒能力。Guo 等[23]通过羧基化、还原、溴化以及硫醇化等过程，制得了硫醇功能化的碳纳米管载体。以硼氢化钠还原法在其表面负载 PtRu 纳米粒子，得到 PtRu/SH-CNTs 催化剂，用于甲醇氧化反应。PtRu/SH-CNTs 催化剂的一个突出特点在于其具有出色的抗 CO 中毒能力，这得益于 Pt 原子与—SH 官能团之间的强相互作用。这种强相互作用弱化了 CO 的吸附，从而提高了催化剂的甲醇氧化活性，如图 2-14 所示。CO 分子借助 5σ 轨道与 Pt 的结合吸附在 Pt 原子上，这种 σ-π 键因电子由 Pt 向 CO 分子 $2\pi^*$ 轨道的反馈而得到强化。由此可见，如果能够抑制由 Pt 的 $d\pi$ 轨道向 CO 的 $2\pi^*$ 轨道的电子转移，就可以弱化 σ-π 键，从而减弱 CO 在 Pt 上的吸附强度。因此，碳纳米管的硫醇功能化有利于 Pt 表面 CO 分子的除去。

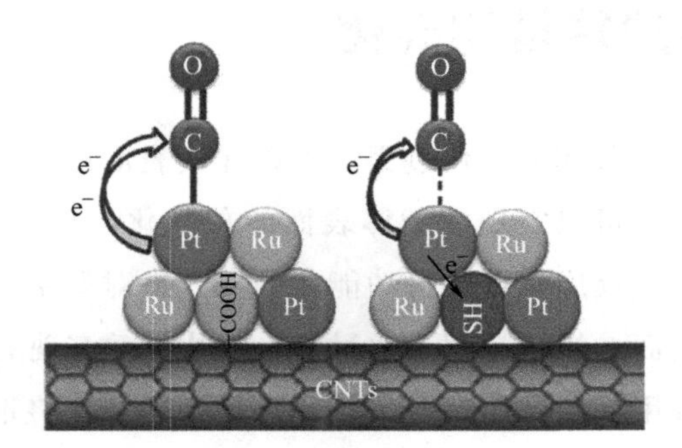

图 2-14　碳纳米管表面—SH 官能团的引入抑制了电子传递，从而削弱了 CO-Pt 的 σ-π 键

硫醇功能化还可以改善电催化剂的耐久性。Kim 等[24]将 Pt 纳米粒子负载于

硫醇化多壁碳纳米管表面，制得了 Pt-S-MWCNTs 催化剂，用于氧还原反应。首先以硝酸和硫酸的混合溶液处理多壁碳纳米管，然后将处理后的碳纳米管与 $HSCH_2CH_2NH_2$ 反应 24h，得到硫醇化碳纳米管 S-MWCNTs。以 S-MWCNTs 为载体以氯铂酸为前驱体，用硼氢化钠还原法制备 Pt-S-MWCNTs 催化剂。以加速老化试验测试 Pt-S-MWCNTs 催化剂的耐久性，并与商品催化剂 Pt/C 相比较，见图 2-15。循环伏安曲线显示，经过 4000 次和 8000 次的电位扫描循环，Pt/C 催化剂的电化学表面积有较大幅度的衰减。这是由于在加速老化过程中，催化剂纳米粒子发生团聚和溶解。相比之下，Pt-S-MWCNTs 催化剂电化学表面积的衰减幅度比 Pt/C 催化剂小很多。很显然，硫醇基团对 Pt 纳米粒子具有较强的锚定作用，阻止其发生团聚和溶解。

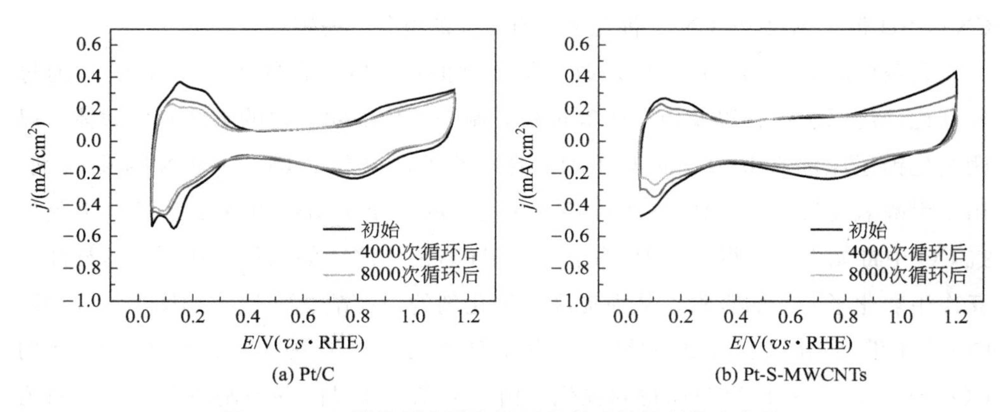

图 2-15　Pt 催化剂在耐久性试验前后的循环伏安曲线

2.3　碳载体的羧基功能化

如前所述，通过碳载体的氧化过程，可以在其表面产生羧基官能团。除此之外，借助接枝过程，也可以实现碳载体表面的羧基化。Sun 等[25]借助一种独特的胺阳离子诱导自由基反应，以共价功能化的方式将对氨基苯甲酸基团接枝引入到多壁碳纳米管的表面。接枝过程是通过 C—N 共价键实现的，其反应基于亚硝酸异戊酯和对氨基苯甲酸的原位聚合。以硼氢化钠还原法将钯纳米粒子沉积到接枝功能化的碳纳米管表面，制得 Pd/F-MWCNTs 催化剂，如图 2-16 所示。电化学测试结果证实，Pd/F-MWCNTs 催化剂具有较高的甲醇氧化催化活性和稳定性，这得益于钯纳米粒子在 F-MWCNTs 载体表面的均匀分散和较小粒径，以及 F-MWCNTs 载体的独特结构和性能。

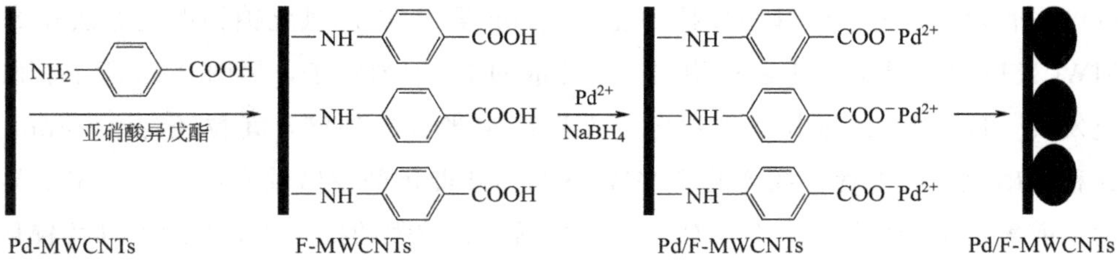

NH_2—⟨苯环⟩—COOH
亚硝酸异戊酯
—NH—⟨苯环⟩—COOH
Pd^{2+}
$NaBH_4$
—NH—⟨苯环⟩—COO^-Pd^{2+}
Pd-MWCNTs　F-MWCNTs　Pd/F-MWCNTs　Pd/F-MWCNTs

图 2-16 对氨基苯甲酸功能化多壁碳纳米管负载 Pd 催化剂制备示意图

Wang 等[26]制备了以羧基功能化多壁碳纳米管为载体的高性能钯纳米催化剂，用于甲醇氧化反应。采用一锅热分解法合成了 Pd-MWCNTs-COOH 催化剂。在合成的过程中未添加还原剂和表面活性剂。借助金属 Pd 与羧基的相互作用，使 Pd 纳米粒子均匀地分散并牢固地锚定于 MWCNTs-COOH 载体的表面。制得的 Pd-MWCNTs-COOH 催化剂具有较高的甲醇氧化性能。羧基官能团的存在是 Pd 纳米粒子分散均匀且催化活性显著提高的重要因素。羧基的分散效应和对 Pd 纳米粒子的锚定作用如图 2-17 所示。这种金属粒子的高度分散显著增大了催化剂的电化学活性表面积，并导致了甲醇氧化峰电流密度的提升。考察了甲醇、氢氧化钾的浓度以及温度对 Pd-MWCNTs-COOH 催化剂甲醇氧化性能的影响。结果表明，随着温度的升高，甲醇氧化反应的两个速率控制步骤——C—H 键的断裂和 CO_{ads} 中间物种的氧化都得到了有效的促进。

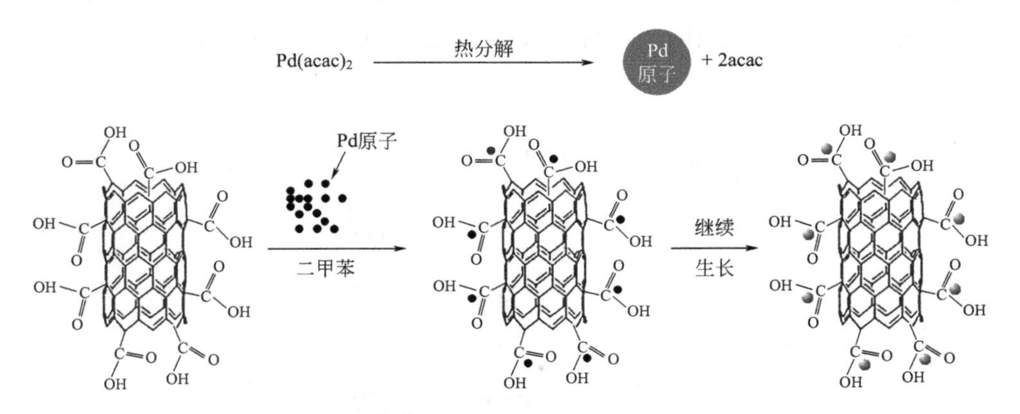

图 2-17 MWCNTs-COOH 稳定化 Pd 纳米催化剂的合成示意图

2.4 碳载体的磺酸基功能化

采用前述方法，还可以通过原位聚合苯乙烯磺酸和亚硝酸异戊酯，实现多壁碳纳米管表面的苯磺酸基团接枝功能化。Sun 等[27]以硼氢化钠辅助还原法在 S-MWCNTs 功能化载体上制得均匀、高分散的 Pd 纳米粒子，如图 2-18 所示。研究发现，这些 Pd 纳米粒子被锚定于多壁碳纳米管的外壁，其粒径为 3～6nm。这种以磺化碳纳米管为载体的 S-MWCNTs/Pd 催化剂在碱性介质中显示出优异的甲醇氧化电催化性能，包括较高的催化活性、较强的抗 CO 中毒能力以及较长的稳定运行寿命。

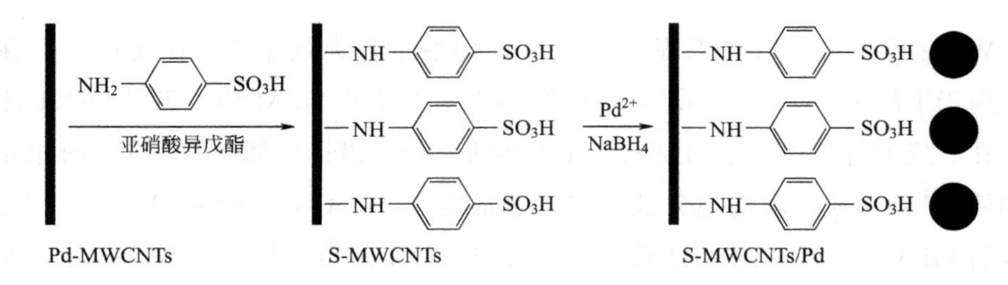

图 2-18 苯磺酸功能化多壁碳纳米管负载 Pd 催化剂示意图

在磺酸基功能化过程中，磺酸基团的引入可以采用多种方式。Capelo 等[28]以 4-氨基苯磺酸功能化的 XC-72 炭黑为载体，制得了具有良好电化学稳定性和耐久性的负载型 Pt 纳米催化剂。采用 4-氨基苯磺酸对炭黑载体进行功能化处理，可以改善 Pt 纳米粒子的分散情况，减小三相界面的阻力，提高燃料电池的性能。催化剂的制备过程如图 2-19 所示。首先以硝酸氧化 Vulcan XC 72 炭黑，得到羧基功能化的 C-COOH 载体。然后将 C-COOH 载体转化为酰氯衍生物，并与4-氨

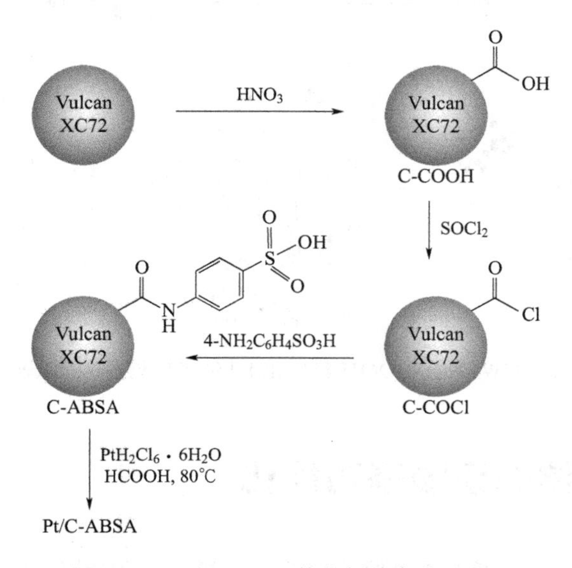

图 2-19 Pt/C-ABSA 催化剂的合成示意图

基苯磺酸反应，得到4-氨基苯磺酸功能化的碳载体C-ABSA。最后以甲酸作为还原试剂，将Pt纳米粒子沉积于C-ABSA载体的表面。制得的Pt/C-ABSA催化剂的粒径分布均匀，其电化学表面积为$50m^2/g$，铂利用因子为76%，远高于商品催化剂（44%）。Pt/C-ABSA催化剂的甲醇电氧化质量比活性为330mA/mg(Pt)，显著高于商品催化剂［225mA/mg(Pt)］。采用电位扫描老化试验来考察电催化剂的耐久性，扫描电位区间为1.0～1.5V。结果显示，Pt/C-ABSA催化剂表现出较好的电化学稳定性。

功能化过程还可以通过不同的顺序来实现。Du等[29]采用先在碳载体上还原沉积贵金属纳米粒子，然后对其表面进行功能化处理的方法合成了聚合物电解质燃料电池催化剂。采用两种方法将磺酸基团接枝于碳纳米管负载铂催化剂（Pt/CNTs）的表面，以提高铂在聚合物电解质燃料电池中的利用率。这两种功能化方法分别是硫酸铵的热分解和对苯乙烯的原位自由基聚合，如图2-20所示。测试结果表明，通过对苯乙烯的原位自由基聚合实现功能化的Pt/CNTs催化剂显示出较高的催化性能。其主要原因在于磺酸基团的引入增强了催化剂表面的质子传导能力，并促进了催化剂的分散。这反映出磺酸化是改善Pt/CNTs催化剂性能并降低其成本的一个有效手段。相比之下，通过硫酸铵的热分解实现功能化的Pt/CNTs催化剂则性能未达预期。这可能是由于在较高的制备温度下，铂纳米粒

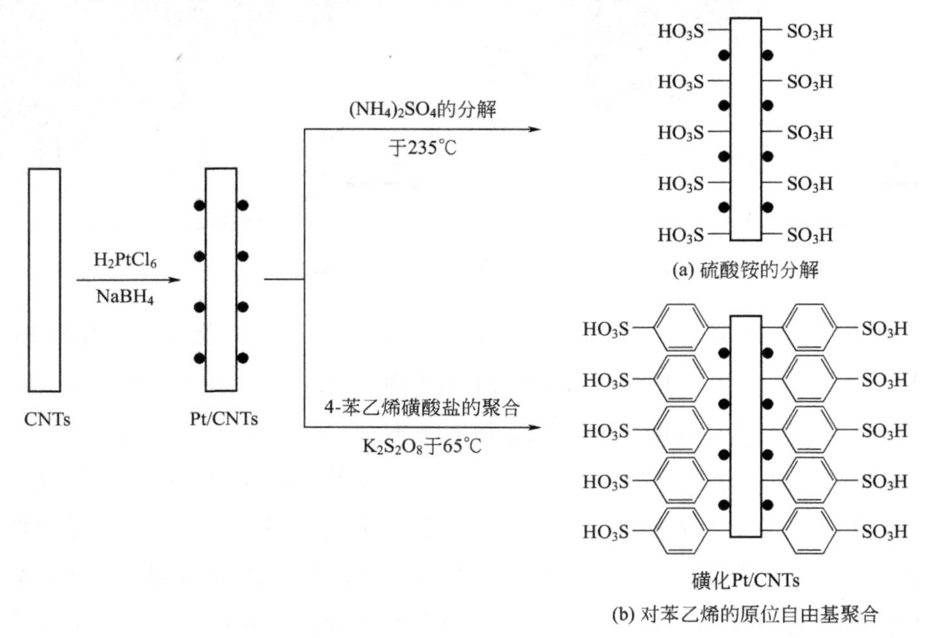

图2-20　Pt/CNTs催化剂的两种磺酸化途径示意图

子在碳纳米管表面发生了较为严重的团聚。这表明 Pt/CNTs 催化剂对温度较为敏感，其功能化过程应在较低温度下进行。

为改善甲酸电氧化阳极催化剂的贵金属利用率和催化活性，Yang 等[30]以由96%硫酸和对氨基苯磺酸组成的混合物对多壁碳纳米管进行功能化处理，并以处理后的多壁碳纳米管为载体，制得 Pd/f-MWCNTs 催化剂。在载体处理过程中，以亚硝酸钠作用于取代苯胺化合物，得到重氮盐中间产物。试验结果证实，功能化的碳载体 f-MWCNTs 具有良好的水溶性和分散性，这使得 Pd 纳米粒子以较小的粒径均匀地分散在多壁碳纳米管的表面，如图 2-21 所示。这极大地提高了催化剂的活性。此外，苯磺酸基团功能化的多壁碳纳米管还可以在水溶液中提供苯磺酸阴离子，与溶液中的氢离子结合，促进甲酸活性中间体的氧化。

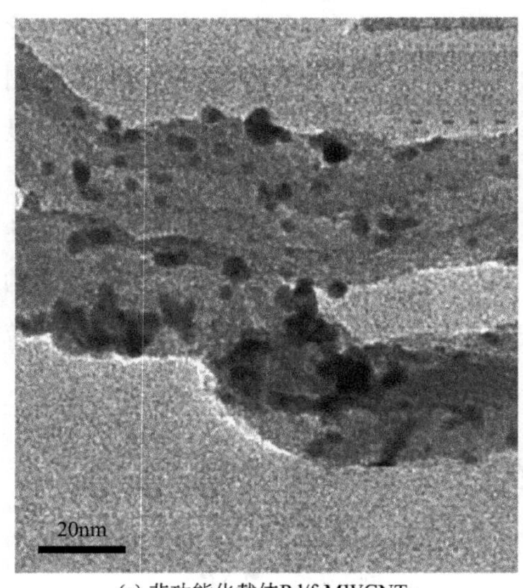

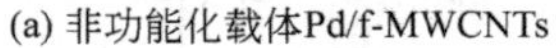

(a) 非功能化载体Pd/f-MWCNTs

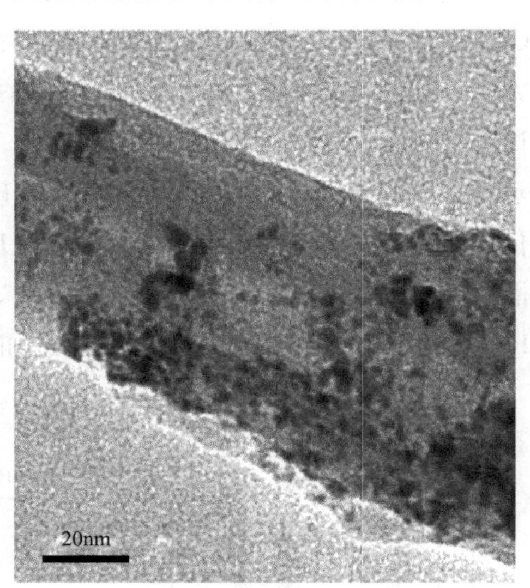

(b) 功能化载体Pd/f-MWCNTs

图 2-21　催化剂的透射电子显微镜图片

基于密度泛函理论（DFT）计算结果，可以判断磺酸官能团对负载型 Pt 催化剂性能的影响，为磺化碳载体负载 Pt 催化剂的制备提供理论依据。Sun 等[31]研究了催化剂粒径对磺化石墨烯负载 Pt 纳米粒子乙醇电氧化性能的影响。石墨烯的磺化过程可以提高石墨烯表面的亲水性，改善其在水溶液中的分散性。此外，磺化过程还可以促进 Pt 纳米粒子在载体表面的吸附和均匀分散。通过理论计算可以证明，磺酸基官能团可以向 Pt 转移电荷，提高 Pt 的吸附能，从而减小 CO 在 Pt 上的吸附能。图 2-22 为 CO 在催化剂表面的吸附模型体系。采用从头开始 DFT 计算，得到 Pt_4 团簇在石墨烯和磺化石墨烯表面的吸附能分别为

−1.221eV和−1.343eV。同时，Pt_{55}团簇在磺化石墨烯表面的吸附能为−1.034eV，同样远负于其在石墨烯表面的吸附能（−0.872eV）。在Pt_4sG和Pt_{55}sG模型体系中，吸附能的增加都可以归因于石墨烯表面Pt团簇和磺酸基团之间的电荷转移。这会导致Pt纳米粒子在磺化石墨烯表面具有比在非功能化石墨烯表面更好的分散性。通过试验制备了不同粒径的磺化石墨烯负载Pt催化剂Pt-sG。结果表明，在碱性介质中，Pt胶体的粒径大小对Pt-sG催化剂的乙醇氧化性能有显著的影响。透射电子显微镜观察表明，在磺化石墨烯表面，Pt纳米粒子可以实现粒径均一的密集分布。这种良好的分散状态得益于由石墨烯表面Pt团簇和磺酸官能团之间的电荷转移导致的Pt纳米粒子在磺化石墨烯表面的较大吸附能。循环伏安测试显示，磺化石墨烯表面粒径2.5nm的Pt粒子具有最高的乙醇氧化峰电流密度［3480mA/g(Pt)］。理论计算表明，磺化石墨烯表面较弱的CO—Pt键是催化剂具有高活性的原因。

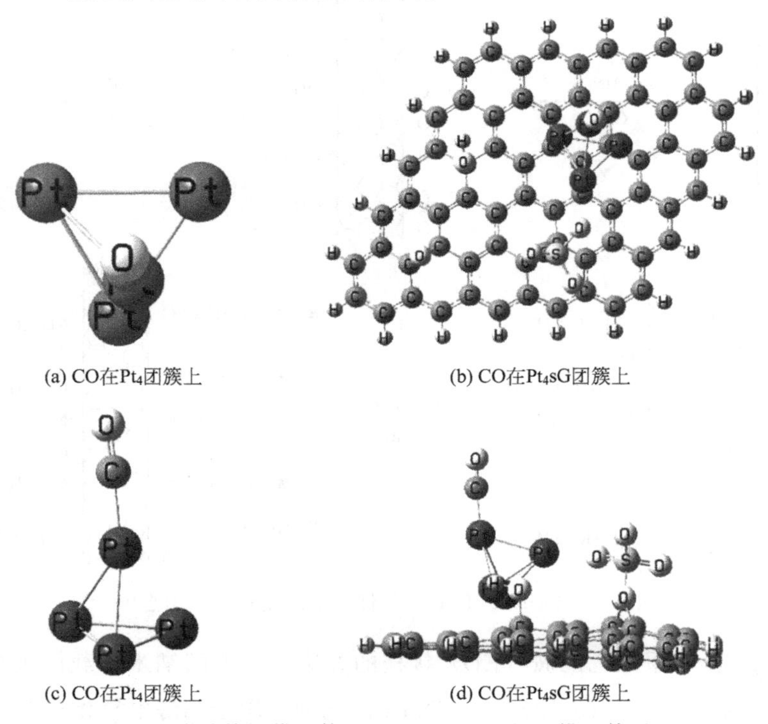

图 2-22　CO吸附的俯视模型体系（a）、（b）和侧视模型体系（c）、（d）

2.5 碳载体的氨基功能化

以上讨论的碳载体表面功能化所引入的官能团主要为酸性官能团。除此之外，碱性官能团也被用于实现碳载体表面的功能化。与酸性官能团相比，碱性官能团拥有其独特的功能化特点，如电荷效应、配位效应、电子效应等。Yang 等[32]以乙二胺（ED）接枝的碳纳米管作为载体，制备了甲醇电氧化 Pt-Ru/ED/CNTs 催化剂。通过在乙二胺的乙醇溶液中对乙二胺进行电氧化，实现碳纳米管的表面功能化，如图 2-23 所示。然后，在乙二胺接枝的碳纳米管上电沉积 Pt-Ru 纳米粒子，制得 Pt-Ru/ED/CNTs 催化剂。以循环伏安法和傅里叶变换红外光谱研究了乙二胺与碳纳米管之间的相互作用。结果表明，与普通的 Pt-Ru/CNTs 催化剂相比，Pt-Ru/ED/CNTs 催化剂具有良好的电催化性能和长期稳定性。碳纳米管与乙二胺结合后，电导率得到提升，这得益于乙二胺中氮原子向碳纳米管表面的电子给予作用。此外，在甲醇氧化过程中，乙二胺的氮原子不会导致铂催化剂的中毒。

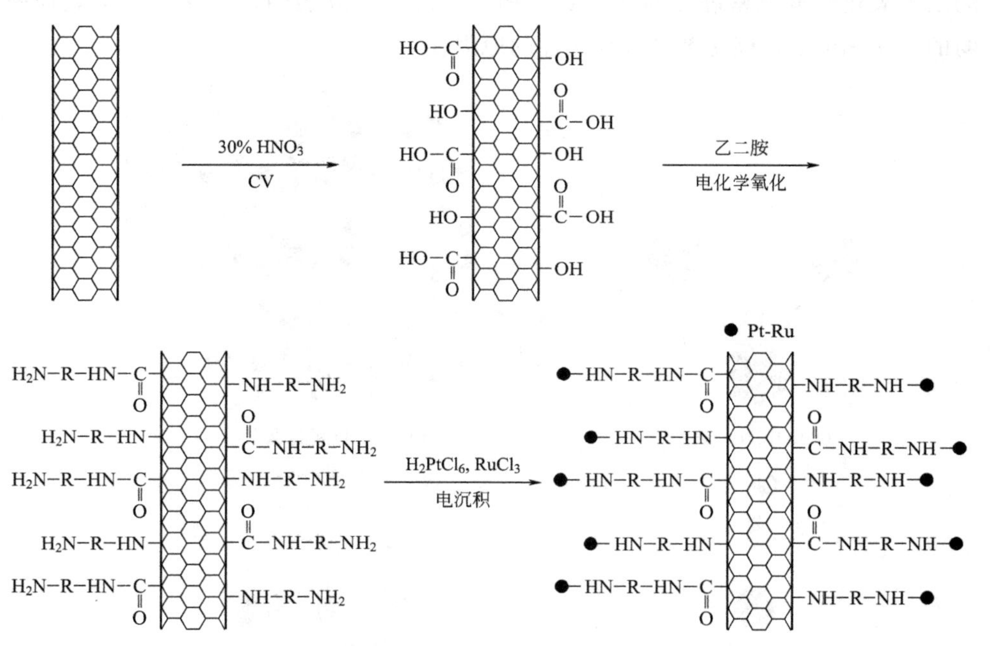

图 2-23　Pt-Ru/ED/CNTs 催化剂的制备过程示意图

Zhong 等[33]采用乙二胺（ED）接枝的方法对多壁碳纳米管载体进行了功能化处理，并制备了 Pt-Ru/ED/MWCNTs 催化剂，用于乙醇电氧化反应。图 2-24 为 Pt-Ru/ED/MWCNTs 和 Pt-Ru/MWCNTs 催化剂的透射电子显微镜图片。可以看出，负载于 ED/MWCNTs 复合载体上的 Pt-Ru 纳米粒子比负载于 MWCNTs 载体上的 Pt-Ru 纳米粒子分散更加均匀。分散于 ED/MWCNTs 复合载体上的花状 Pt-Ru 团簇的直径为 10～15nm，而花状 Pt-Ru 团簇中的单个金属纳米粒子的直径仅为 2～4nm，远小于分散于 MWCNTs 载体上的单个金属纳米粒子的直径（4～7nm）。这意味着碳纳米管表面乙二胺的存在对金属纳米粒子的高分散起着重要的作用。与碳载体的酸处理过程产生的酸性含氧官能团相比，碳纳米管表面的碱性—NH_2 基团对催化剂前驱体（如氯铂酸阴离子）具有更强的锚定作用。这种较强的锚定效应使得催化剂金属粒子可以选择性地固定在碳纳米管表面的—NH_2 基团上，从而抑制了其颗粒的生长。由此制得的 Pt-Ru/ED/MWCNTs 对乙醇的电化学氧化具有较高的催化活性和稳定性。

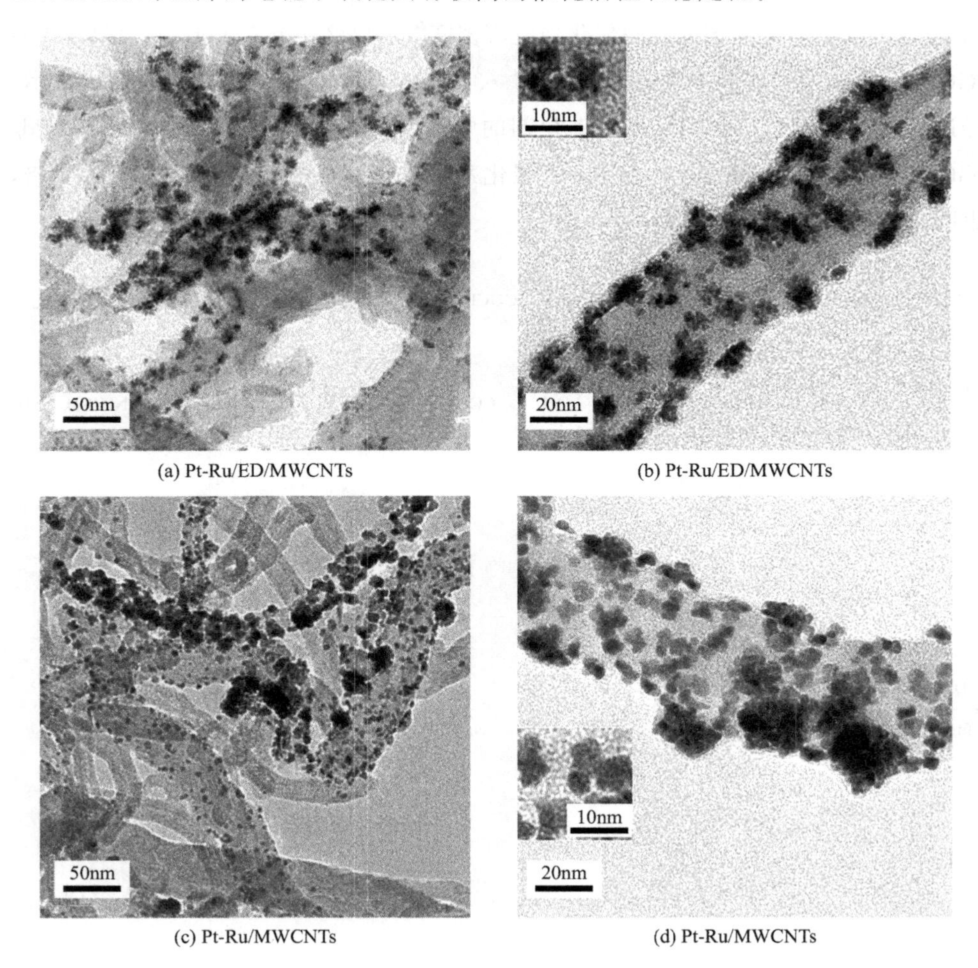

(a) Pt-Ru/ED/MWCNTs　(b) Pt-Ru/ED/MWCNTs　(c) Pt-Ru/MWCNTs　(d) Pt-Ru/MWCNTs

图 2-24　催化剂的 TEM 图片

己二胺的引入不但可为石墨烯载体提供特征官能团，而且具有空间联结作用。Ren 等[34] 以 1,6-己二胺对石墨烯载体进行功能化处理，制得了超细 Pd 纳米催化剂，用于碱性介质中的乙醇氧化反应。Pd/HD-rGO 催化剂的合成路径如图 2-25 所示。经过 1,6-己二胺的功能化处理后，HD-rGO 载体显示出良好的空间联结多孔结构。这种结构不仅有效地增加了石墨烯表面的暴露面积，还可以促进液体燃料在催化剂内表面和外表面的扩散。此外，超细的 Pd 纳米粒子均匀地分布在 HD-rGO 载体的表面，显著增大了催化剂的电化学表面积。Pd/HD-rGO、Pd/rGO 和 Pd/C 三种催化剂的电化学表面积分别为 29.41m²/g、17.68m²/g 和 12.66m²/g。电化学测试表明，与普通的 Pd/rGO 催化剂以及商品 Pd/C 催化剂相比，Pd/HD-rGO 催化剂表现出较高的电催化活性和稳定性。循环伏安测试结果显示，Pd/HD-rGO 催化剂的乙醇氧化峰电流密度❶为 2222.48mA/mg，显著高于 Pd/rGO 催化剂（1193.59mA/mg）和 Pd/C（370.19mA/mg）。计时电流法测试显示，经过 4000s 的测试，Pd/HD-rGO 催化剂的电流密度为 114.2mA/mg，分别为 Pd/rGO 催化剂（52.5mA/mg）和 Pd/C 催化剂（8.5mA/mg）的 2.2 倍和 13.4 倍，表明其具有较高的稳定性。

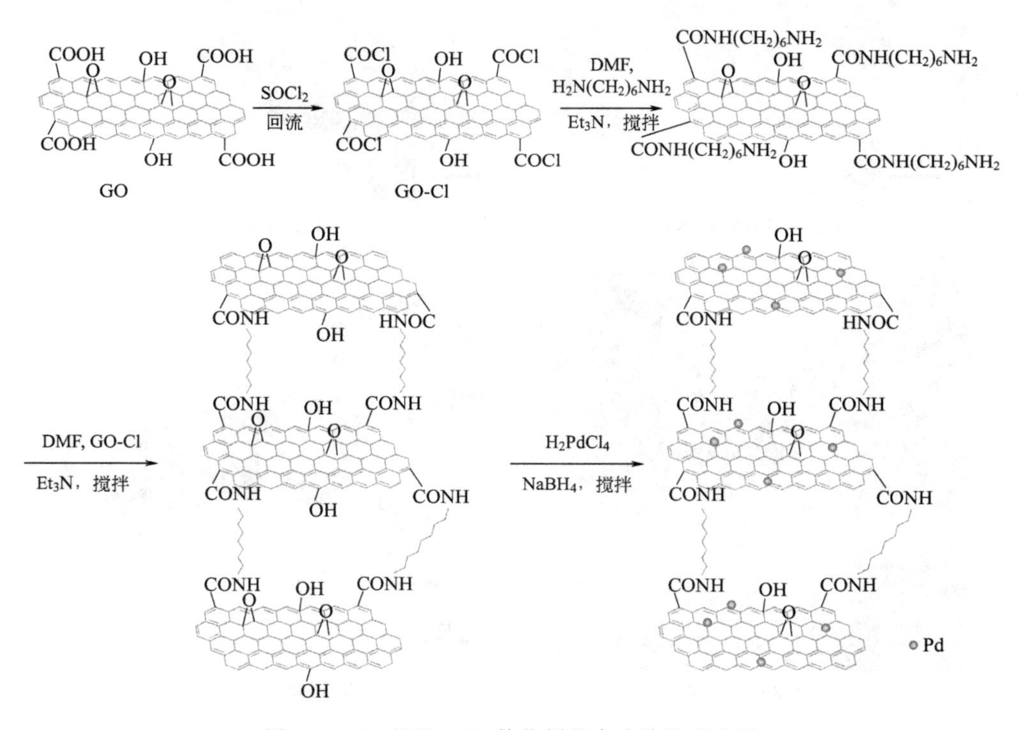

图 2-25　Pd/HD-rGO 催化剂的合成路径示意图

聚丙烯亚胺（PPI）具有独特的树形分子结构，这使它成为一种很好的稳定剂和联结剂，可以将金属纳米粒子紧密结合在碳载体的表面。Hosseini 等[35]以聚丙

❶ 本书中以 mA/mg 为单位的电流密度为电流质量密度，以 mA/cm² 为单位的电流密度为电流面密度。

烯亚胺接枝功能化石墨烯为载体，制备了 Pd 和 PdCo 合金纳米催化剂，用作直接甲酸燃料电池的阳极催化剂。石墨烯载体的聚乙烯亚胺接枝共价功能化过程如图 2-26 所示。首先，在碱性条件下，丙二腈作为碳亲核试剂进攻氧化石墨烯表面的环氧活性位，腈基被还原；随后，聚丙烯亚胺树形分子在石墨烯表面沿发散路径经过三级生长，得到聚丙烯亚胺功能化石墨烯载体 PPI-*g*-G。由硼氢化钠还原法制得 PdCo/PPI-*g*-G 催化剂。与 Pd/PPI-*g*-G 催化剂相比，PdCo/PPI-*g*-G 催化剂对甲酸的阳极氧化具有极强的催化活性和较好的抗中毒能力。载体功能化处理后催化剂性能的提高可能源自石墨烯表面均匀分布的 PdCo 合金纳米粒子及其双功能效应。

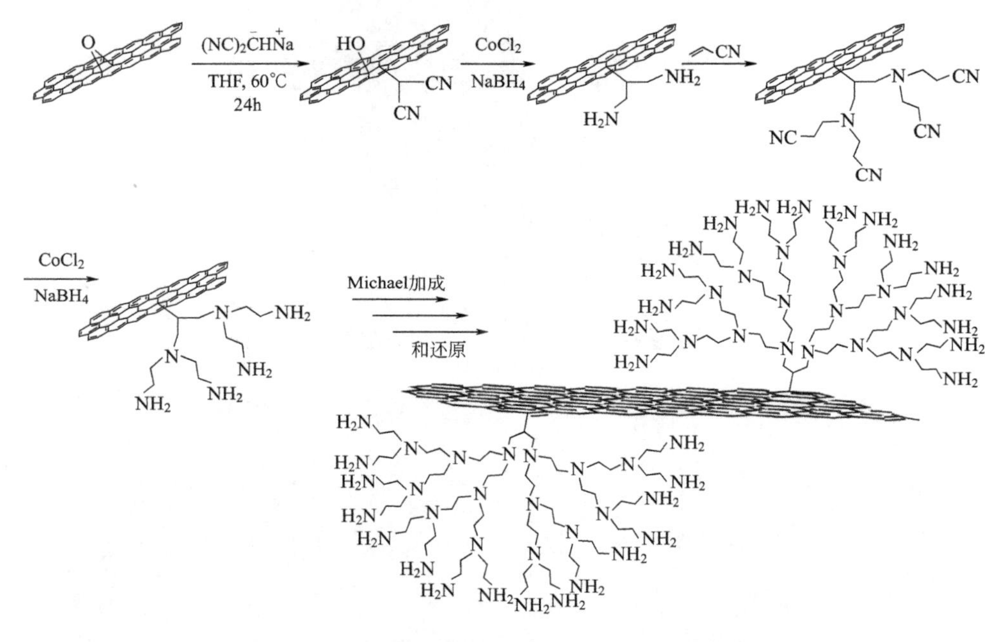

图 2-26　聚乙烯亚胺接枝石墨烯的合成路径示意图

在碳载体表面增加含氧官能团的同时，再引入一定量的含氮官能团，可以对催化剂性能的改善起到进一步的促进作用。丁良鑫等[36]以硝酸和氨水对 Vulcan XC-72 活性炭载体进行处理，显著地改善了 Pd 纳米催化剂的甲酸氧化性能。图 2-27 为催化剂的透射电子显微镜图片。可以看出，由硝酸、氨水处理碳载体制得的催化剂 Pd/C-HN 的平均粒径为 2.70nm，略大于由硝酸处理碳载体制得的催化剂 Pd/C-H（2.35nm），显著小于由未经处理碳载体制得的催化剂 Pd/C-U（4.62nm）。同时还可以看出，Pd/C-HN 催化剂的粒径分布更加均匀。可见经过硝酸处理碳载体后，催化剂中 Pd 纳米粒子的粒径显著减小；用氨水进一步处理碳载体，催化剂中 Pd 纳米粒子的粒径变化不大。X 射线光电子能谱显示，

Pd/C-HN 催化剂 Pd(0) 的含量显著高于 Pd/C-H 催化剂。电化学测试结果表明，Pd/C-HN 催化剂具有较大的电化学表面积、较高的甲酸氧化峰电流密度以及较好的电化学稳定性。研究表明，硝酸处理引进的主要是羧基等酸性含氧基团。经氨水进一步处理后，酸性基团含量减少，而碱性基团的含量增加。这表明氨水处理在活性炭表面引进了碱性含氮基团。Pd/C-HN 催化剂具有较高的催化活性，这可能是由于含氮基团通过静电效应或配位作用改变了 Pd 的表面电子状态，从而导致催化剂中 Pd(0) 含量较高，有利于甲酸的电化学氧化。

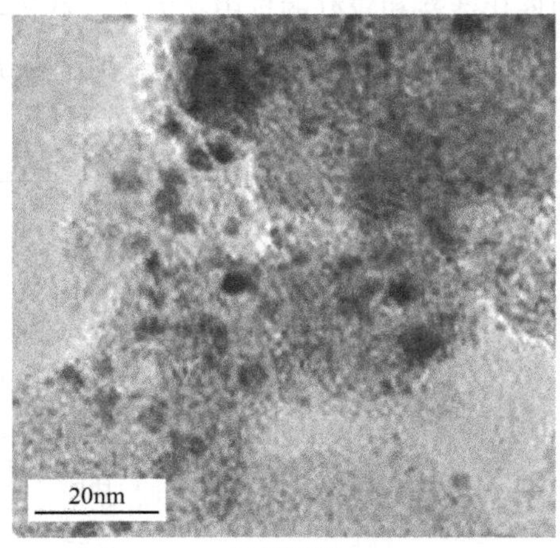

(a) Pd/C-U

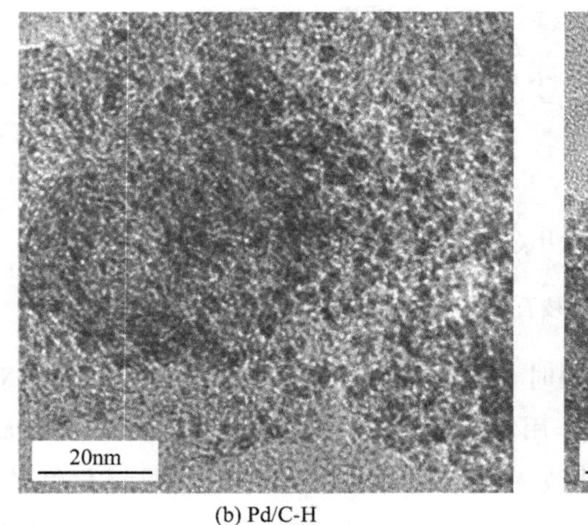

(b) Pd/C-H

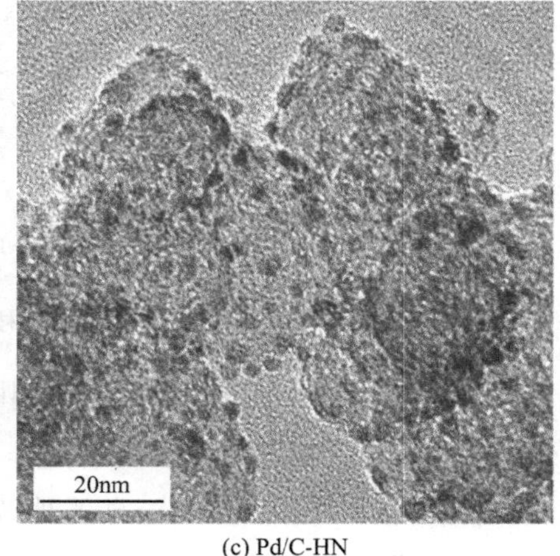

(c) Pd/C-HN

图 2-27　不同活性的碳载体上 Pd 粒子的 TEM 图片

2.6　碳载体的其他共价功能化方法

除常见的酸性和碱性官能团以外，一些其他官能团也被用于碳载体的功能化。Tao 等[37]以硝基苯功能化的多壁碳纳米管为载体，制备了铂纳米催化剂，用于甲醇氧化反应。图 2-28 为硝基苯功能化多壁碳纳米管负载 Pt 催化剂的合成示意图。以不可逆的分子共价功能化的手段将硝基苯基团引入疏水的碳纳米管的表面。碳载体与硝基苯基团的共价键合机理如下：多壁碳纳米管的离域电子向反应物 4-硝基苯重氮盐四氟硼酸盐（4-NBD）阳离子转移，释放出一个 N_2 分子，变成芳基自由基。随后芳基自由基与多壁碳纳米管晶格上的碳原子形成共价键。硝基苯功能化多壁碳纳米管具有电子效应：硝基苯官能团带负电荷，形成活性中心，引导带正电的 Pt^+ 发生自组装，在多壁碳纳米管的表面形成均匀分布的 Pt 前驱体；同时，硝基苯官能团与多壁碳纳米管上的 Pt 纳米粒子紧密结合，改变碳纳米管的电子特性，从而调整负载的 Pt 纳米粒子的电催化活性。与未修饰碳纳米管负载的 Pt-MWCNTs 催化剂相比，Pt-NB-MWCNTs 催化剂的粒径分布更加均匀，粒径更小。电化学测试结果表明，Pt-NB-MWCNTs 催化剂在甲醇氧化反应中具有较高的电催化活性和耐久性。

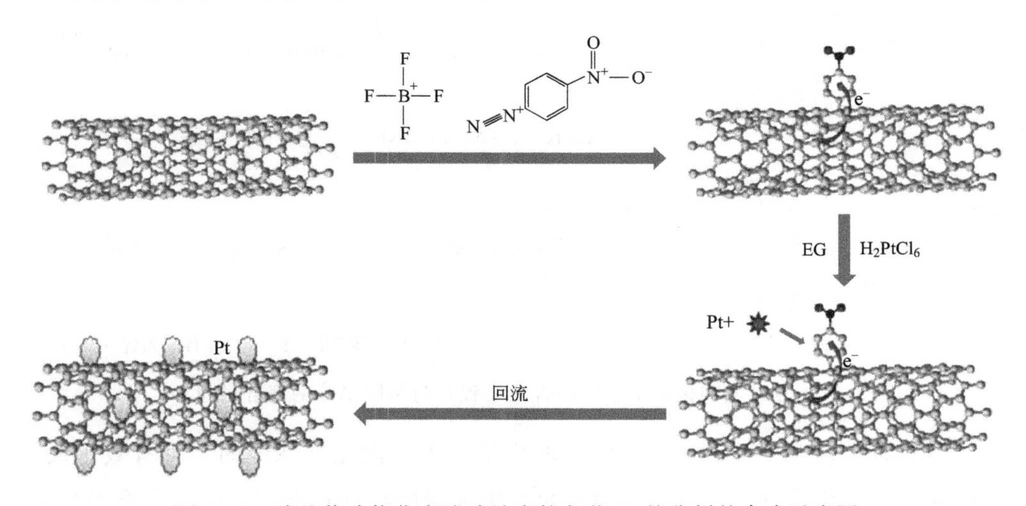

图 2-28　硝基苯功能化多壁碳纳米管负载 Pt 催化剂的合成示意图

聚苯胺是一种共轭导电聚合物，近年来被广泛应用于电催化领域。利用其优良的导电性能和功能化作用，可以实现电催化剂性能的改进。聚苯胺在电催化剂中的引入主要是通过在低温条件下使苯胺单体在碳载体的表面发生聚合的方式进行的，属于非共价功能化手段。陈建慧等[38]提出了以共价功能化方式在碳纳米管表面引入聚苯胺的催化剂合成途径，制备了聚苯胺共价接枝碳纳米管负载 Pt 催化剂，用于甲醇电催化氧化反应。以氨基化的碳纳米管为基体，通过界面聚合方法将聚苯胺共价接枝于碳纳米管表面，并在其上负载 Pt 纳米粒子。图 2-29 描述了氨基化碳纳米管的合成过程以及它与苯胺单体的聚合过程。首先以硫酸-硝酸混酸处理碳纳米管，得到酸化碳纳米管载体 CNTs-COOH；然后依次以二甲亚砜和乙二胺处理 CNTs-COOH 载体，得到氨化碳纳米管载体；最后使苯胺单体在氨化碳纳米管表面发生聚合，得到聚苯胺共价接枝碳纳米管载体。电化学测试结果表明，碳纳米管共价接枝聚苯胺作为载体可以提高催化剂的抗 CO 中毒性能，有利于对甲醇的催化氧化。碳纳米管共价接枝聚苯胺，有效地提高了催化剂的稳定性，延长了催化剂的寿命。通过功能化所合成的聚苯胺共价接枝碳纳米管负载 Pt 的催化剂的稳定性及抗中毒性能，明显优于聚苯胺和碳纳米管以非共价形式结合负载 Pt 的催化剂和商品 Pt/C 催化剂。

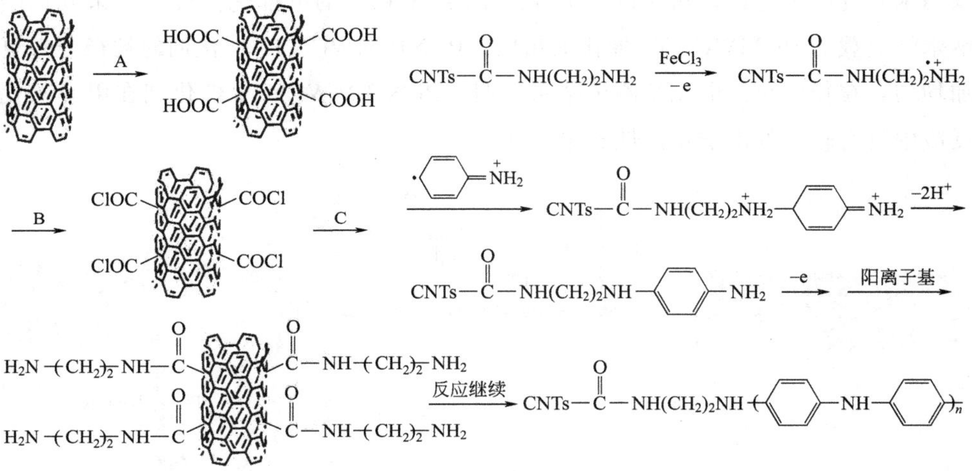

(a) 氨基化碳纳米管的合成过程　　(b) 氨基化碳纳米管与苯胺单体的聚合过程

图 2-29　氨基化碳纳米管的合成过程及与苯胺单体的聚合过程

以上研究表明，碳载体的共价功能化是改善电催化剂性能的一种有效手段。经过共价功能化处理后，碳载体表面生长出大量的特征官能团。由于官能团与碳载体之间以共价键结合，其结合十分牢固，对金属粒子的锚定作用强。共价功能化的主要缺点在于对碳载体表面结构的破坏。氧化处理、重氮化反应等过程会破坏碳纳米管、石墨烯等碳载体表面的结构完整性，从而造成表面均匀性、导电性等性能的下降。相比之下，非共价功能化处理则对碳载体的表面原始结构不产生影响。

参 考 文 献

[1] Ning L., Liu X., Deng M., et al. Palladium-based nanocatalysts anchored on CNT with high

activity and durability for ethanol electro-oxidation [J]. Electrochim. Acta, 2019, 297: 206-214.

[2] Liu Z., Gan L. M., Hong L., et al. Carbon-supported Pt nanoparticles as catalysts for proton exchange membrane fuel cells [J]. J. Power Sources, 2005, 139: 73-78.

[3] Zaragoza-Martín F., Sopeña-Escario D., Morallón E., et al. Pt/carbon nanofibers electrocatalysts for fuel cells effect of the support oxidizing treatment [J]. J. Power Sources, 2007, 171: 302-309.

[4] Mao L., Fu K., Jin J., et al. PtFe alloy catalyst supported on porous carbon nanofiber with high activity and durability for oxygen reduction reaction [J]. Int. J. Hydrogen Energy, 2019, 44: 18083-18092.

[5] Coro J., Suárez M., Silva L. S. R., et al. Fullerene applications in fuel cells: A review [J]. Int. J. Hydrogen Energy, 2016, 41: 17944-17959.

[6] Bai Z., Yang L., Guo Y., et al. High-efficiency palladium catalysts supported on ppy-modified C_{60} for formic acid oxidation [J]. Chem. Commun., 2011, 47: 1752-1754.

[7] Joo S. H., Pak C., You D. J., et al. Ordered mesoporous carbons (OMC) as supports of electrocatalysts for direct methanol fuel cells (DMFC): Effect of carbon precursors of OMC on DMFC performances [J]. Electrochim. Acta, 2006, 52: 1618-1626.

[8] Calvillo L., Lázaro M. J., García-Bordejé E., et al. Platinum supported on functionalized ordered mesoporous carbon as electrocatalyst for direct methanol fuel cells [J]. J. Power Sources, 2007, 169: 59-64.

[9] Bonaccorso F., Colombo L., Yu G., et al. Graphene, related two-dimensional crystals and hybrid systems for energy conversion and storage [J]. Science, 2015, 347 (6217): 1246501.

[10] Carrera-Cerritos R., Baglio V., Aricò A. S., et al. Improved Pd electro-catalysis for oxygen reduction reaction in direct methanol fuel cell by reduced graphene oxide [J]. Appl. Catal. B, 2014, 144: 554-560.

[11] Sham M. L., Kim J. K.. Surface functionalities of multi-wall carbon nanotubes after UV/Ozone and TETA treatments [J]. Carbon, 2006, 44 (4): 768-777.

[12] Wang Z. B., Yin G. P., Shi P. F.. Effects of ozone treatment of carbon support on Pt-Ru/C catalysts performance for direct methanol fuel cell [J]. Carbon, 2006, 44 (1): 133-140.

[13] Guha A., Lu W., Zawodzinski T. A., et al. Surface-modified carbons as platinum catalyst support for PEM fuel cells [J]. Carbon, 2007, 45: 1506-1517.

[14] 陈煜，唐亚文，孔令涌，等．碳纳米管表面修饰程度对碳纳米管载Pt电催化性能的影响 [J]. 物理化学学报，2006，22 (1)：119-123.

[15] 闫海旭，杨美妮，曾浩，等．酸处理石墨化碳载体对燃料电池催化剂性能的影响 [J]. 高等学校化学学报，2016，37 (12)：2236-2245.

[16] Xing Y., Li L., Chusuei C. C., et al. Sonochemical oxidation of multiwalled carbon nanotubes [J]. Langmuir, 2005, 21: 4185-4190.

[17] Chen W., Qu B.. Investigation of a platinum catalyst supported on a hydrogen peroxide-treated carbon black [J]. Int. J. Hydrogen Energy, 2010, 35: 10102-10108.

[18] Chen W., Xin Q., Sun G., et al. The effect of carbon support treatment on the stability of Pt/C electrocatalysts [J]. J. Power Sources, 2008, 180: 199-204.

[19] Kim Y. T., Mitani T.. Surface thiolation of carbon nanotubes as supports: A promising route for the high dispersion of Pt nanoparticles for electrocatalysts [J]. J. Catal., 2006, 238: 394-401.

[20] Liu J., Rinzler A. G., Dai H., et al. Fullerene pipes [J]. Science, 1998, 280: 1253-1256.

[21] Zhu Z. Z., Wang Z., Li H. L.. Self-assembly of palladium nanoparticles on functional multi-walled carbon nanotubes for formaldehyde oxidation [J]. J. Power Sources, 2009, 186: 339-343.

[22] Kim J. Y., Kim Y. S., Lee S., et al. Enhanced durability of linker-containing carbon nanotube functionalized via diazonium reaction [J]. Electrochim. Acta, 2015, 154: 63-69.

[23] Guo L., Chen S., Li L., A CO-tolerant PtRu catalyst supported on thiol-functionalized carbon nanotubes for the methanol oxidation reaction [J]. J. Power Sources 2014, 247: 360-364.

[24] Kim T. J., Kwon G., Kim Y. T.. Anomalously increased oxygen reduction reaction activity with accelerated durability test cycles for platinum on thiolated carbon nanotubes [J]. Chem. Commun., 2014, 50: 596-598.

[25] Sun Z. P., Zhang X. G., Liang Y. Y., et al. Highly dispersed Pd nanoparticles on covalent functional MWNT surfaces for methanol oxidation in alkaline solution [J]. Electrochem. Commun., 2009, 11: 557-561.

[26] Wang Y., He Q., Guo J., et al. Carboxyl multiwalled carbon-nanotube-stabilized palladium nanocatalysts toward improved methanol oxidation reaction [J]. ChemElectroChem, 2015, 2 (4): 559-570.

[27] Sun Z. P., Zhang X. G., Liu R. L., et al. A simple approach towards sulfonated multi-walled carbon nanotubes supported by Pd catalysts for methanol electro-oxidation [J]. J. Power Sources 2008, 185: 801-806.

[28] Capelo A., Esteves M. A., de Sá A. I., et al. Stability and durability under potential cycling of Pt/C catalyst with new surface-functionalized carbon support [J]. Int. J. Hydrogen Energy, 2016, 41: 12962-12975.

[29] Du C. Y., Zhao T. S., Liang Z. X.. Sulfonation of carbon-nanotube supported platinum catalysts for polymer electrolyte fuel cells [J]. J. Power Sources, 2008, 176: 9-15.

[30] Yang S., Zhang X., Mi H., et al. Pd nanoparticles supported on functionalized multi-walled carbon nanotubes (MWCNTs) and electrooxidation for formic acid [J]. J. Power Sources 2008, 175: 26-32.

[31] Sun C. L., Tang J. S., Brazeau N., et al. Particle size effects of sulfonated graphene supported Pt nanoparticles on ethanol electrooxidation [J]. Electrochim. Acta 2015, 162: 282-289.

[32] Yang L., Chen J., Wei X., et al. Ethylene diamine-grafted carbon nanotubes: A promising catalyst support for methanol electro-oxidation [J]. Electrochim. Acta, 2007, 53: 777-784.

[33] Zhong X., Zhang X., Sun X., et al. Pt and Pt-Ru nanoparticles dispersed on ethylenediamine grafted carbon nanotubes as new electrocatalysts: Preparation and electrocatalytic properties for ethanol

electrooxidation [J]. Chinese J. Chem., 2009, 27: 56-62.

[34] Ren F., Zhang K., Bin D., et al. Ultrafine Pd nanoparticles anchored on porous 1, 6-hexanediamine-functionalized graphene as a promising catalyst towards ethanol oxidation in alkaline media [J]. ChemCatChem, 2015, 7: 3299-3306.

[35] Hosseini H., Mahyari M., Bagheri A., et al. Pd and PdCo alloy nanoparticles supported on polypropylenimine dendrimer-grafted graphene: A highly efficient anodic catalyst for direct formic acid fuel cells [J]. J. Power Sources, 2014, 247: 70-77.

[36] 丁良鑫，王士瑞，郑小龙，等．碳载体改性对碳载Pd催化剂电催化性能的影响 [J]. 物理化学学报，2010，26 (5)：1311-1316.

[37] Tao L., Dou S., Ma Z., et al. Platinum nanoparticles supported on nitrobenzene-functionalized multiwalled carbon nanotube as efficient electrocatalysts for methanol oxidation reaction [J]. Electrochim. Acta, 2015, 157: 46-53.

[38] 陈建慧，佟浩，高珍珍，等．聚苯胺共价接枝碳纳米管负载Pt催化剂的制备及对甲醇电催化性能的研究 [J]. 化学学报，2013，71：1647-1655.

第3章

碳载体的非共价功能化对电催化剂性能的影响

第 2 章讨论了碳载体表面的共价功能化，即通过化学反应使碳载体表面以化学键的形式结合特定的官能团，从而达到功能化的目的。但同时也应看到，共价功能化过程往往伴随着较为剧烈的化学反应，会对碳载体的表面结构带来一定程度的破坏，导致某些性能（如电导率等）的降低。近年来，采用非共价的手段实现碳载体表面的功能化，越来越受到研究者们的重视。非共价功能化利用吸附作用或电子相互作用等使某些含有特定官能团的聚合物、生物大分子或离子液体等以非化学键的形式附着于碳载体的表面。非共价功能化的一个突出优点是所采用的功能化材料对碳载体原有的结构不产生任何破坏作用，而其所带的特定官能团则可以作用于金属活性组分，从而改善电催化剂的性能。

某些聚合物及有机大分子材料能改变催化剂的表面结构，增强导电性；同时，其官能团与催化剂的活性组分相互作用，可以改善催化剂的催化性能。某些含有酸性或碱性官能团的聚合物或有机大分子具有离子传导功能。它们具有良好的亲水性，其含有的特定官能团可以与碳载体及金属粒子发生相互作用，改善催化剂的结构和性能。

3.1 阴离子型聚合物的功能化作用

在碳载体的表面引入离子型聚合物，不但可以提供所需的特定官能团，而且还可以提高催化剂表面的离子导电性。阴离子型聚合物所提供的官能团主要为酸性官能团。利用酸性官能团与活性金属组分的相互作用，实现电催化剂结构和性能的改进。

3.1.1 聚苯乙烯磺酸的功能化作用

为提高甲醇氧化催化剂的性能，Kongkanand 等[1]以聚合物缠绕单壁碳纳米管作为载体，以乙二醇还原法制备了高分散、高贵金属利用率的铂催化剂，如图 3-1 所示。通过在单壁碳纳米管表面缠绕聚苯乙烯磺酸，可以阻止溶液中碳纳米管集束的形成，达到较好的分散效果。制得的 Pt/PW-SWCNT 催化剂具有非常高的电化学活性表面积，这极大地提高了单壁碳纳米管表面铂的利用率。磺酸基团的引入显著降低了碳纳米管的表面疏水性，使其在水溶液中更易分散，有利于金属纳米粒子的均匀负载。同时，这种催化剂的高分散结构也会促进反应物在催化剂表面的扩散。结果表明，在阳极催化反应中，Pt/PW-SWCNT 催化剂具有较高的甲醇氧化电流密度；而在阴极催化反应中，这种催化剂又具有较高的氧还原电位。通过碳载体的聚苯乙烯磺酸功能化，使催化剂的性能不论在动力学方面还是在传质方面，均得到了有效提升。采用 Pt/PW-SWCNT 催化剂，可以使铂基催化剂的氧还原活性提升 2 倍，与铂合金催化剂的氧还原活性相当；此外，Pt/PW-SWCNT 催化剂又保留了单活性组分催化剂的优点，即较低的过氧化氢产出率和较高的电化学稳定性。在甲醇氧化过程中，Pt/PW-SWCNT 催化剂表现出 3 倍于非功能化催化剂的甲醇扩散速率。X 射线光电子能谱显示，在 Pt/PW-SWCNT 催化剂中，金属 Pt 的 d 能带中心向低能级方向移动，这增强了催化剂的氧还原活性。

陈晨等[2]采用阴离子型聚合物聚苯乙烯磺酸钠（PSS）对碳纳米管进行非共价功能化修饰，得到 PSS-CNTs 复合载体。利用带负电的聚苯乙烯磺酸阴离子和 Ce^{3+} 之间的静电作用将 Ce^{3+} 组装到碳纳米管的表面，再利用 Ce^{3+} 与 $PtCl_4^{2-}$ 阴离子之间的静电作用和氧化还原反应实现 CeO_2 和 Pt 纳米粒子在碳纳米管表面的原位沉积。由于 Ce^{3+} 具有一定的还原性，通过 Ce^{3+} 和 $PtCl_4^{2-}$ 阴离子之间的氧化还原反应可以实现 Pt 纳米粒子和 CeO_2 在碳纳米管表面的原位沉积，制

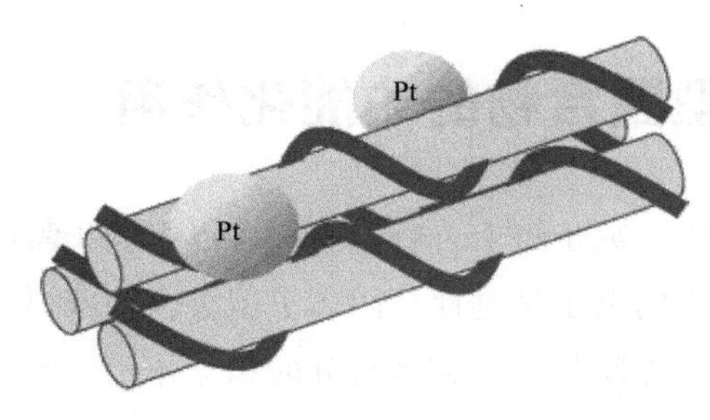

图 3-1 聚苯乙烯磺酸缠绕单壁碳纳米管负载 Pt 催化剂示意图

得 Pt-CeO_2/PSS-CNTs 复合催化剂。图 3-2 为 Pt-CeO_2/PSS-CNTs 和 Pt-CeO_2/CNTs 催化剂的透射电子显微镜图片及粒径分布图。可以清楚地看到，在 Pt-CeO_2/PSS-CNTs 催化剂中，Pt 纳米粒子均匀地负载在 PSS-CNTs 复合载体的表面，其平均粒径为 3.5nm；而 Pt-CeO_2/CNTs 催化剂中 Pt 纳米粒子的平均粒径为 5.9nm，且分布不均匀。这是由于经过 PSS 修饰的碳纳米管表面形成了均

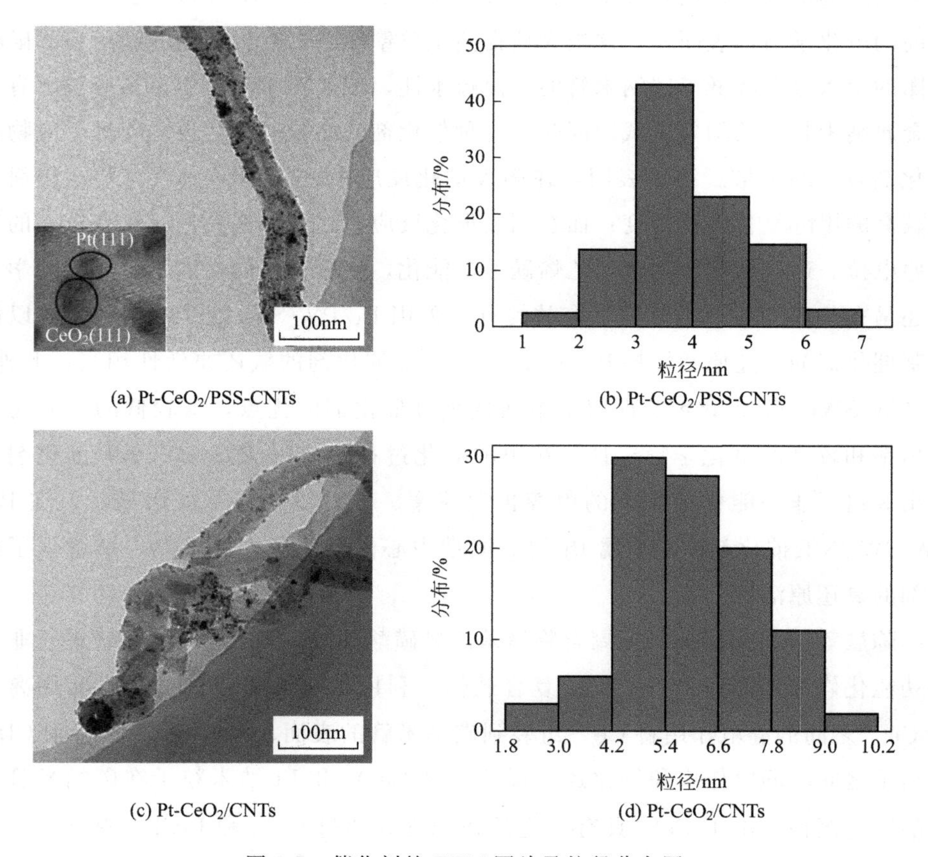

图 3-2 催化剂的 TEM 图片及粒径分布图

匀而丰富的带负电的磺酸基团。磺酸基团和溶液中游离的 Ce^{3+} 之间及 Ce^{3+} 与 $PtCl_4^{2-}$ 阴离子之间均存在静电引力作用，这使得 Ce^{3+} 和 $PtCl_4^{2-}$ 可以较多地组装在 PSS-CNTs 表面。然后，通过 Ce^{3+} 和 $PtCl_4^{2-}$ 之间的氧化还原和 $NaBH_4$ 的进一步辅助还原，可以实现 Pt-CeO_2 在 PSS-CNTs 表面的原位沉积和均匀分散，使 PSS-CNTs 上负载的 Pt 比原始碳纳米管上负载的 Pt 具有更好的分散性和更小的粒径范围。Pt-CeO_2/PSS-CNTs 催化剂对甲醇电催化氧化具有较好的催化活性和稳定性。

3.1.2　全氟磺酸树脂的功能化作用

全氟磺酸树脂被大量地用作低温燃料电池的聚合物电解质，同时也被用于催化层的制备。随着聚合物在电催化剂功能化领域的广泛应用，全氟磺酸树脂也被研究者们选作碳载体的非共价功能化材料。其强酸性和强耐腐蚀性对于电催化反应的离子导电性、反应物的传质以及催化剂的电化学稳定性等方面具有重要作用。

Nafion 全氟磺酸树脂具有良好的亲水性和优异的耐腐蚀性，被广泛地应用于燃料电池领域。Sarma 等[3] 以 Nafion 稳定化醇还原法制备了以 Vulcan XC-72 为载体的 Pt-Ru 催化剂，并将其应用于直接甲醇燃料电池。催化剂的粒径为 3～7nm。在催化剂制备过程中，Nafion 树脂的引入提高了催化剂的甲醇电氧化活性，使该反应得以在低甲醇浓度下进行。研究表明，Nafion 树脂在催化剂中有两个突出的作用：①促使催化剂粒子在载体上均匀分散；②控制 Pt-Ru 纳米粒子的粒径。从图 3-3 可以看出，自制 Pt-Ru/C 催化剂（MEC-01）的甲醇氧化起始电位 $E_{起始}$ 显著低于商品 Pt-Ru/C 催化剂（E-TEK 40）。这是由于自制催化剂的表面结构不同于商品催化剂，使得发生在金属 Ru 上的水解离反应变得更快，并且在较低电位下进行。这样，依据双功能机理，吸附在表面的水和氧化物 Ru-OH 可以氧化吸附在相邻 Pt 活性位上的 CO 物种。由此可见，少量 Nafion 树脂的引入可以提高 Pt-Ru/C 催化剂的电催化活性。

电化学沉积是一种简单、快速地制备 PtRu 合金催化剂的技术。Missiroli 等[4] 以电化学沉积法将 PtRu 纳米粒子沉积于 Nafion 功能化碳载体 C-Nafion 上，制得了 PtRu/C-Nafion 催化剂，用于直接甲醇燃料电池。结果表明，Nafion 树脂的用量应保持适度，使得形成的薄膜足够薄，以确保 PtRu 纳米粒子的高度分散以及传质的快速进行。由此制得的催化剂具有较大的电化学活性表面积和较高的催化活性。Liu 等[5] 制备了 Nafion 稳定化 Pt 纳米催化剂，用于聚合物电解质

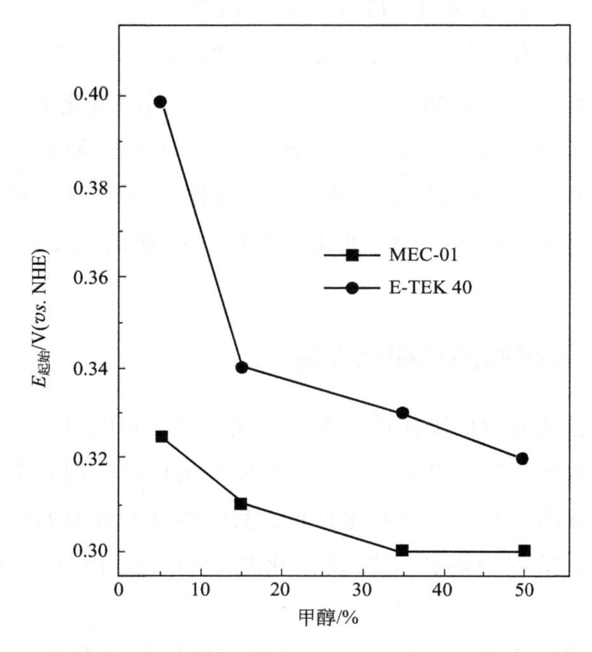

图 3-3 自制 Pt-Ru/C 催化剂（MEC-01）和商品 Pt-Ru/C 催化剂（E-TEK 40）甲醇氧化起始电位（$E_{起始}$）的对比

燃料电池。制得催化剂的粒径为 2～4nm。测试结果显示，Nafion-Pt 纳米粒子具有较高的氧还原活性，适合用作直接甲醇燃料电池的耐甲醇氧还原催化剂。

3.2 阳离子型聚合物的功能化作用

不同于阴离子型聚合物，阳离子型聚合物所提供的官能团主要为碱性官能团。这些碱性官能团上往往含有孤对电子，能与金属活性组分形成配位键，改变电催化剂的结构和性能。此外，附着于碳载体表面的阳离子型聚合物在溶液中带正电荷，在催化剂制备过程中，它们会与作为催化剂前驱体的带负电荷的金属络合阴离子发生静电相互作用，使之沉积于碱性官能团的附近，从而实现催化剂纳米金属粒子在碳载体表面的均匀分布。

3.2.1 聚二烯丙基二甲基氯化铵的功能化作用

季铵盐型聚合物聚二烯丙基二甲基氯化铵（PDDA）是一种具有良好离子导电性的离子型聚合物，其结构如图 3-4 所示。Jiang 等[6]制备了 PDDA 稳定化的

Pt 纳米粒子催化剂，用于直接甲醇燃料电池。在 PDDA 存在的条件下，以乙醇水溶液还原氯铂酸，可以得到 Pt 纳米粒子。PDDA-Pt 纳米粒子胶体的粒径为 2～4nm，这取决于 PDDA 与 Pt 的摩尔比。当 PDDA∶Pt＝1∶1 时，PDDA-Pt 纳米粒子的团聚较为显著，其平均粒径约为 4nm。随着 PDDA 与 Pt 摩尔比的上升，Pt 纳米粒子的分散程度不断提高，其粒径减小至 2～3nm。不同于采用中性高分子材料如聚乙烯吡咯烷酮（PVP）和壳聚糖制备的稳定化纳米粒子，采用离子型聚合物制备的金属纳米粒子具有独特的自组装性能。在 Nafion 全氟磺酸膜的表面，借助静电相互作用，PDDA-Pt 纳米粒子可以自组装至磺酸基—SO_3^- 处，形成自组装单层膜（SAM）。研究表明，自组装单层膜可以阻止甲醇渗透，提高直接甲醇燃料电池 34%的输出功率。研究还发现，以低 PDDA 与 Pt 摩尔比制备的 PDDA-Pt 纳米粒子呈现出显著高于商品 Pt/C 催化剂的甲醇氧化催化活性。然而，随着 PDDA 与 Pt 摩尔比的上升，PDDA-Pt 纳米粒子的电催化活性显著下降。这可能由于离子型聚合物的电子导电性较差，抑制了甲醇氧化反应的进行。

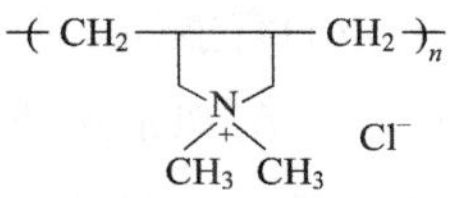

$-[CH_2 \quad CH_2]_n$
N^+　Cl^-
CH_3 CH_3

图 3-4　聚二烯丙基二甲基氯化铵（PDDA）的分子结构

通过试验，研究者们观察到 PDDA 分子可以自发地附着于碳载体的表面。这可能源于 PDDA 分子与碳载体之间的相互作用。Yang 等[7]借助 X 射线光电子能谱和光声傅里叶变换红外光谱等手段，证实了 PDDA 分子和多壁碳纳米管之间的 π-π 相互作用。结果显示，在中等强度的超声波作用下，多壁碳纳米管与 PDDA 分子在水溶液中发生相互作用，显著地改善了碳纳米管的分散性，并极大地提高了其对 Au 和 Si 基体的附着能力。这种 MWCNTs-PDDA 相互作用产生于 PDDA 分子链中的不饱和污染物，它导致了 PDDA 分子与碳纳米管之间的 π-π 相互作用，如图 3-5 所示。PDDA 功能化碳纳米管表面静电基团的排斥作用赋予了其高分散性和良好的附着能力。

利用 PDDA 功能化碳纳米管良好的分散性能，可以改善低温燃料电池负载型贵金属催化剂的分散条件，从而提高其催化性能。以 PDDA 功能化的多壁碳纳米管为载体材料，利用带负电荷的 Pt 前驱体和带正电荷的 PDDA 官能团之间的静电相互作用，可以使 Pt 前驱体自组装于多壁碳纳米管的表面，并原位沉积形成铂纳米粒子[8]。PDDA 是水溶性的季铵盐型聚合物电解质，在碳载体的功能化过程中，引入电解质盐类，可以使 PDDA 分子链形成某种随机构型，实现多壁

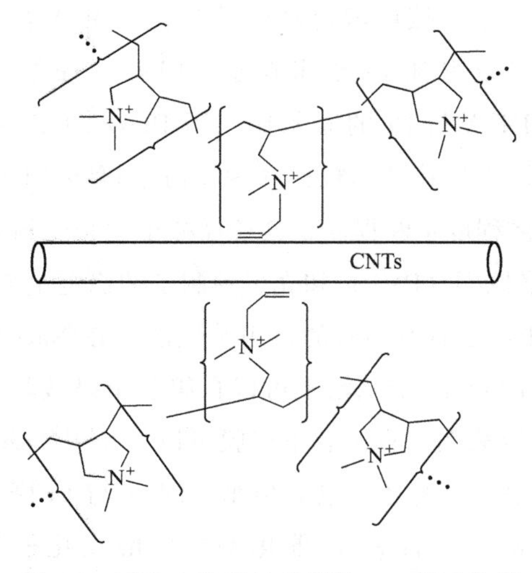

图 3-5　PDDA 和碳纳米管的 π-π 相互作用

碳纳米管表面的功能化覆盖。通过这种非共价聚合物电解质功能化过程，不仅可以在碳载体表面形成高密度且均匀分布的官能团，而且还可以保持碳纳米管的内在特性和完美的表面结构。如图 3-6 所示，在 PDDA 功能化碳纳米管的表面存在高密度的正电荷，这使得大量的带负电荷的 Pt 前驱体可以通过静电相互作用锚定于其表面。然后在乙二醇的还原作用下，形成高密度且均匀分布的 Pt 纳米粒子。

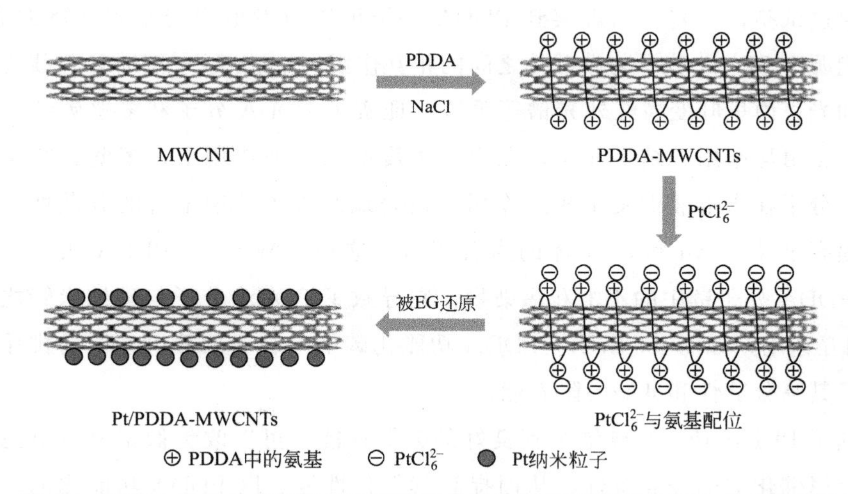

图 3-6　PDDA 功能化多壁碳纳米管及其负载的 Pt 纳米粒子的原位合成示意图

与常规的酸氧化功能化多壁碳纳米管载体 AO-MWCNTs 相比，PDDA 功能化的多壁碳纳米管载体无结构性损伤，并且其表面有高密度且均匀分布的官能团，可用于锚定 Pt 纳米粒子。在 PDDA-MWCNTs 载体上，Pt 纳米粒子的平均

粒径为 (1.8±0.4)nm，其载量可以高达 60%。与采用氧化功能化载体的催化剂 Pt/AO-MWCNTs 以及商品催化剂 E-TEK-Pt/C 相比，本方法制得的 Pt/PDDA-MWCNTs 催化剂具有较大的电化学活性表面积和较高的甲醇氧化电催化活性。另外，Pt/PDDA-MWCNTs 催化剂在燃料电池中还具有良好的耐久性，这得益于碳纳米管载体的结构完整性。

PDDA 对催化剂金属纳米粒子分散性的改善作用十分显著。崔颖等[9]在碳纳米管载体上自发沉积 PDDA，制备了 Pt NPs/CNTs-PDDA 催化剂，用于甲醇电氧化反应。图 3-7 为 Pt NPs/CNTs-PDDA 和 Pt NPs/CNTs 催化剂的透射电子显微镜图片。图中显示，在 Pt NPs/CNTs-PDDA 催化剂中，Pt 纳米粒子均匀地分布在碳纳米管的表面上，无颗粒团聚现象，Pt 纳米粒子的平均粒径为 2nm。相比之下，在 Pt NPs/CNTs 催化剂中，Pt 纳米粒子的分布极不均匀，存在显著的颗粒团聚现象。其原因如下：在未经修饰的碳纳米管表面，存在分布不均的缺陷位。这些缺陷位产生于碳纳米管的生长和后处理过程中。当 $PtCl_6^{2-}$ 在碳纳米管的缺陷位发生还原反应时，形成的 Pt 纳米粒子趋于沉积在这些局部缺陷位上，导致了分布不均和颗粒团聚现象。当碳纳米管的表面实现 PDDA 功能化后，表面大量的 PDDA 分子可以提供均匀分布的含氮官能团。这些官能团可以引导 Pt 前驱体在碳纳米管表面的自组装过程。此外，PDDA 在 $PtCl_6^{2-}$ 的原位还原过程中还可以起到还原剂的作用。在还原金属离子的同时，其自身被氧化为含较高价氮原子的另一种聚合物分子。因此，Pt 纳米粒子在 CNTs-PDDA 复合载体上的分散均匀程度远高于在未经修饰的碳纳米管载体上的分散均匀程度。电感耦合等

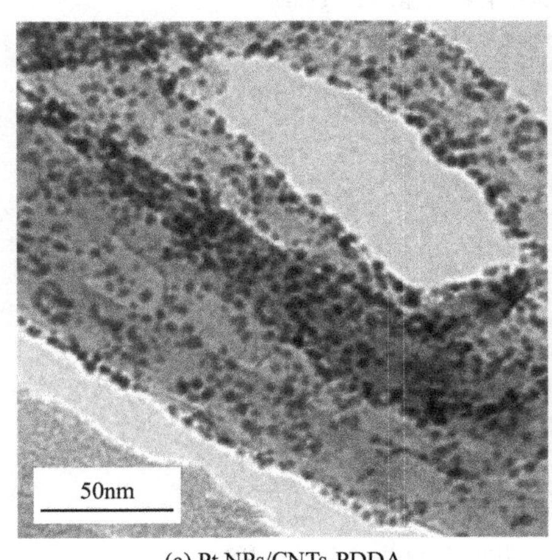

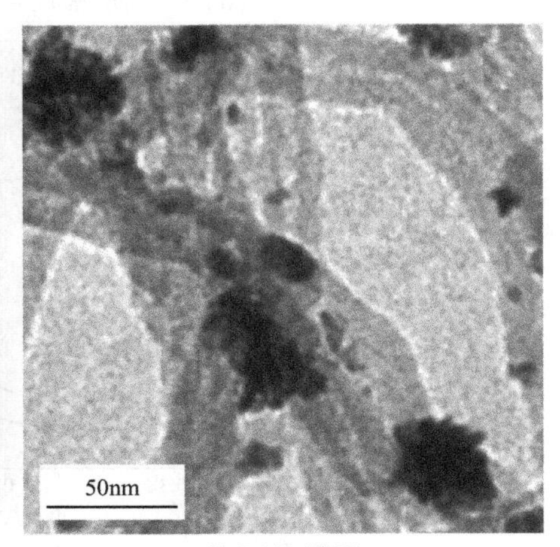

(a) Pt NPs/CNTs-PDDA　　(b) Pt NPs/CNTs

图 3-7　催化剂的 TEM 图片

离子体原子发射光谱法测试结果显示，Pt NPs/CNTs-PDDA 催化剂的 Pt 载量为 17.5%，高于 Pt NPs/CNTs 催化剂（13.5%）。这可能意味着在催化剂的制备过程中，CNTs-PDDA 复合载体具有一定的还原能力。

Zhang 等[10]将 PDDA 稳定化的铂纳米催化剂应用于聚合物电解质膜燃料电池的阴极氧还原反应。在 PDDA 的存在下，以硼氢化钠还原氯铂酸，并将其沉积于碳载体上，制得 Pt 纳米催化剂 PDDA-Pt/C。透射电子显微镜图片显示，Pt 纳米粒子均匀地负载于碳载体的表面，其平均粒径为 2.2nm。PDDA-Pt/C 催化剂的氧还原活性高于商品催化剂 E-TEK-Pt/C，其耐久性为 E-TEK-Pt/C 的 2 倍。X 射线光电子能谱揭示了 Pt 纳米粒子与 PDDA 之间的相互作用。这种相互作用提高了铂的氧化电位，并阻止了铂纳米粒子的团聚。图 3-8(a) 为 E-TEK-Pt/C 和 PDDA-Pt/C 催化剂在 N_2 饱和 0.5mol/L H_2SO_4 溶液中的循环伏安曲

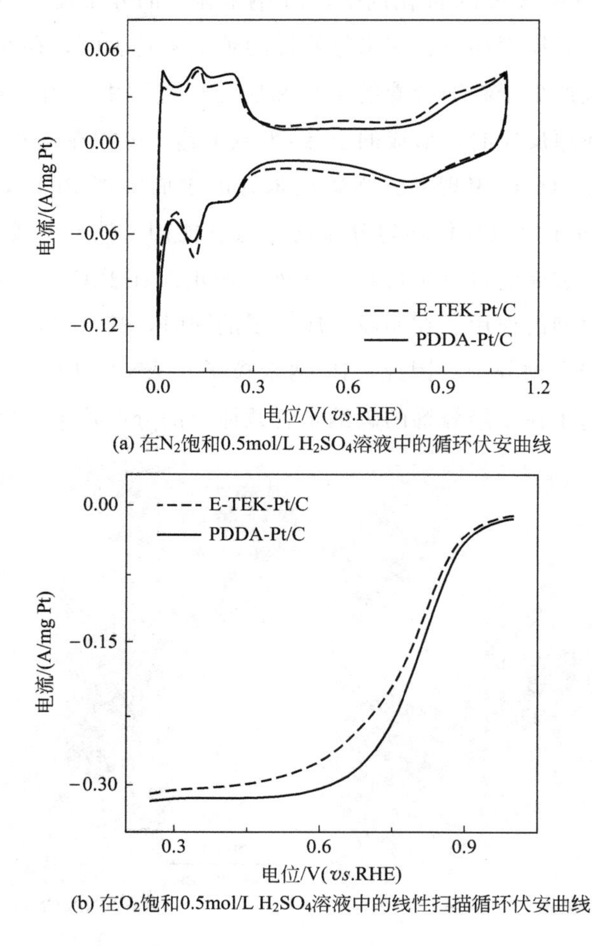

(a) 在N_2饱和0.5mol/L H_2SO_4溶液中的循环伏安曲线

(b) 在O_2饱和0.5mol/L H_2SO_4溶液中的线性扫描循环伏安曲线

图 3-8　E-TEK-Pt/C 和 PDDA-Pt/C 的循环伏安曲线和线性扫描伏安曲线

线。由氢的吸附/脱附峰求得 PDDA-Pt/C 催化剂中铂的电化学表面积为 $75.5m^2/g(Pt)$，高于 E-TEK-Pt/C 催化剂［$67.2m^2/g(Pt)$］。图 3-8(b) 为 E-TEK-Pt/C 和 PDDA-Pt/C 在 O_2 饱和 0.5mol/L H_2SO_4 溶液中的线性扫描伏安法曲线。可以观察到，与 E-TEK-Pt/C 催化剂相比，PDDA-Pt/C 催化剂的氧还原曲线显著向正方向偏移。这种位移表明，与 E-TEK-Pt/C 催化剂相比，PDDA-Pt/C 催化剂具有较高的催化活性。这可能归因于 PDDA 分子长链中存在的 N^+ 基团，它加速了氧还原过程。此外，由于长链聚合物电解质的存在，催化剂的稳定性得到了显著的改善。铂纳米粒子与聚合物电解质长链之间的静电相互作用提升了铂的氧化电位，从而阻止了 Pt 纳米粒子的迁移和团聚以及从碳载体上的脱落，改善了电催化剂的稳定性。

PDDA 功能化碳载体也被用于 Pd 纳米催化剂的制备。石墨烯具有较大的比表面积和良好的导电性，是电催化剂的优良载体。在石墨烯纳米片中引入碳纳米管，可以阻止石墨烯纳米片的堆叠，使其表面积得到充分利用。以 PDDA 对这

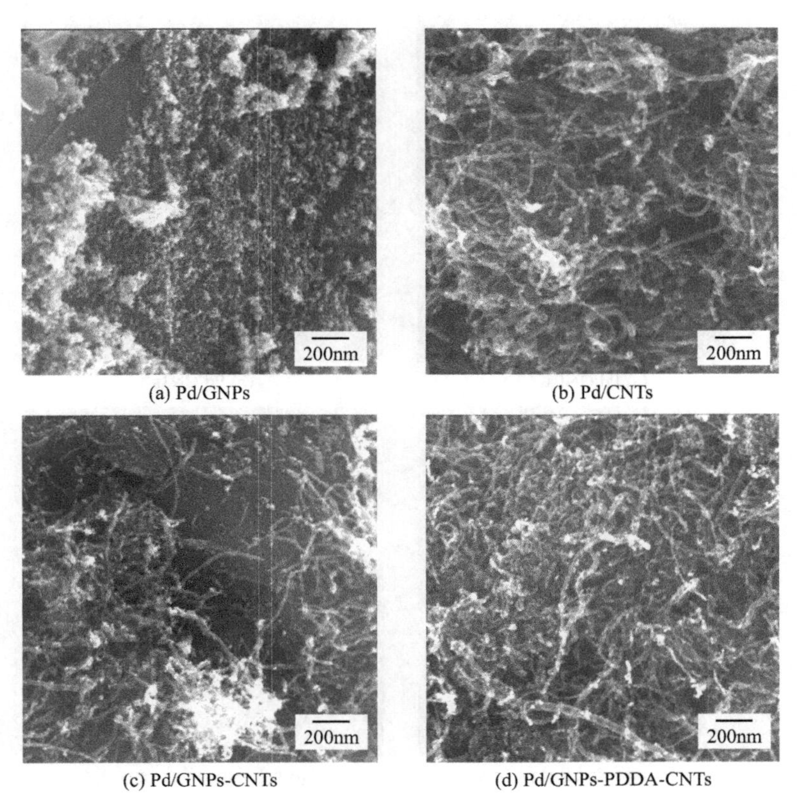

(a) Pd/GNPs　(b) Pd/CNTs　(c) Pd/GNPs-CNTs　(d) Pd/GNPs-PDDA-CNTs

图 3-9　催化剂的 SEM 图片

种混合碳载体进行表面功能化处理，可以得到GNPs-PDDA-CNTs复合载体。以乙二醇还原法在GNPs-PDDA-CNTs复合载体上沉积Pd纳米粒子，制得Pd/GNPs-PDDA-CNTs催化剂，用于碱性介质中的甲醇电氧化反应[11]。图3-9为Pd/GNPs、Pd/CNTs、Pd/GNPs-CNTs和Pd/GNPs-PDDA-CNTs四种催化剂的扫描电子显微镜图片。可以看出，在Pd/GNPs和Pd/CNTs催化剂中，只存在单一碳载体。Pd纳米粒子分别沉积在石墨烯纳米片和碳纳米管上，但其分散并不均匀，在局部区域存在颗粒团聚现象。在Pd/GNPs-CNTs催化剂中存在两种碳载体——石墨烯纳米片和碳纳米管，但二者的结合并不紧密，Pd纳米粒子的分布也不均匀，存在明显的团聚现象。相比之下，在Pd/GNPs-PDDA-CNTs催化剂中，石墨烯纳米片和碳纳米管接触紧密，Pd纳米粒子在GNPs-PDDA-CNTs复合载体表面的分散也较为均匀。

图3-10为Pd/GNPs、Pd/CNTs、Pd/GNPs-CNTs和Pd/GNPs-PDDA-CNTs四种催化剂的透射电子显微镜图片。在Pd/GNPs和Pd/CNTs催化剂中，都存在

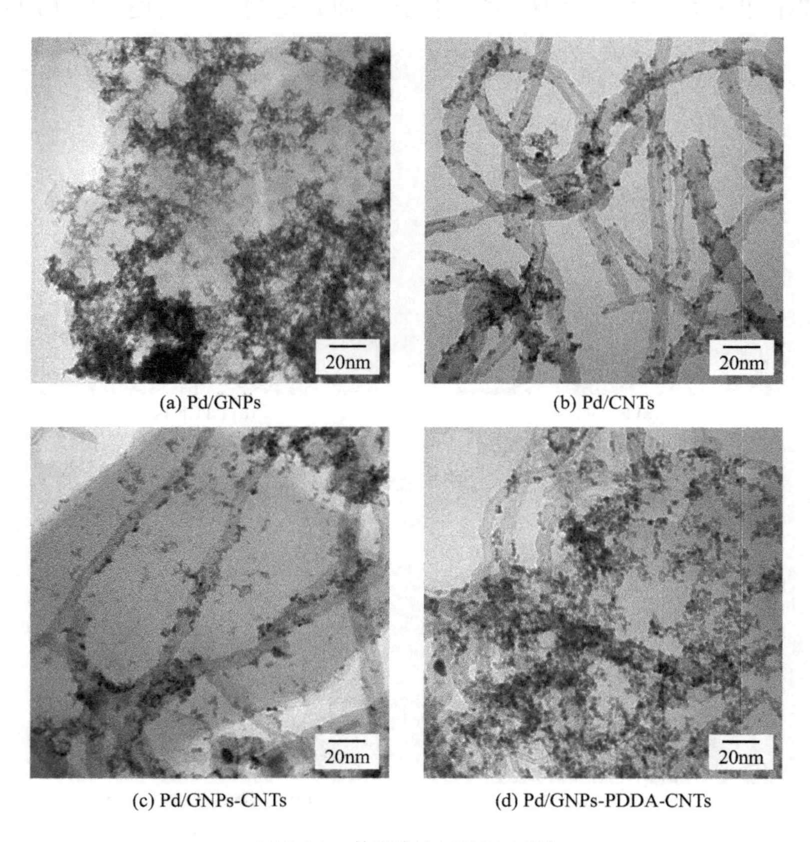

(a) Pd/GNPs　(b) Pd/CNTs

(c) Pd/GNPs-CNTs　(d) Pd/GNPs-PDDA-CNTs

图3-10　催化剂的TEM图片

一定程度的 Pd 纳米粒子聚集现象。在 Pd/GNPs 催化剂中，Pd 纳米粒子松散地分布于石墨烯纳米片的表面，团聚现象较为严重。这是由于石墨烯表面对 Pd 纳米粒子的束缚力较弱。这种现象在 Pd/GNPs-CNTs 催化剂中表现得更为明显：Pd 纳米粒子较多地分布于碳纳米管表面，而非石墨烯纳米片表面。相比之下，在 Pd/GNPs-PDDA-CNTs 催化剂中，Pd 纳米粒子均匀地分散在由两种碳载体构成的复合结构中。这种均匀分布可以用 PDDA 分子的功能化效应来解释。首先，PDDA 与碳纳米管及石墨烯纳米片之间会产生 π-π 相互作用，这有利于不同载体之间的结合。其次，在催化剂制备过程中，PDDA 分子所含有的含氮官能团与

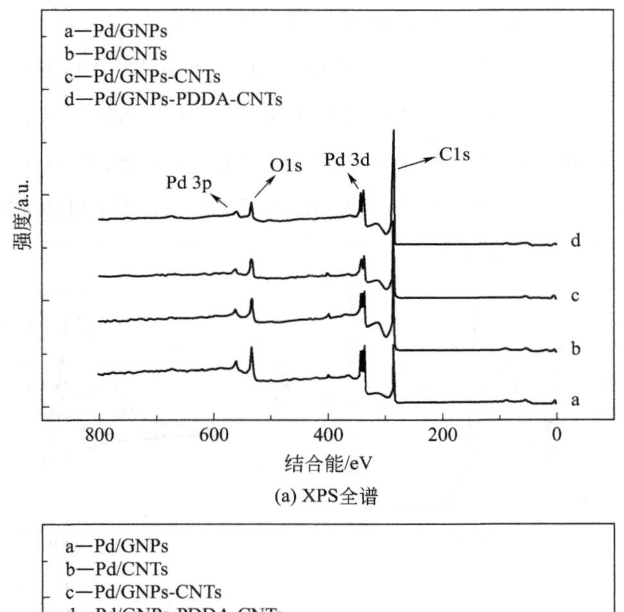

(a) XPS全谱

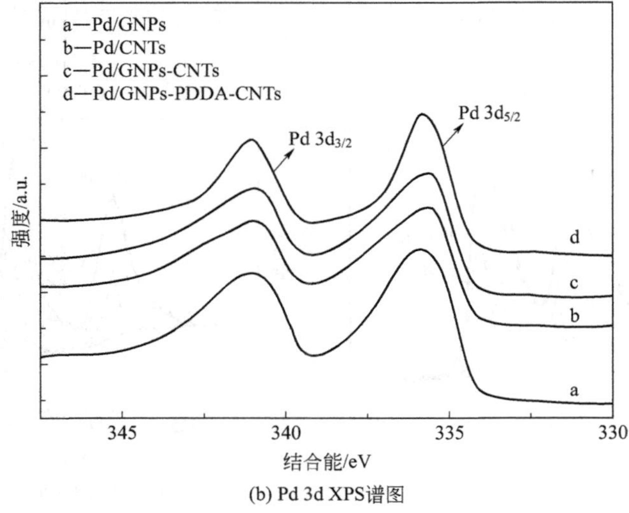

(b) Pd 3d XPS谱图

图 3-11　催化剂的 X 射线光电子能谱

金属前驱体络离子之间的静电相互作用促进了金属纳米粒子在碳载体表面的均匀沉积。

通过 X 射线光电子能谱分析，可以考察催化剂组分之间的相互作用。图 3-11 显示了催化剂的全谱扫描 X 射线光电子能谱谱图以及 Pd 3d 区域的 XPS 谱图。在谱图中可以清楚地看到 C1s、Pd 3d、O1s 以及 Pd 3p 等 XPS 谱峰。选取 Pd 3d XPS 谱图来确定催化剂中 Pd 纳米粒子的表面组成。Pd 3d XPS 谱图由 Pd $3d_{5/2}$ 和 Pd $3d_{3/2}$ 两个谱峰组成。值得注意的是，与其他催化剂相比，Pd/GNPs-PDDA-CNTs 催化剂的 Pd 3d XPS 谱峰较窄。这可能意味着 Pd/GNPs-PDDA-CNTs 催化剂的表面组成与其他催化剂有显著的不同。

为确定催化剂中活性组分的表面组成，对 XPS 谱图中的 Pd 3d 区域进行了去卷积拟合。图 3-12 为 Pd/GNPs、Pd/CNTs、Pd/GNPs-CNTs 和 Pd/GNPs-PDDA-CNTs 四种催化剂的 Pd 3d XPS 拟合谱图。催化剂的 Pd 3d XPS 谱图可以拟合为 3 对双峰。结合能位于 335.4eV 和 340.7eV 的双峰可以归属于以金属形

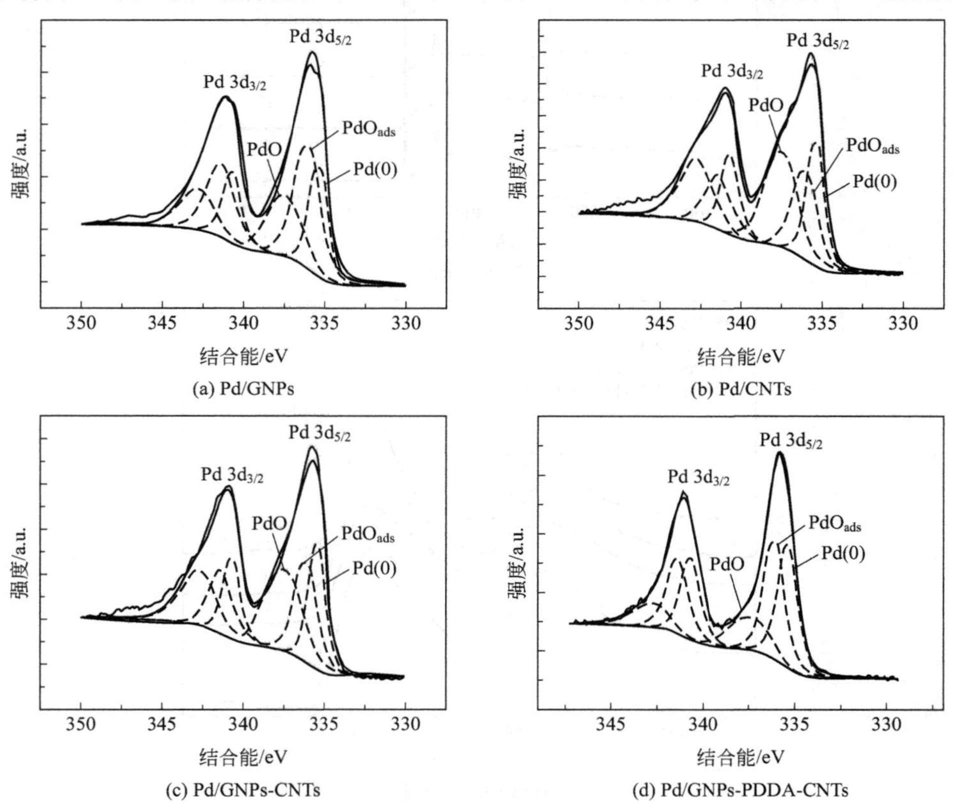

图 3-12 催化剂的 Pd 3d XPS 拟合谱图

式存在的钯 Pd(0)。结合能位于 336.1eV 和 341.4eV 的双峰可以归属于吸附的 PdO_{ads}物种。结合能位于 337.5eV 和 342.8eV 的双峰可以归属于 PdO 物种。表 3-1 列出了 Pd/GNPs、Pd/CNTs、Pd/GNPs-CNTs 和 Pd/GNPs-PDDA-CNTs 四种催化剂的 Pd $3d_{5/2}$ XPS 谱图拟合结果。可以看到，Pd/GNPs、Pd/CNTs、Pd/GNPs-CNTs 和 Pd/GNPs-PDDA-CNTs 四种催化剂的表面 Pd(0) 物种 (335.4eV) 的含量分别为 28.6%、29.4%、29.6%和 39.7%。显然，Pd/GNPs-PDDA-CNTs 催化剂表面的 Pd(0) 物种含量远高于其他催化剂，这可以用 PDDA 分子的协同效应来解释。

表 3-1　PDDA 功能化催化剂 Pd $3d_{5/2}$ XPS 谱图拟合结果

电催化剂	结合能/eV	相对比率/%
Pd/GNPs	335.4	28.6
	336.1	43.6
	337.5	27.8
Pd/CNTs	335.4	29.4
	336.1	28.7
	337.5	41.9
Pd/GNPs-CNTs	335.4	29.6
	336.1	30.9
	337.5	39.5
Pd/GNPs-PDDA-CNTs	335.4	39.7
	336.1	40.7
	337.5	19.6

图 3-13 为催化剂在 1.0mol/L KOH 溶液中的循环伏安曲线。出现在−1.0～−0.45V 电位区间的电位扫描峰可以归属于氢的吸附/脱附峰。出现在−0.02～−0.6V 电位区间的反向扫描峰可以归属于催化剂表面单层钯氧化物的还原峰，其峰面积值可以用来估算碱性溶液中 Pd 基的催化剂的电化学表面积。设定催化剂表面氧化钯单层的还原电量值为 0.405mC/cm^2。计算求得 Pd/GNPs-CNTs 和 Pd/GNPs-PDDA-CNTs 催化剂的电化学表面积分别为 39.8m^2/g 和 50.5m^2/g，远大于 Pd/GNPs (20.7m^2/g) 和 Pd/CNTs (32.5m^2/g) 催化剂。这一结果表明，与单一碳载体负载的 Pd 纳米催化剂 (GNPs 和 CNTs) 相比，复合碳载体材料 (GNPs-CNTs 和 GNPs-PDDA-CNTs) 负载的 Pd 纳米催化剂具有更大的电化学表面积。Pd/GNPs-PDDA-CNTs 催化剂具有最大的电化学表面积。这是由于在 GNPs-PDDA-CNTs 复合载体上，Pd 纳米粒子的分散最为均匀。

图 3-14 为催化剂在 1.0mol/L CH_3OH-1.0mol/L KOH 溶液中的循环伏安

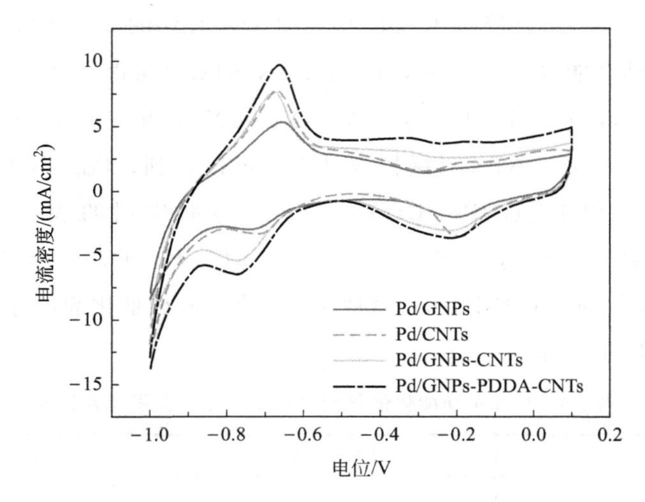

图 3-13 催化剂在 1.0mol/L KOH 溶液中的循环伏安曲线（扫描速率 20mV/s）

曲线。图中显示，循环伏安曲线由一个正向扫描峰和一个反向扫描峰组成。正向扫描峰代表甲醇的电化学氧化；反向扫描峰则代表正向扫描过程中产生的不完全氧化产物的氧化。Pd/GNPs-PDDA-CNTs 催化剂正向扫描峰的峰电流密度为 192.6mA/cm²，显著高于 Pd/GNPs（97.4mA/cm²）、Pd/CNTs（109.5mA/cm²）和 Pd/GNPs-CNTs（128.7mA/cm²）。此外，j_f/j_b，即正向扫描峰电流密度与反向扫描峰电流密度之比通常被用来评价电催化剂的催化活性和抗中毒能力。可以求得，Pd/GNPs-PDDA-CNTs 催化剂的 j_f/j_b 值为 1.28，高于 Pd/GNPs（0.87）、Pd/CNTs（0.82）和 Pd/GNPs-CNTs（0.88）。这表明与其他催化剂相比，甲醇氧化反应在 Pd/GNPs-PDDA-CNTs 催化剂上进行得更加完全。Pd/GNPs-PDDA-CNTs 催化剂的高活性可能得益于其较高的表面零价金属钯的含量。这种表面组成可以提供足够多的甲醇氧化活性位。

图 3-15 为催化剂在 1.0mol/L CH_3OH-1.0mol/L KOH 溶液中的线性扫描伏安曲线。催化剂的甲醇氧化起始电位常被用来评价催化剂克服甲醇氧化反应动力学阻力的能力。图中设定甲醇氧化起始电位为对应于甲醇氧化电流密度达到 0.50mA/cm²时的电位值。可以求得 Pd/GNPs-PDDA-CNTs 催化剂的甲醇氧化起始电位为−0.51V，远低于 Pd/GNPs（−0.45V）、Pd/CNTs（−0.46V）和 Pd/GNPs-CNTs（−0.46V）。这一结果意味着催化剂中 PDDA 的引入有利于甲醇的电化学氧化。Pd/GNPs-PDDA-CNTs 催化剂中 PDDA 的协同效应降低了催化剂的甲醇氧化过电位，促进了反应的进行。

图 3-16 为催化剂在 1.0mol/L CH_3OH-1.0mol/L KOH 溶液中的电化学阻

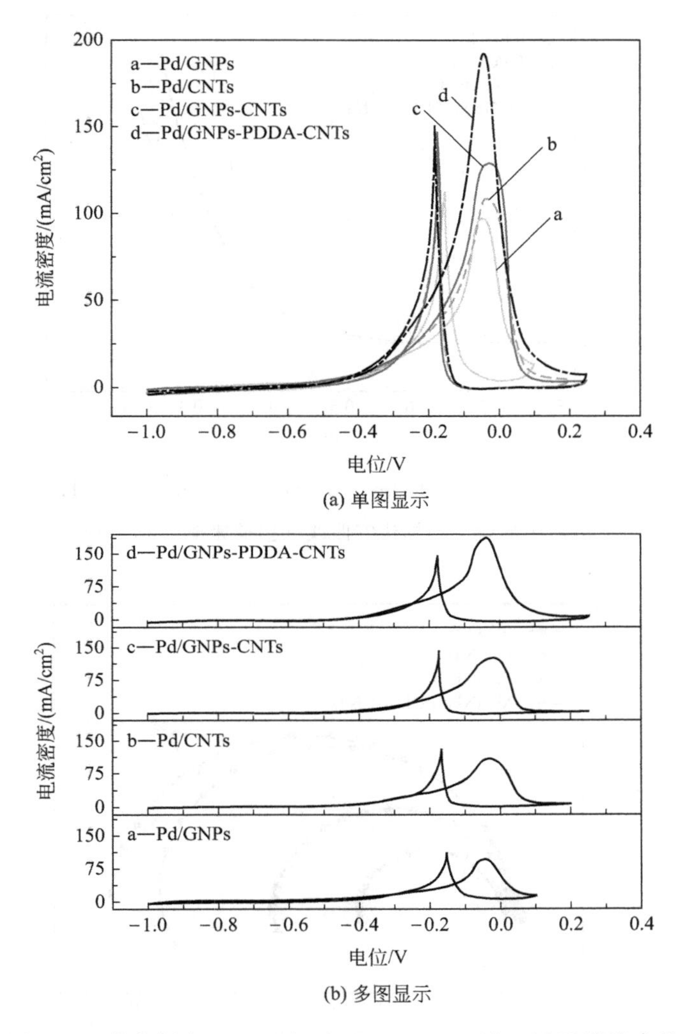

(a) 单图显示

(b) 多图显示

图 3-14 催化剂在 1.0mol/L CH_3OH-1.0mol/L KOH 溶液中的循环伏安曲线（扫描速率 20mV/s）

抗谱。从 Nyquist 谱图中可以看出，电化学阻抗谱由低频区域和高频区域组成。位于低频区域的圆弧与甲醇的电化学氧化有关。Pd/GNPs、Pd/CNTs、Pd/GNPs-CNTs 和 Pd/GNPs-PDDA-CNTs 四种催化剂的低频弧的直径分别为 9.9Ω·cm^2、8.8Ω·cm^2、5.9Ω·cm^2和 3.6Ω·cm^2。与负载于单一碳载体（GNPs 和 CNTs）上的 Pd 纳米催化剂相比，负载于复合载体（GNPs-CNTs 和 GNPs-PDDA-CNTs）上的 Pd 纳米催化剂显示出较小的甲醇氧化电荷传递阻力。Pd/GNPs-PDDA-CNTs 催化剂具有最高的甲醇氧化活性。这进一步证实了 PDDA 的

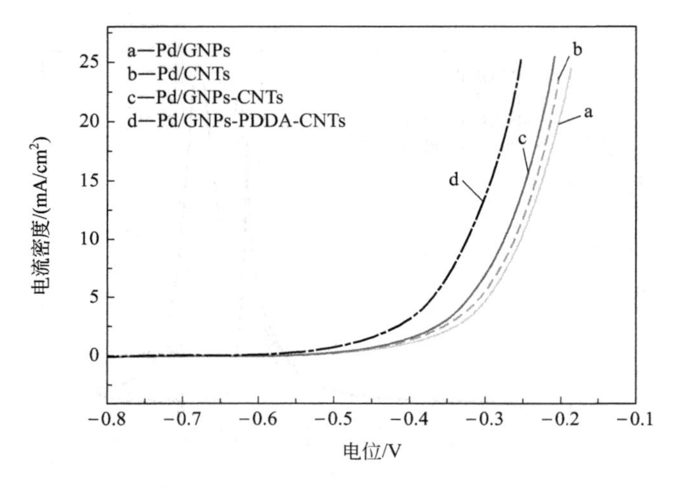

图 3-15 催化剂在 1.0mol/L CH_3OH-1.0mol/L KOH 溶液中的线性扫描伏安曲线（扫描速率 1mV/s）

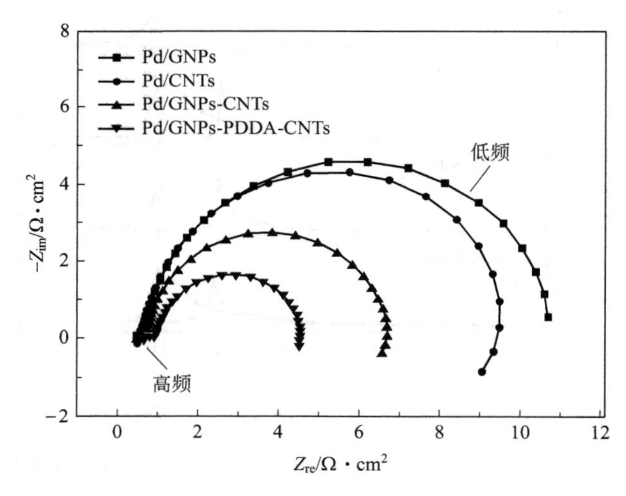

图 3-16 催化剂在 1.0mol/L CH_3OH-1.0mol/L KOH 溶液中的电化学阻抗谱

功能化作用。

以上结果充分说明 Pd/GNPs-PDDA-CNTs 催化剂对甲醇电氧化反应具有高催化活性。这种高活性在很大程度上归因于 Pd/GNPs-PDDA-CNTs 催化剂独特的结构。图 3-17 为 Pd/GNPs-PDDA-CNTs 催化剂的结构示意图。为防止石墨烯纳米片发生堆叠，在载体中引入碳纳米管，利用碳纳米管的分隔作用构建三维结构的复合碳载体。链状结构的 PDDA 分子借助于 π-π 相互作用附着于碳载体的表面。在催化剂制备过程中，PDDA 分子通过自身带正电荷的季铵官能团与溶

液中带负电荷的 $PdCl_4^{2-}$ 之间的静电相互作用，使钯前驱体均匀地分散在碳载体的表面，并在还原剂的作用下沉积生成均匀分布的 Pd 纳米粒子。此外，PDDA 与钯之间的协同相互作用也会促进甲醇的电化学氧化。

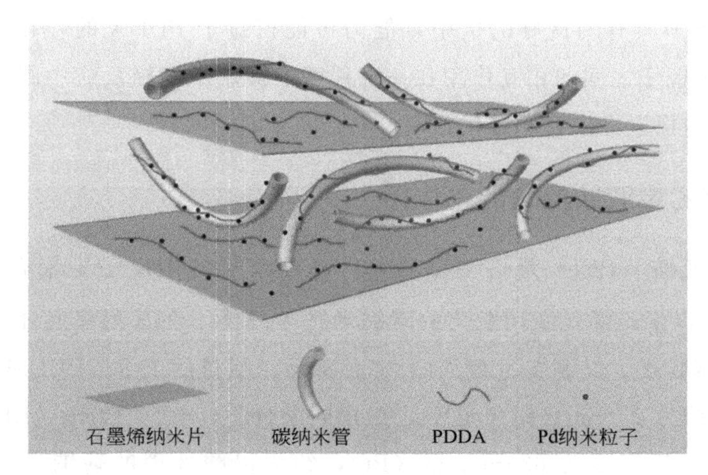

图 3-17　Pd/GNPs-PDDA-CNTs 催化剂的结构示意图

采用计时电流法来评价电催化剂的抗 CO 中毒能力。图 3-18 为催化剂在 1.0mol/L CH_3OH-1.0mol/L KOH 溶液中的计时电流曲线。对于所有的催化剂，其甲醇氧化电流密度都随着时间的延长而下降。这是由电极反应中间产物在催化剂活性位上积累而导致的催化剂中毒而产生的。在整个试验过程中，Pd/

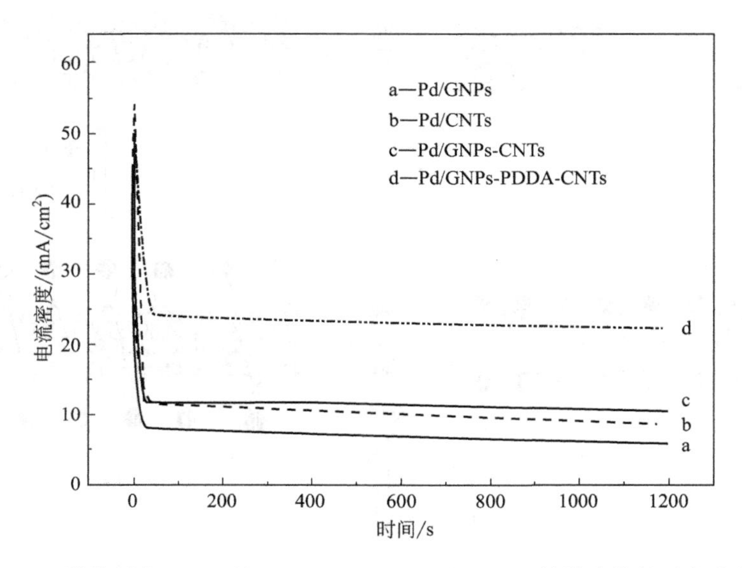

图 3-18　催化剂在 1.0mol/L CH_3OH-1.0mol/L KOH 溶液中的计时电流曲线

GNPs、Pd/CNTs、Pd/GNPs-CNTs 和 Pd/GNPs-PDDA-CNTs 四种催化剂的电流密度衰减比率分别为 86.7%、84.2%、78.7%和 55.7%。显然，Pd/GNPs-PDDA-CNTs 催化剂的性能衰减比率远低于其他催化剂。Pd/GNPs-PDDA-CNTs 催化剂所具有的良好的抗中毒能力可能得益于 PDDA 的存在。PDDA 分子与 Pd 纳米粒子之间的相互作用在一定程度上抑制了电极反应中间产物在催化剂活性位上的积累，减轻了毒化作用。

3.2.2 聚乙烯亚胺的功能化作用

聚乙烯亚胺（PEI）是一种多氨基、高度亲水的阳离子型聚合物电解质。Cheng 等[12]以聚乙烯亚胺功能化的碳纳米管为载体，在其侧壁上合成了高分散的 PtRu 纳米粒子，其制备过程如图 3-19 所示。制得的 PtRu/PEI-MWCNTs 催化剂的粒径约为 2.5nm。结果显示，在相同条件下，40% PtRu/PEI-MWCNTs 催化剂的峰电流密度为 636mA/mg(Pt)，约为以酸处理的碳纳米管为载体的 40% PtRu/AO-MWCNTs 催化剂峰电流密度［112mA/mg(Pt)］的 5.7 倍。PtRu/PEI-MWCNTs 催化剂显示出优异的甲醇电氧化活性和稳定性，这得益于其良好的抗 CO 中毒能力。以上结果表明，聚乙烯亚胺非共价功能化多壁碳纳米管可以提供高密度和均匀分布的 PtRu 纳米粒子自组装锚定位，并且不会造成碳纳米管表面完整性和电子结构的破坏。

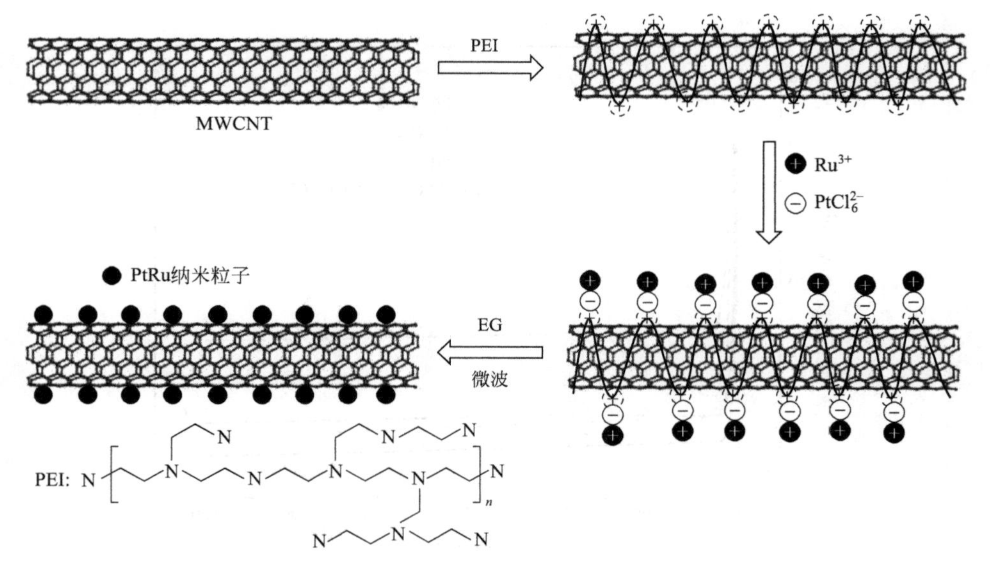

图 3-19 负载于聚乙烯亚胺功能化多壁碳纳米管上的 PtRu 电催化剂的合成示意图

Geng 等[13]以多元醇还原法合成了聚乙烯亚胺功能化碳纳米管负载的 PtRu 电催化剂，用于甲醇氧化反应。在 PtRu/PEI-MWCNTs 催化剂中，PtRu 纳米粒子以较窄的粒径分布区间均匀地沉积于 PEI-MWCNTs 载体的表面，如图 3-20 所示。在氧化载体 O-MWCNTs 负载的 30% PtRu/O-MWCNTs 催化剂中，PtRu 纳米粒子存在明显的聚集现象，其平均粒径为 4.3nm。这是由于剧烈的氧化过程在碳纳米管表面留下局部缺陷，它促进了 PtRu 纳米粒子的成核过程。相比之下，在 10% PtRu/PEI-MWCNTs、30% PtRu/PEI-MWCNTs 以及 50% PtRu/PEI-MWCNTs 催化剂中，PtRu 纳米粒子均匀地沉积在 PEI-MWCNTs 载体的外壁上，其平均粒径分别为 2.6nm、3.1nm 和 3.8nm。PtRu/PEI-MWCNTs 较小的平均粒径和较窄的粒径分布范围得益于聚乙烯亚胺覆盖层的存在，它为 PtRu 前驱体提供丰富的吸附位，从而实现了金属纳米粒子的均匀排

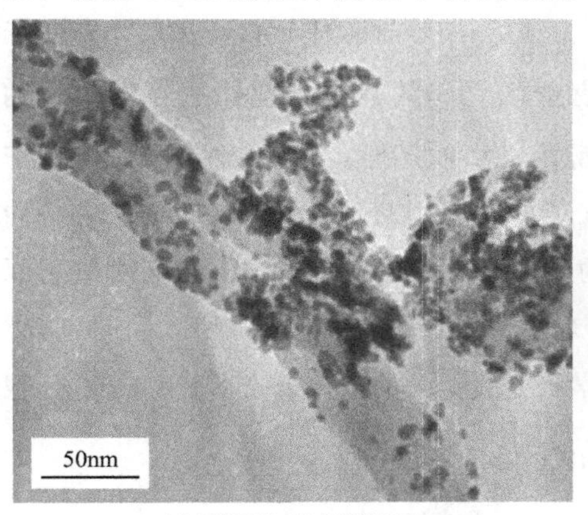

(a) 30%PtRu/O-MWCNTs

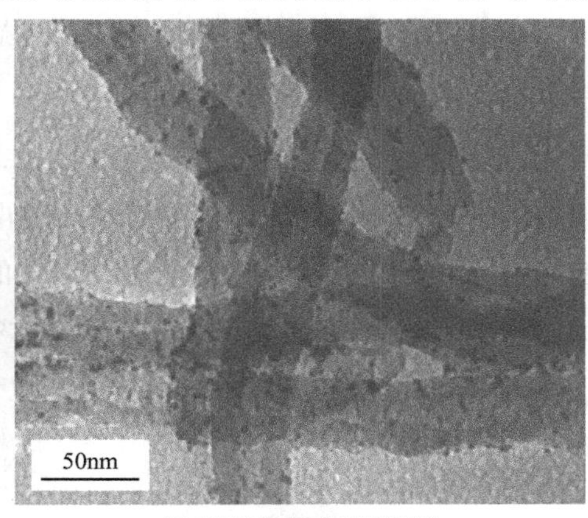

(b) 10%PtRu/PEI-MWCNTs

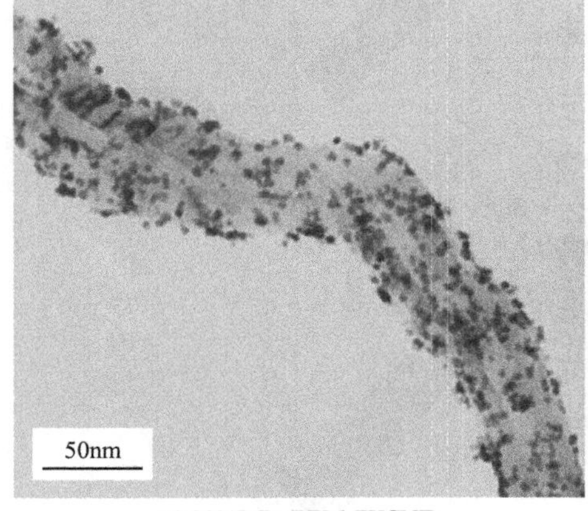

(c) 30%PtRu/PEI-MWCNTs

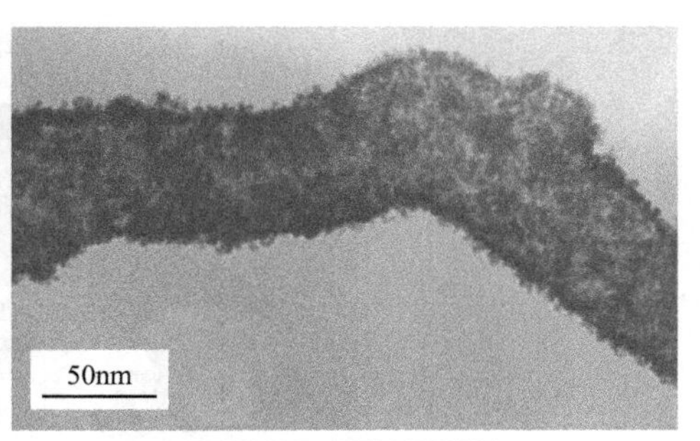

(d) 50%PtRu/PEI-MWCNTs

图 3-20　催化剂的 TEM 图片

布。此外，聚乙烯亚胺还可以起到稳定剂的作用，它将相邻的贵金属纳米微晶隔离开来，阻止其合并。循环伏安测试表明，与通常的氧化处理碳纳米管负载的PtRu催化剂相比，PtRu/PEI-MWCNTs催化剂具有较大的电化学表面积，并且显示出较高的甲醇氧化活性。

3.2.3 聚烯丙基胺盐酸盐的功能化作用

聚烯丙基胺盐酸盐（PAH）是一种阴离子型聚合物，在纳米金属粒子合成领域取得了广泛的应用。Zhang 等[14]以 PAH 覆盖碳纳米管，通过静电自组装过程使 Pt 纳米粒子沉积于碳纳米管表面，制得高活性的氧还原电催化剂。PAH是一种带正电荷的聚合物电解质，它可以通过施主-受主相互作用缠绕于碳纳米管的表面。Pt/PAH-CNTs 催化剂的合成过程如图 3-21 所示。在硝酸钾的作用下，碳纳米管的表面被 PAH 分子所缠绕。然后，Pt 前驱体（H_2PtCl_6）借助于带负电荷的 $PtCl_6^{2-}$ 和带正电荷的 PAH 官能团之间的静电相互作用吸附于碳纳米管的表面。最后，通过 $PtCl_6^{2-}$ 在乙二醇溶液中的还原，使 Pt 纳米粒子沉积于碳纳米管表面。X 射线衍射图谱和透射电子显微镜图片显示 Pt 纳米粒子的平均粒径为 2.6nm，均匀地分散于碳纳米管的表面。Pt/PAH-CNTs 催化剂对氧还原反应表现出超高的活性，这归因于 Pt 纳米粒子的高电化学表面积。同时，Pt/PAH-CNTs 催化剂还显示出良好的电化学稳定性，这得益于 PAH-CNTs 复合载

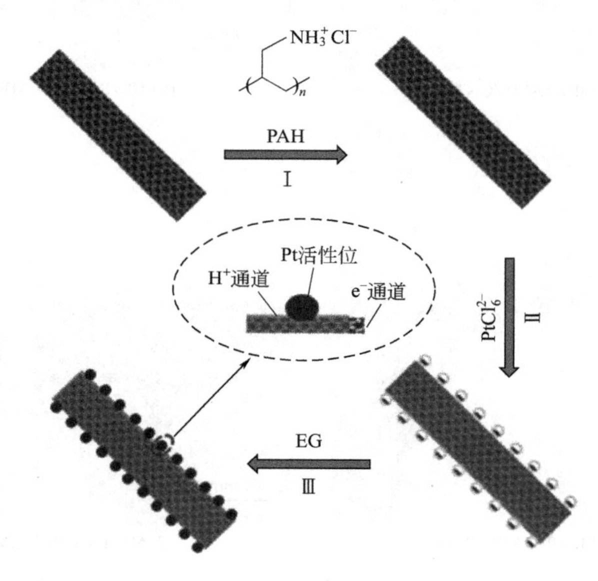

图 3-21 Pt/PAH-CNTs 催化剂的合成过程示意图

体的结构完整性。这种催化剂的另一个突出优点在于其表面形成了三相界面的纳米结构，这对于纳米电催化剂的合成具有重要意义。

3.3　生物大分子的功能化作用

3.3.1　壳聚糖的功能化作用

壳聚糖（chitosan）是一种来源于生物体甲壳质的聚合物，其含有的氨基和羟基使其可以与碳载体及金属粒子产生良好的协同相互作用。利用壳聚糖在碳载体表面的附着作用，可以制备出具有良好粒径分布的复合碳载体负载 Pd 纳米电催化剂[15]。采用壳聚糖功能化的由碳纳米管和石墨烯纳米片组成的复合碳载体，可以显著地改善 Pd 催化剂在碱性介质中的乙醇电氧化性能。

以微波辅助乙二醇还原法制备催化剂。金属 Pd 的载量为 20%（质量分数）。Pd/CNT 催化剂的制备过程如下。在剧烈搅拌的条件下，将 160mg 碳纳米管加入适量乙二醇中，制得悬浊液。逐滴加入 16.8mL 氯化钯的乙二醇溶液（Pd 含量 2.38mg/mL），用氢氧化钠溶液调节悬浊液的 pH 值至 9。将混合物置于微波炉（2450MHz，700W）中加热 60s。得到的催化剂经过滤和去离子水洗涤，在真空干燥箱中于 70℃干燥 24h。

Pd/GNPs、Pd/CNTs-GNPs 和 Pd/CNTs-CS-GNPs 的制备方法与 Pd/CNTs 相同，只是所采用的载体分别为石墨烯纳米片以及 CNTs-GNPs 和 CNTs-CS-GNPs 复合载体。CNTs-GNPs 载体的制备。将碳纳米管和石墨烯纳米片在水中超声混合 3h，制得悬浊液。然后于 110℃干燥 3h。其中碳纳米管和石墨烯纳米片的质量比为 4∶1。CNTs-CS-GNPs 复合载体的制备。将 32mg 石墨烯纳米片与 5mg 壳聚糖超声混合制得悬浊液。然后在悬浊液中加入 128mg 碳纳米管，超声混合 3h。得到的复合碳载体经过滤和去离子水洗涤，于 110℃干燥 3h。

采用三电极体系对催化剂进行电化学性能测试。工作电极为直径 4mm 的玻碳电极，辅助电极为铂电极，参比电极为 Hg/HgO 电极。电极的制备过程如下。用分析天平准确称取 5mg 催化剂样品，用微量进样器加入 50μL 5%的 Nafion® 溶液和 1mL 无水乙醇，超声混合 30min。用微量进样器移取 25μL 催化剂浆液，逐滴滴加到玻碳电极表面，以红外灯干燥。在电化学测试前，用高纯氮气吹扫溶液，以除去溶解氧。电化学测试在 25℃进行。

图 3-22 为催化剂的扫描电子显微镜图片。可以看出，在 Pd/CNTs 和 Pd/

GNPs 催化剂中，Pd 纳米粒子分别负载在碳纳米管和石墨烯纳米片的表面；而在 Pd/CNTs-GNPs 催化剂中，Pd 纳米粒子则同时沉积在碳纳米管和石墨烯纳米片的表面，但这两种碳载体的混合并不均匀，甚至可以观察到一定程度上的颗粒团聚。相比之下，在 Pd/CNTs-CS-GNPs 中，可以观察到碳纳米管与石墨烯纳米片之间的接触较为紧密，Pd 纳米粒子在这种复合载体表面上的分布也非常均匀。

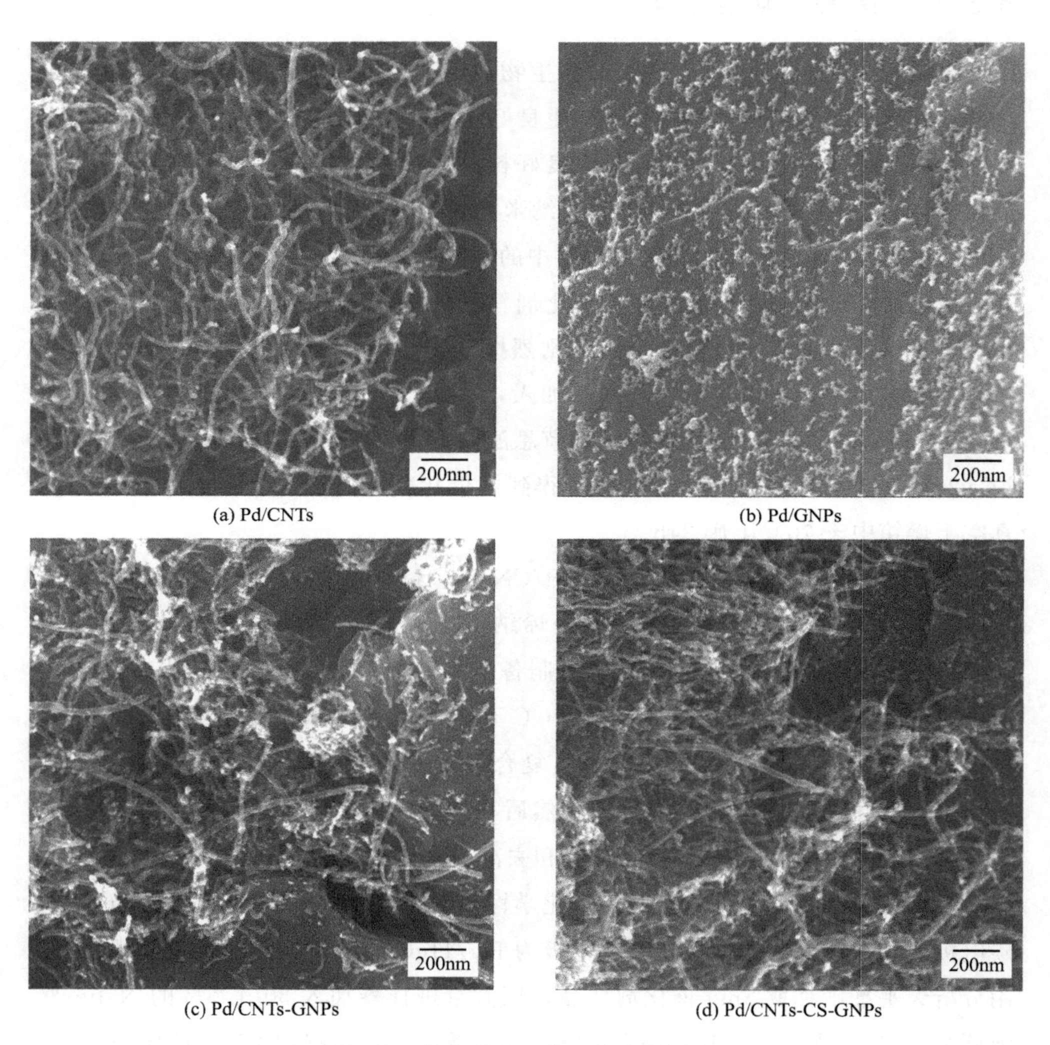

(a) Pd/CNTs　(b) Pd/GNPs　(c) Pd/CNTs-GNPs　(d) Pd/CNTs-CS-GNPs

图 3-22　催化剂的扫描电子显微镜图片

图 3-23 为催化剂的透射电子显微镜图片。可以看出，Pd/CNTs 与 Pd/GNPs 催化剂在形貌上有着显著的不同。这是由于所采用的碳载体具有不同的尺

度和形状。在 Pd/CNTs-GNPs 催化剂中，虽然存在碳纳米管和石墨烯纳米片两种载体，但这两种载体结合得比较松散，这种结构不利于 Pd 纳米粒子的均匀分布。相比之下，在 Pd/CNTs-CS-GNPs 催化剂中，CNTs-CS-GNPs 复合载体则显示出完全不同的结构：碳纳米管与石墨烯纳米片之间的紧密接触促进了 Pd 纳米粒子在其表面上的均匀分布，这种载体的紧密接触可以归因于壳聚糖的引入。壳聚糖作为一种非共价功能化材料促进了碳纳米管和石墨烯纳米片的混合。这个结果与扫描电子显微镜的观察结果一致。

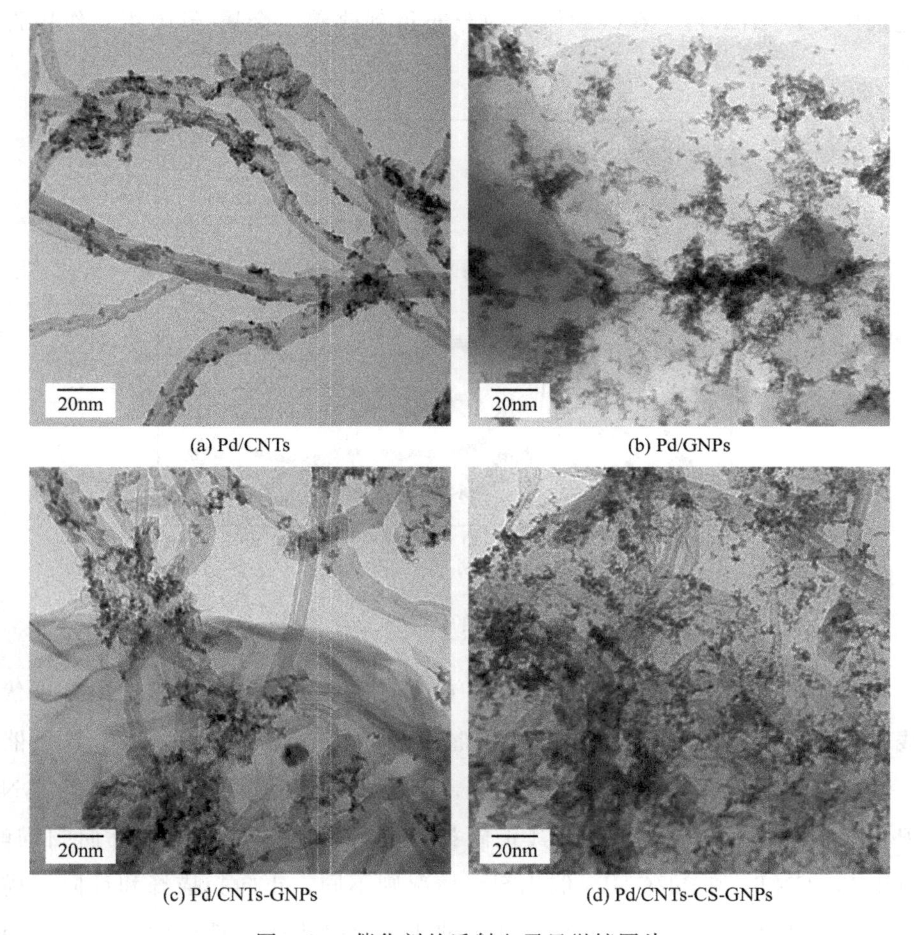

(a) Pd/CNTs　(b) Pd/GNPs　(c) Pd/CNTs-GNPs　(d) Pd/CNTs-CS-GNPs

图 3-23　催化剂的透射电子显微镜图片

图 3-24 为催化剂的 X 射线衍射图谱。通过位于 2θ 角度 26°的 C(002) 衍射峰，可以观察到碳纳米管和石墨烯纳米片上 sp^2 杂化的六边形碳结构。位于 2θ 角度 39.6°、44.8°、67.5°和 81.6°的衍射峰归属于面心立方（fcc）结构的负载钯粒子。选择位于 2θ 角度 67.5°的 Pd(220) 衍射峰来计算 Pd 纳米粒子的平均微晶

直径。依据 Scherrer 公式，测得 Pd/CNTs、Pd/GNPs、Pd/CNTs-GNPs 和 Pd/CNTs-CS-GNPs 四种催化剂的平均粒径分别为 2.4nm、2.7nm、2.3nm 和 2.1nm。这个结果与透射电子显微镜的观察结果完全一致。与其他催化剂相比，Pd/CNTs-CS-GNPs 具有较小的颗粒直径和较为均匀的分布。还可以观察到，在 Pd/CNTs-GNPs 和 Pd/CNTs-CS-GNPs 催化剂的 X 射线衍射图谱中（尤其是后者），Pd(111) 衍射峰有轻微的左移，表明纳米粒子的晶格参数有所改变。这个现象可以用 Pd 纳米粒子与碳载体之间的相互作用来解释。在这两种催化剂中，Pd 纳米粒子在碳载体上的分布得到改善，金属-载体相互作用得到加强。

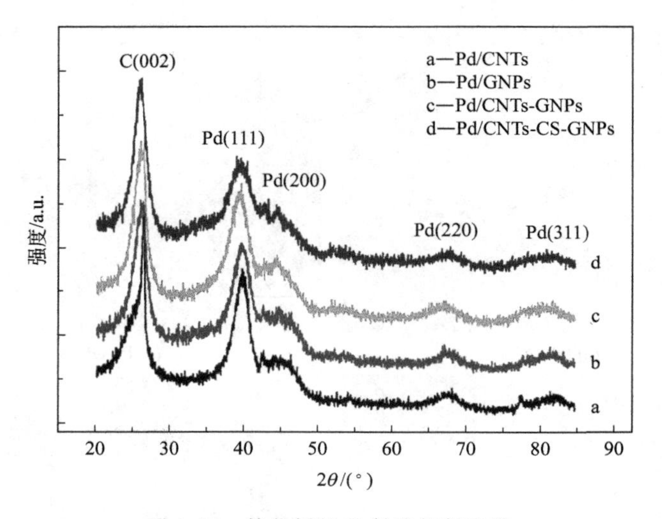

图 3-24　催化剂的 X 射线衍射图谱

图 3-25 为催化剂在 1.0mol/L C_2H_5OH-1.0mol/L KOH 溶液中的循环伏安曲线。可以看出，Pd/CNTs-CS-GNPs 催化剂的峰电流密度明显高于其他催化剂。这与电化学表面积的测量结果相符。同时也观察到，对于 Pd/CNTs-GNPs 和 Pd/CNTs-CS-GNPs 催化剂，其正向扫描峰的峰电流密度高于反向扫描峰；而对于 Pd/CNTs 和 Pd/GNPs 催化剂，情况则不同。正向扫描峰和反向扫描峰的峰电流密度之比（I_f/I_b）常用来评价催化剂对吸附于活性位的中间物种的氧化能力。Pd/CNTs-CS-GNPs 的 I_f/I_b 值为 1.21，远高于 Pd/CNTs（0.76）、Pd/GNPs（0.77）和 Pd/CNTs-GNPs（1.09）。这意味着与其他催化剂相比，在 Pd/CNTs-CS-GNPs 催化剂上，乙醇氧化反应进行得更加完全。值得注意的是，Pd/CNTs-CS-GNPs 催化剂的反向扫描峰与正向扫描峰出现的位置几乎相同。这

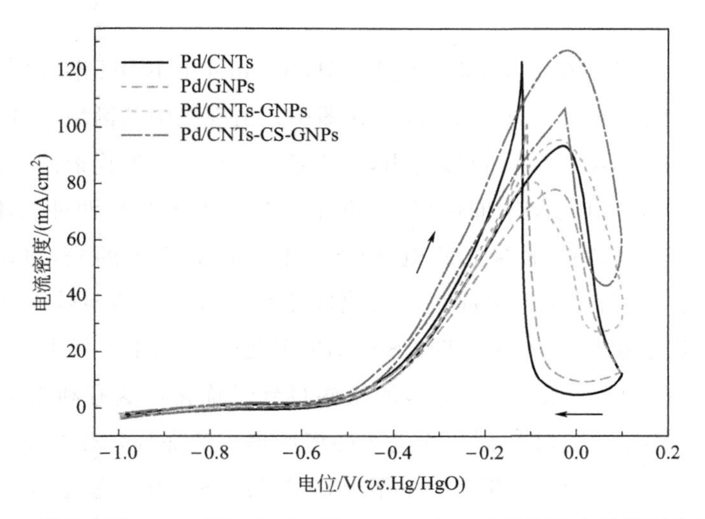

图 3-25　催化剂在 1.0mol/L C_2H_5OH-1.0mol/L KOH 溶液中的循环伏安曲线

表明乙醇氧化反应在 Pd/CNTs-CS-GNPs 催化剂上具有良好的可逆性。

图 3-26 为催化剂在 1.0mol/L C_2H_5OH-1.0mol/L KOH 溶液中的线性扫描伏安曲线。设定对应于电流密度 2.50mA/cm^2 的电位值为催化剂的乙醇氧化起始电位。测得 Pd/CNTs-CS-GNPs 的乙醇氧化起始电位为－0.499V，远低于 Pd/CNTs（－0.446V）、Pd/GNPs（－0.442V）和 Pd/CNTs-GNPs（－0.468V）。该结果表明，采用 CNTs-CS-GNPs 复合载体，可以显著地降低乙醇在 Pd 纳米粒子表面氧化的过电位。这可以归因于壳聚糖分子与 Pd 纳米粒子之间的协同相互

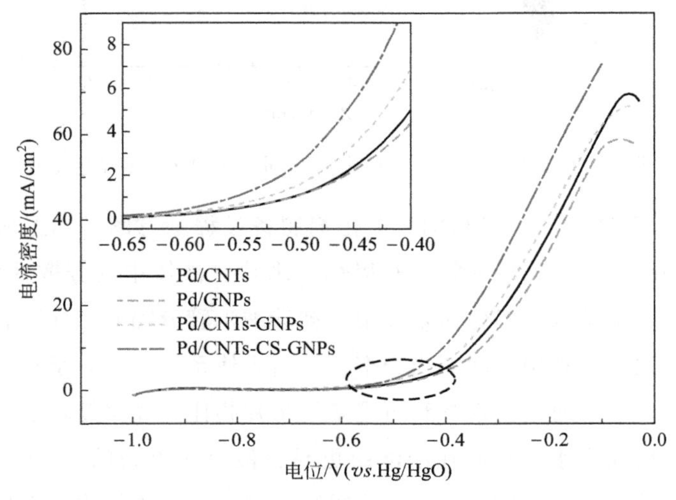

图 3-26　催化剂在 1.0mol/L C_2H_5OH-1.0mol/L KOH 溶液中的线性扫描伏安曲线

作用。

图 3-27 为催化剂在 1.0mol/L C_2H_5OH-1.0mol/L KOH 溶液中的电化学阻抗谱（EIS）。施加的电位为−0.25V。在图中，出现在中频区域的圆弧代表乙醇氧化的电荷传递电阻[16,17]。可以看出，Pd/CNTs-GNPs 催化剂的电荷传递电阻小于 Pd/CNTs 和 Pd/GNPs 催化剂，表明将 CNTs 和 GNPs 两种载体进行混合，可以促进乙醇在 Pd 催化剂上的电化学氧化。值得注意的是，Pd/CNTs-CS-GNPs 催化剂的电荷传递电阻远小于其他催化剂，这意味着与其他催化剂相比，乙醇氧化反应更易于在 Pd/CNTs-CS-GNPs 催化剂上发生。如上所述，由于壳聚糖的引入，CNTs-GNPs 混合载体的结构得到了优化，这有利于 Pd 纳米粒子的均匀分布。此外，正如 X-射线光电子能谱所揭示的那样，存在于壳聚糖与 Pd 纳米粒子之间的协同相互作用也提升了 Pd/CNTs-CS-GNPs 催化剂的催化性能。

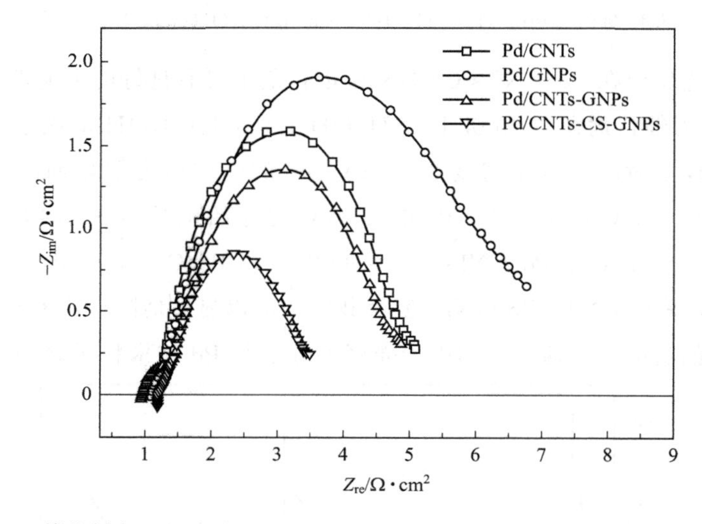

图 3-27　催化剂在 1.0mol/L C_2H_5OH-1.0mol/L KOH 溶液中的电化学阻抗谱

图 3-28 为 Pd/CNTs-CS-GNPs 催化剂制备过程示意图。如上所述，由于石墨表面结构的疏水性，碳纳米管和石墨烯纳米片在液体中的分散性较差。因此，堆叠在一起的二维结构石墨烯纳米片很难被碳纳米管分隔开，导致石墨烯纳米片的表面难以得到充分利用。然而当壳聚糖被引入体系以后，它承担了非共价功能化试剂的作用。与普通碳纳米管和石墨烯纳米片相比，壳聚糖功能化的碳纳米管和石墨烯变得更加亲水，从而在溶液中更易分散。在得到的 CNTs-CS-GNPs 复合载体中，碳纳米管作为纳米尺度的分隔物，阻止了二维结构的石墨烯纳米片的堆叠。这种 CNTs-CS-GNPs 复合载体具有良好的孔结构和较高的表面利用率，

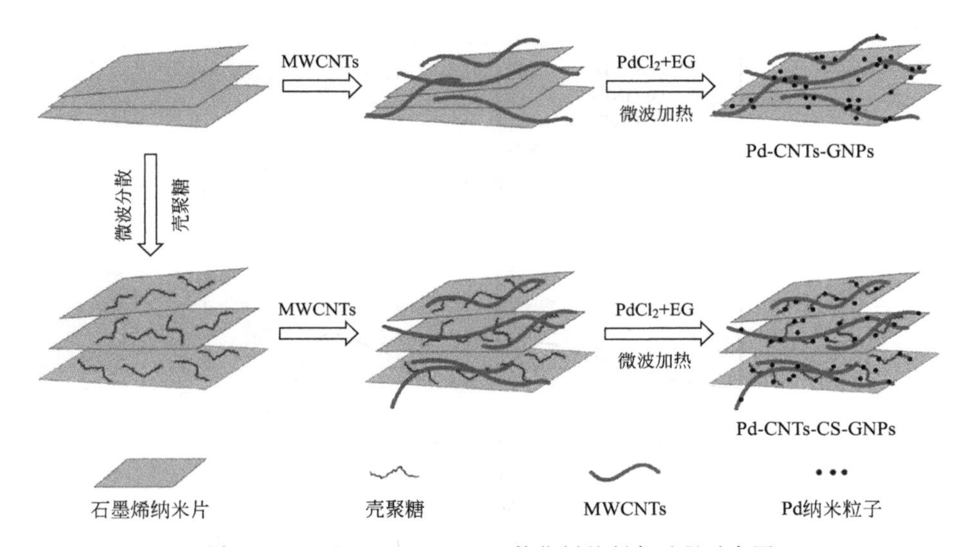

图 3-28　Pd/CNTs-CS-GNPs 催化剂的制备过程示意图

有利于 Pd 纳米粒子的均匀分散。此外，在催化剂的制备过程中，壳聚糖还通过协同效应将 Pd 纳米粒子锚定于载体表面。

图 3-29(a) 为催化剂的全谱扫描 X 射线光电子能谱，图 3-29(b) 为其中的 Pd 3d XPS 谱图。由图 3-29(a) 可以看到催化剂中的 C1s、O1s、Pd 3d 和 Pd 3p 能谱峰。由图 3-29(b) 可以看出，Pd/CNTs、Pd/GNPs、Pd/CNTs-GNPs 和 Pd/CNTs-CS-GNPs 催化剂的 Pd $3d_{5/2}$ 能谱峰分别位于 335.8、336.0、335.7 和

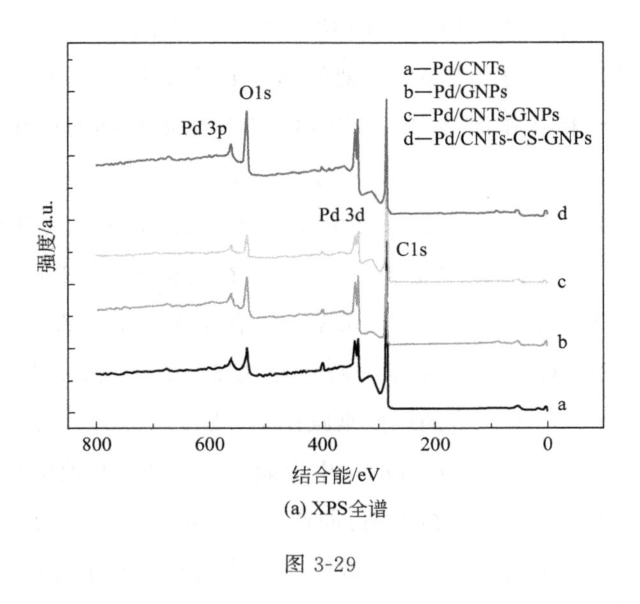

(a) XPS全谱

图 3-29

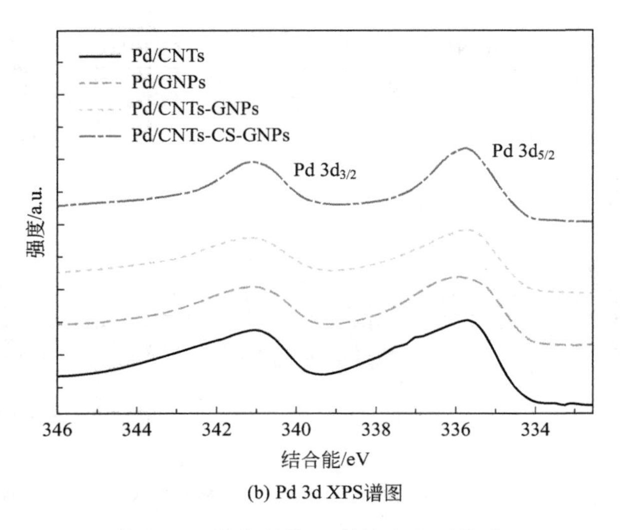

(b) Pd 3d XPS谱图

图 3-29 催化剂的 X 射线光电子能谱

335.7eV。Pd/CNTs-GNPs 和 Pd/CNTs-CS-GNPs 催化剂的 Pd $3d_{5/2}$ 能谱峰向低结合能方向移动，意味着负载于复合载体上的 Pd 纳米粒子具有较低的 Fermi 能级。这可能与金属和碳载体之间的较强相互作用有关。

对催化剂的 Pd 3d XPS 谱图进行去卷积拟合，结果如图 3-30 所示。Pd 3d XPS 谱图的拟合数据见表 3-2。测得 Pd/CNTs、Pd/GNPs、Pd/CNTs-GNPs 和 Pd/CNTs-CS-GNPs 四种催化剂表面的 Pd(0) 含量分别为 23.8%、25.8%、29.9%和 39.3%。很显然，Pd/CNTs-CS-GNPs 表面的 Pd(0) 含量远高于其他催化剂。这个现象可以用由壳聚糖到钯的部分电子转移来解释。壳聚糖与 Pd 纳米粒子之间的协同相互作用是 Pd/CNTs-CS-GNPs 催化剂的催化性能得以提高的重要原因。

采用计时电流法（CA）测试来评价催化剂在乙醇氧化反应中的抗中毒能力，结果如图 3-31 所示。施加的电位为－0.25V。在测试期间，Pd/CNTs-CS-GNPs 催化剂的乙醇氧化电流密度由 46.2mA/cm^2 衰减至 31.4mA/cm^2。换句话说，Pd/CNTs-CS-GNPs 催化剂的性能衰减比率为 32.0%。相比之下，Pd/CNTs、Pd/GNPs 和 Pd/CNTs-GNPs 的性能衰减比率分别为 43.8%、64.3%和 44.5%。显然，Pd/CNTs-CS-GNPs 催化剂的抗中毒能力显著高于其他催化剂。这一结果表明，壳聚糖与 Pd 纳米粒子之间的协同作用在一定程度上抑制了含碳中间产物在催化剂表面活性位上的积累，从而改善了催化剂的抗中毒能力。

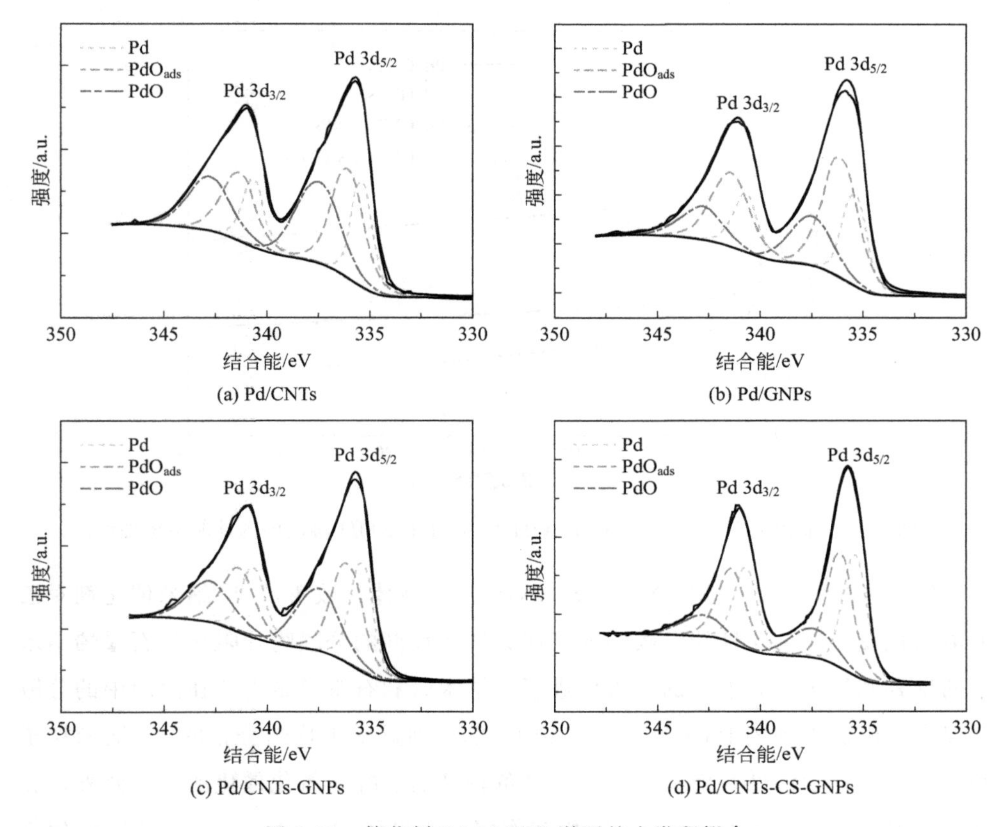

(a) Pd/CNTs
(b) Pd/GNPs
(c) Pd/CNTs-GNPs
(d) Pd/CNTs-CS-GNPs

图 3-30　催化剂 Pd 3d XPS 谱图的去卷积拟合

表 3-2　壳聚糖功能化催化剂 Pd $3d_{5/2}$ X-射线光电子能谱曲线拟合结果

电催化剂	结合能/eV	相对比率/%
Pd/CNTs	335.4 336.1 337.5	23.8 38.3 37.9
Pd/GNPs	335.4 336.1 337.5	25.8 49.2 25.0
Pd/CNTs-GNPs	335.4 336.1 337.5	29.9 37.7 32.4
Pd/CNTs-CS-GNPs	335.4 336.1 337.5	39.3 42.6 18.1

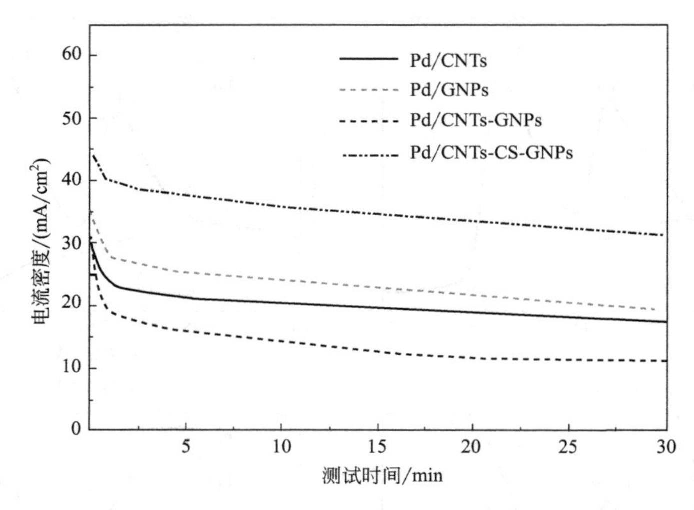

图 3-31 催化剂在 1.0mol/L C_2H_5OH-1.0mol/L KOH 溶液中的计时电流曲线

综上所述，通过采用CNTs-CS-GNPs复合载体，改善了Pd纳米催化剂对乙醇电氧化反应的催化性能。碳纳米管作为纳米尺度的分隔物，阻止了石墨烯纳米片的堆叠和聚集。壳聚糖的引入促进了碳纳米管和石墨烯纳米片在溶液中的分散和混合。由此得到的Pd/CNTs-CS-GNPs催化剂显示出均匀分布的Pd纳米粒子和较大的电化学活性表面积，这使其具备较高的乙醇电氧化催化活性。此外，壳聚糖与Pd纳米粒子之间发生协同相互作用，改善了Pd/CNTs-CS-GNPs催化剂的活性和抗中毒能力。

在酸性介质中，壳聚糖功能化碳载体负载的贵金属催化剂也得到了广泛的应用。Wu等[18]以壳聚糖功能化碳纳米管为载体，合成了高分散的PtRu纳米催化剂，用于甲醇的电化学氧化。碳纳米管的功能化过程在室温下进行，没有采用腐蚀性酸，从而保留了碳纳米管的完整性和导电性。图3-32为碳纳米管的壳聚糖功能化以及PtRu NP/CNTs-Chit催化剂的制备过程示意图。在CH_3COOH的存在下，用壳聚糖对碳纳米管进行功能化处理，在碳纳米管的表面引入大量带正电荷的官能团，从而形成高密度且均匀分散的锚点。通过静电自组装过程，在这些锚点上可以生长出贵金属纳米粒子。壳聚糖作为一种聚合物电解质，具有突出的成膜特性，能够均匀地缠绕在碳纳米管表面，显著地改善其水溶性。这种特性为负载型贵金属纳米催化剂复合结构的构筑提供了理想的平台。碳纳米管表面的壳聚糖层不仅可以作为稳定化介质来锚定纳米金属粒子，而且基于其出色的质子导电性能，还可以提供甲醇电氧化反应所需的有效质子通道。此外，整个功能化

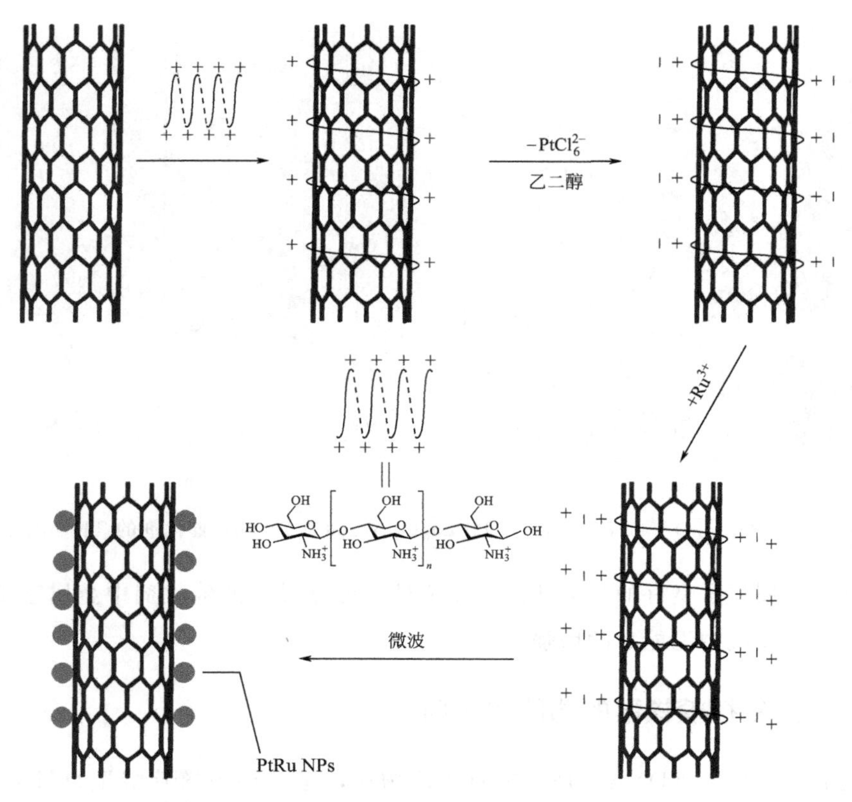

图 3-32　壳聚糖功能化碳纳米管和 PtRu NP/CNTs-Chit 催化剂的制备过程示意图

过程为非共价过程，碳纳米管的原始结构没有受到破坏，这有利于保持碳纳米管的良好导电性和机械强度。透射电子显微镜分析显示，PtRu 纳米粒子以较小的粒径高度分散于壳聚糖功能化的碳纳米管表面。循环伏安测试表明，与非功能化碳纳米管负载的 PtRu 纳米催化剂相比，PtRu NP/CNTs-Chit 催化剂具有较大的电化学表面积、较高的甲醇氧化活性以及良好的电化学稳定性。

Wang 等[19]以壳聚糖功能化碳纳米管为载体，负载 Pd 纳米粒子和少量 La_2O_3，制得 Pd-La_2O_3/CS-aCNTs 催化剂，用于碱性介质中的甲醇电氧化反应。图 3-33 为 Pd-La_2O_3/aCNTs 和 Pd-La_2O_3/CS-aCNTs 催化剂的 TEM 图片。可见，与非功能化碳纳米管负载的 Pd-La_2O_3/aCNTs 催化剂相比，壳聚糖功能化碳纳米管负载的 Pd-La_2O_3/CS-aCNTs 催化剂的金属粒子分散较为均匀，团聚现象较少。这种分散状态的改变得益于因壳聚糖的存在而导致的碳纳米管亲水性的增加，以及纳米粒子在壳聚糖功能化碳纳米管上的自组装过程。由于壳聚糖的引入，Pd-La_2O_3/CS-aCNTs 催化剂表现出较高的甲醇氧化活性。这种高活性来

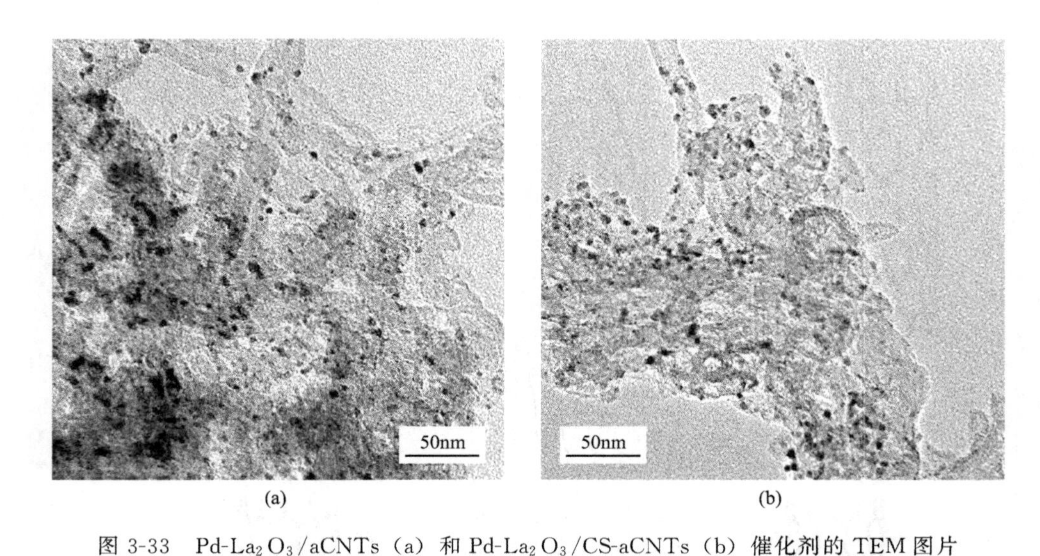

(a) (b)

图 3-33 Pd-La_2O_3/aCNTs（a）和 Pd-La_2O_3/CS-aCNTs（b）催化剂的 TEM 图片

源于纳米金属粒子良好的分散状态、壳聚糖功能化导致的催化剂中金属态 Pd 含量的增加以及抗中毒能力的增强。

3.3.2 脱氧核糖核酸的功能化作用

脱氧核糖核酸（DNA）是生物的遗传物质，是一种由核苷酸重复排列组成的长链聚合物，由两条互补的碱基链以双螺旋的方式结合而成。Tiwari 等[20]以染色体双链脱氧核糖核酸功能化的氧化石墨烯为载体，合成了具有高度耐久性的铂晶簇 Pt_n/gDNA-GO 催化剂，用于氧还原反应。催化剂的粒径不超过 1.4nm，其制备过程如图 3-34 所示。研究显示，与 20% Pt/C 商品催化剂相比，这种催化剂具有较高的氧还原起始电位和催化活性。在酸性介质中，这种催化剂还表现出显著高于 Pt/C 商品催化剂的电化学稳定性。另外，Pt_n/gDNA-GO 催化剂还显示出良好的环境稳定性，可以在较宽的 pH 范围内保持其耐久性。脱氧核糖核酸与氧化石墨烯之间的相互作用为铂离子在氧化石墨烯表面定位并形成 Pt 纳米晶簇提供了有效的途径。染色体脱氧核糖核酸作为成本效益高且环境友好的模板，在负载型贵金属催化剂的大规模生产方面具有广阔的应用前景。

脱氧核糖核酸功能化的碳载体也被用于 Pd 基纳米催化剂的合成。Qu 等[21]以天然 DNA 功能化石墨烯为载体，制备了高活性的 Pd 纳米催化剂，用于甲酸的电化学氧化和 Suzuki 反应。图 3-35 为 DNA 功能化石墨烯/Pd 复合催化剂的制备过程示意图。利用天然的小牛胸腺 DNA 的功能化作用，可以得到高稳定性

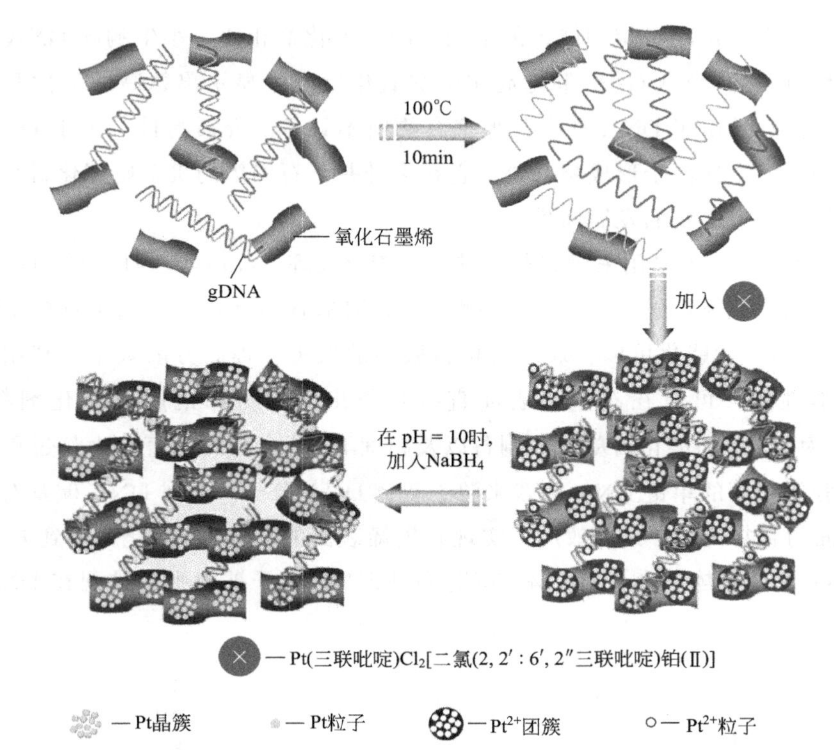

图 3-34 脱氧核糖核酸功能化氧化石墨烯负载铂催化剂 Pt_n/gDNA-GO 的合成示意图

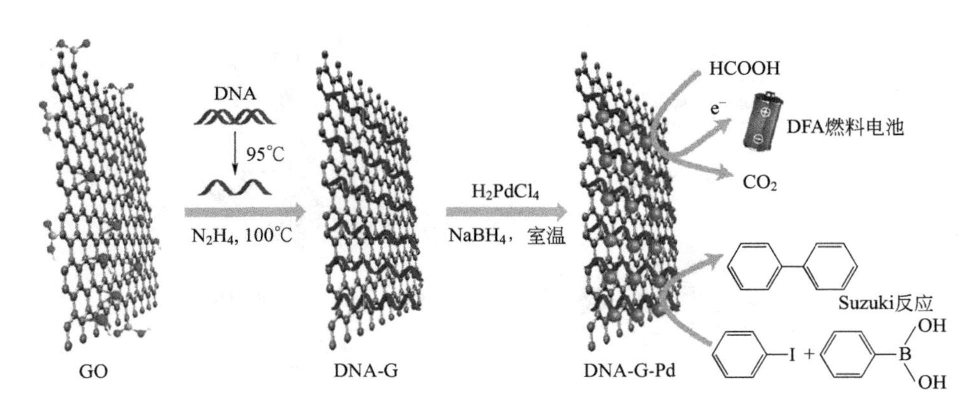

图 3-35 DNA 功能化石墨烯/Pd 复合催化剂的制备过程示意图

的水性石墨烯片悬浊液。Pd 纳米粒子被均匀地原位锚定于 DNA 功能化石墨烯片上。采用 DNA 作为功能化试剂具有突出的优点，这不仅因为 DNA 的芳香核酸碱基可以借助 π-π 重叠与石墨烯基底表面发生相互作用，而且由于 DNA 分子可以在其长链中限定的位置与 Pd 形成螯合配位键。结果显示，均匀分散的超细球状 Pd 纳米粒子被紧密地原位沉积于 DNA 功能化石墨烯的表面。与商品 Pd/C

催化剂以及聚乙烯吡咯烷酮修饰的 PVP-G-Pd 催化剂相比，小牛胸腺 DNA 功能化石墨烯负载的 DNA-G-Pd 催化剂在甲酸氧化反应中显示出超高的活性和出色的稳定性。这是由于 DNA 具有其他聚合物所不具备的介质特性。由于 DNA 可以和各种过渡金属离子形成螯合物，它在多种基于石墨烯的贵金属催化材料的制备及应用领域有广阔的发展前景。

单链 DNA 也可以用来对碳载体进行功能化处理。Guo 等[22]以单链 DNA 功能化石墨烯为载体，引导生长出高活性的 Pd 纳米微晶催化剂，用于直接甲酸燃料电池。DNA 功能化可以有效地防止石墨烯的聚集，提高分散效率。利用其独特的化学性质，可以在石墨烯表面直接生长出均匀分布的超细催化剂粒子。图 3-36 为 DNA 功能化石墨烯的制备以及超细 Pd 纳米微晶的直接生长过程示意图。试验所采用的单链 DNA 负载来源于双链 DNA 分子。通过 DNA 碱基对和石墨烯表面的非共价 π-π 共轭效应，实现石墨烯表面的 DNA 功能化，得到 DNA@Graphene 复合载体。来自前驱体 $PdCl_2$ 的 Pd^{2+} 阳离子被规则地排列在 DNA 的

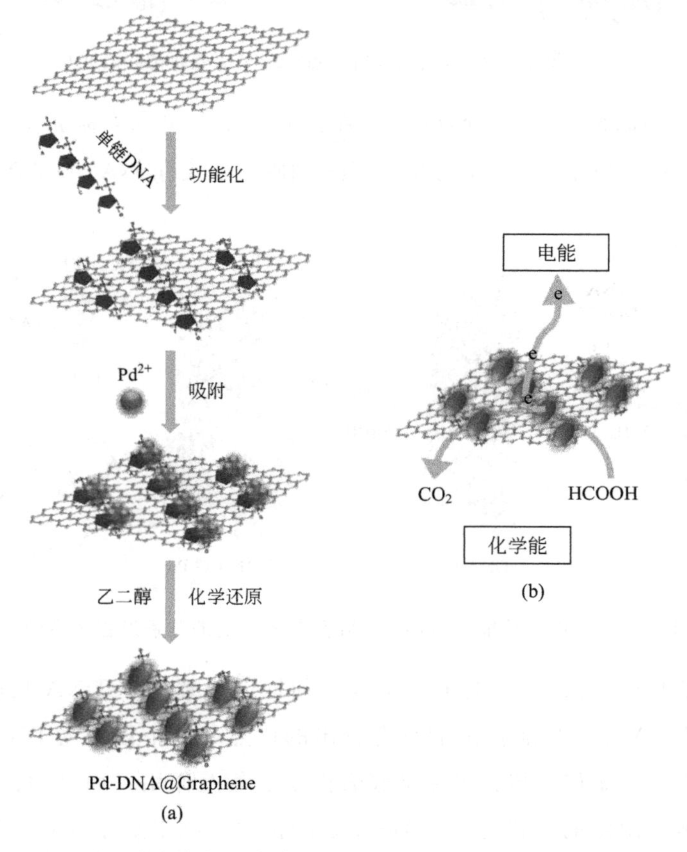

图 3-36　DNA 功能化石墨烯的制备以及超细 Pd 纳米微晶的直接生长过程示意图

糖-磷酸骨架上的带负电荷的 PO_4^{3-} 基团吸引到 DNA@Graphene 复合载体的表面，然后在温和还原剂乙二醇的作用下，在石墨烯表面形成均匀分布的超细 Pd 纳米微晶，从而得到 Pd-DNA@Graphene 催化剂。结果表明，Pd-DNA@Graphene 催化剂的电化学表面积为 147.1m^2/g，二倍于非功能化石墨烯负载的 Pd-Graphene 催化剂（73.2m^2/g）。与 Pd-Graphene 催化剂及商品 Pd/C 催化剂相比，Pd-DNA@Graphene 催化剂在甲醇氧化反应中显示出较低的氧化峰电位、较高的催化电流密度、较小的电荷转移电阻以及较好的长期运行稳定性。

与石墨烯类似，上述研究人员还将 DNA 功能化手段应用到碳纳米管载体上，制得了用于甲酸氧化反应的 Pd-DNA@CNTs 纳米微晶催化剂[23]。催化剂的电化学测试结果如图 3-37 所示。Pd-DNA@CNTs 催化剂的电化学表面积为 46.6m^2/g，远高于 Pd-CNTs 催化剂（17.5m^2/g）。循环伏安曲线显示，Pd-DNA@CNTs 催化剂的甲酸氧化峰电位远低于 Pd-CNTs 催化剂和商品 Pd/C 催

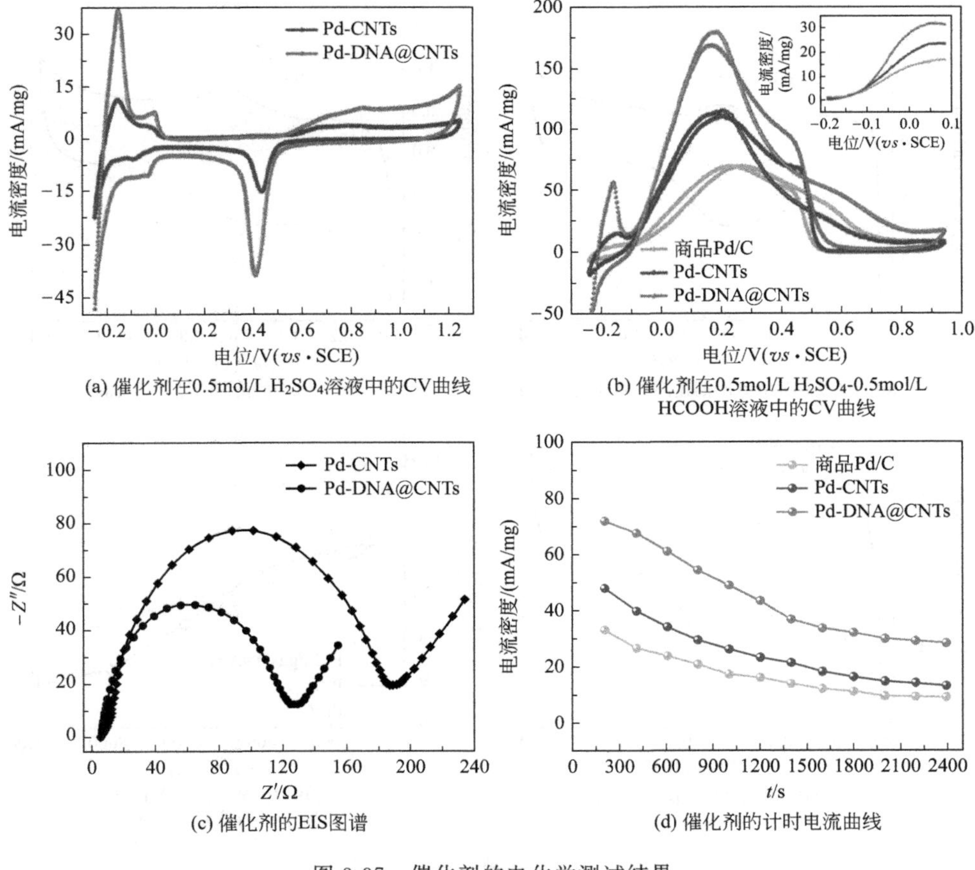

(a) 催化剂在0.5mol/L H_2SO_4溶液中的CV曲线

(b) 催化剂在0.5mol/L H_2SO_4-0.5mol/L HCOOH溶液中的CV曲线

(c) 催化剂的EIS图谱

(d) 催化剂的计时电流曲线

图 3-37　催化剂的电化学测试结果

化剂，表明其甲酸氧化过电位较低。Pd-DNA@CNTs 催化剂的电催化峰电流密度为 181.2mA/mg，远高于 Pd-CNTs 催化剂（113.8mA/mg）和商品 Pd/C 催化剂（70.1mA/mg）。稳态极化曲线显示，Pd-DNA@CNTs 催化剂的扩散-极限电流密度为 32.1mA/mg，分别为 Pd-CNTs 催化剂（21.8mA/mg）的 1.5 倍和商品 Pd/C 催化剂（15.5mA/mg）的 2 倍。电化学阻抗谱显示 Pd-DNA@CNTs 催化剂的电荷转移电阻较低。计时电流曲线显示，经过 2400s 的测试，Pd-DNA@CNTs 催化剂的剩余电流密度为 28.6mA/mg，远高于 Pd-CNTs 催化剂（12.7mA/mg）和商品 Pd/C 催化剂（9.2mA/mg），表明其具有较高的电化学稳定性。

Tiwari 等[24]合成了互相连接的 Pt-纳米枝晶/DNA/石墨烯复合物氧还原催化剂，这种催化剂表现出良好的催化活性和稳定性。以 $NaBH_4$ 还原 H_2PtCl_6，以染色体双螺旋结构 DNA 为模板，引导 Pt 枝晶的生长，制得具有多重活性晶面的 PtDs/gdsDNA/rGO 复合氧还原催化剂。与商品 20%Pt/C 催化剂及 Pt/

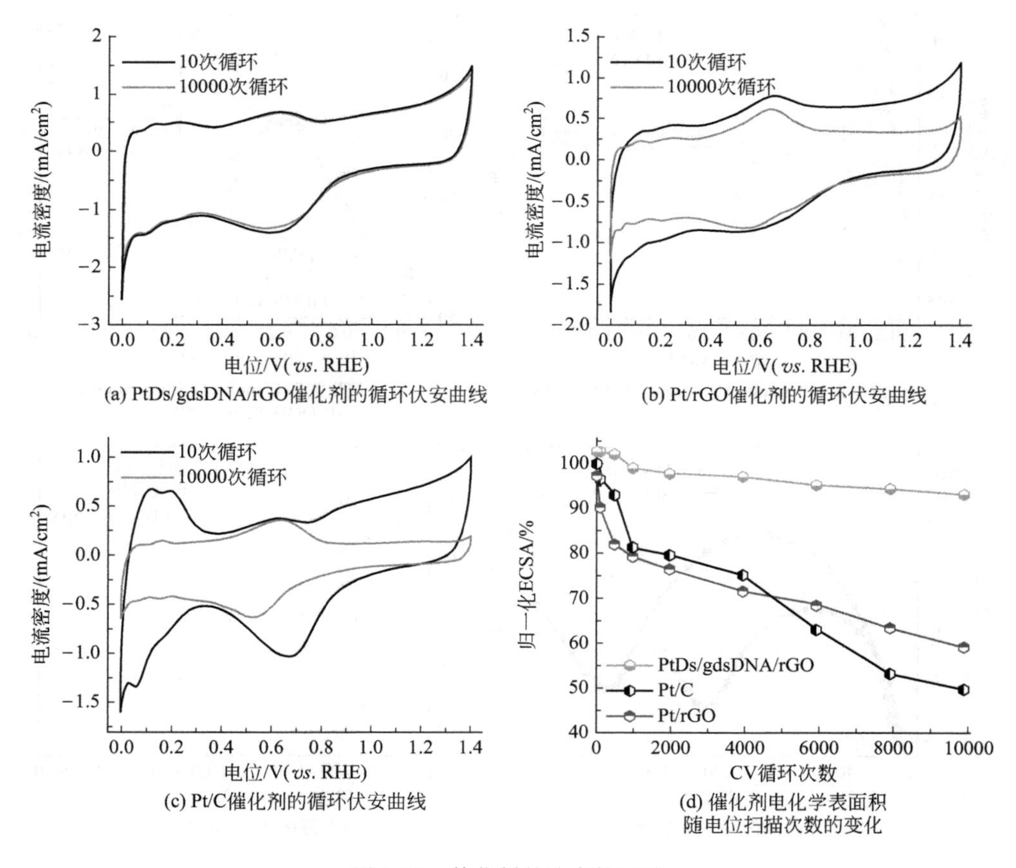

图 3-38　催化剂的稳定性试验

rGO催化剂相比，PtDs/gdsDNA/rGO复合催化剂显示出出色的氧还原活性和稳定性，并且其氧还原活性在相当大的pH区间（pH=1～13）内保持不变。以加速老化电位扫描试验考察催化剂的稳定性和耐久性，其结果如图3-38所示。经过10000次的电位扫描循环，PtDs/gdsDNA/rGO催化剂的循环伏安曲线仅发生了微小的变化。电化学表面积数据显示，10000次电位扫描后，Pt/rGO和Pt/C催化剂的电化学表面积分别减小了41%和51%，而PtDs/gdsDNA/rGO催化剂的电化学表面积则仅减少了不到10%。这充分显示了其高电化学稳定性和耐久性。

除用来修饰石墨烯和碳纳米管外，脱氧核糖核酸也被用来修饰石墨纳米纤维。Peera等[25]借助π-π相互作用，对疏水的石墨纳米纤维进行了有效的表面功能化处理，并系统地研究了功能化载体对氧还原反应催化活性的影响。用乙二醇还原法将Pt纳米粒子沉积于GNF-DNA复合载体上，得到Pt/GNF-DNA催化剂。研究发现，Pt纳米粒子在GNF-DNA复合载体上分散极佳，不存在团聚现象。Pt/GNF-DNA催化剂具有较大的电化学表面积和较高的氧还原活性。在聚合物电解质燃料电池上进行催化剂性能测试，测试温度为70℃，绝对压力为2bar。当催化剂的最小载量为0.1mg/cm^2、负载电流密度为1320mA/cm^{2}时，测得的峰值功率密度为675mW/cm^2。以电位扫描循环法评价催化剂的电化学稳定性。图3-39反映了经过10000次电位扫描循环试验后，催化剂线性扫描伏安法曲线的变化情况。可以看到，与Pt/GNF-DNA催化剂相比，电位扫描试验后Pt/GNF和Pt/C催化剂的起始电位显著降低。Pt/C、Pt/GNF和Pt/GNF-DNA三种催化剂的半波电位损失分别为200mV、180mV和60mV。Pt/GNF-DNA催化剂优异的氧还原催化活性和稳定性得益于Pt纳米粒子的良好分散以及可用于氧还原反应的高电化学表面积，同时也得益于石墨纳米纤维和DNA之间的π-π相互作用，它有效地阻止了Pt的表面扩散，从而减轻了Pt纳米粒子的相互聚集。

对于多组分金属催化剂，同样可以采用脱氧核糖核酸功能化的碳载体来实现金属粒子的均匀负载。Ma等[26]以$NaBH_4$为还原剂，将直径为10nm的NiPdPt三金属合金纳米团簇分散在脱氧核糖核酸修饰的石墨烯载体上。制得的NiPdPt/DNA-rGO复合催化剂被用于碱性介质中乙醇的电化学氧化。图3-40为NiPdPt/DNA-rGO催化剂的制备过程示意图。电化学测试结果表明，NiPdPt/DNA-rGO催化剂（Ni、Pd、Pt的摩尔比为1∶1∶1）具有极高的电催化活性和稳定性。循环伏安测试表明，NiPdPt/DNA-rGO催化剂的金属质量电流密度可达3.4A/mg。催化剂的寿命评价试验显示，经过在−0.8～0.4V电位区间内的200次连

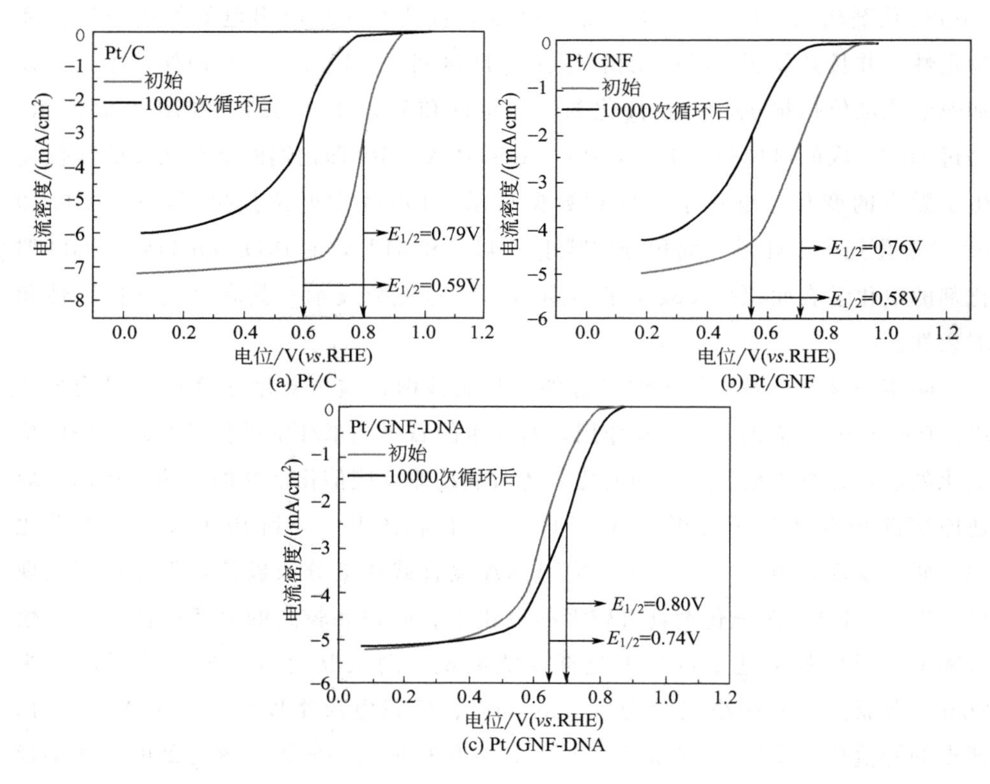

图 3-39　稳定性试验前后催化剂的线性扫描伏安曲线

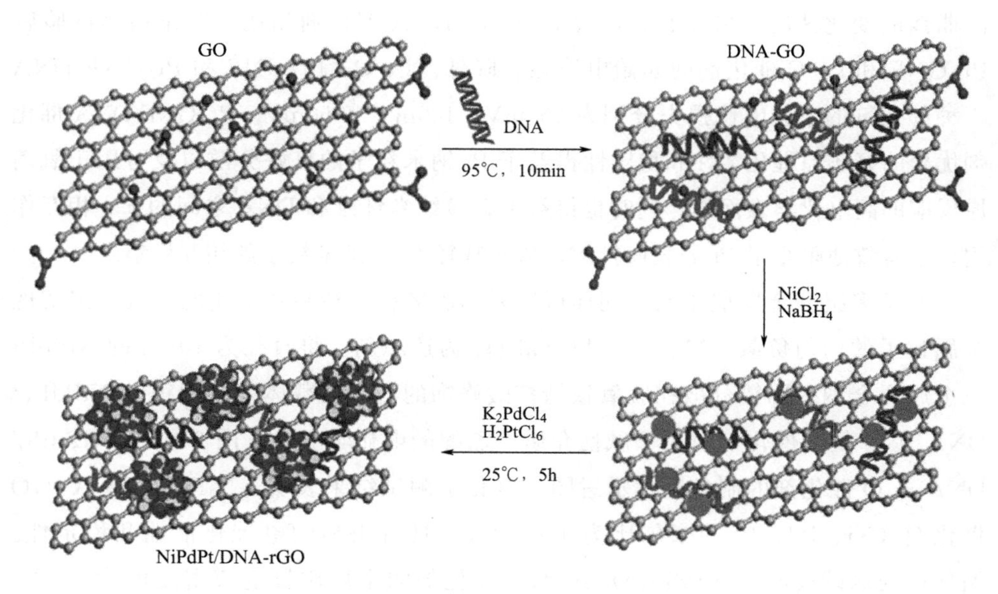

图 3-40　NiPdPt/DNA-rGO 催化剂的制备过程示意图

续电位扫描，NiPdPt/DNA-rGO 催化剂的乙醇氧化峰电流密度仍可达到其初始值的 92.5%，表现出极高的电化学稳定性。

3.3.3 聚多巴胺的功能化作用

多巴胺（3,4-二羟基苯乙胺）是一种含氮有机化合物。它是一种神经传导物质，用来帮助细胞传送脉冲的化学物质，调控中枢神经系统的多种生理功能。在碱性溶液中，多巴胺可以在常温下发生自聚合，生成聚多巴胺（Pdop），在多种无机和有机材料表面形成多功能薄层[27]。这是一种新颖且重要的功能化手段。Liu 等[28]采用一种简单的方法在水溶液中制备了聚多巴胺功能化的碳材料，并将铂前驱体 $PtCl_6^{2-}$ 还原，使铂纳米粒子沉积于聚多巴胺薄层覆盖的碳纳米管、碳纳米球以及炭黑表面，形成 MWCNTs/Pdop-Pt、CNs/Pdop-Pt 和 CB/Pdop-Pt 纳米催化剂，如图 3-41 所示。聚多巴胺覆盖层具有足够的还原能力，因此催化剂的制备过程不需要外加还原剂。这是一种环境友好的 Pt 基纳米粒子可控合成的有效途径。制得的纳米粒子催化剂具有较高的电化学表面积和良好的抗 CO 中毒能力，因而成为甲醇氧化的高活性催化剂。可以预期，这种绿色合成方法在贵金属催化剂合成领域拥有广阔的应用前景。

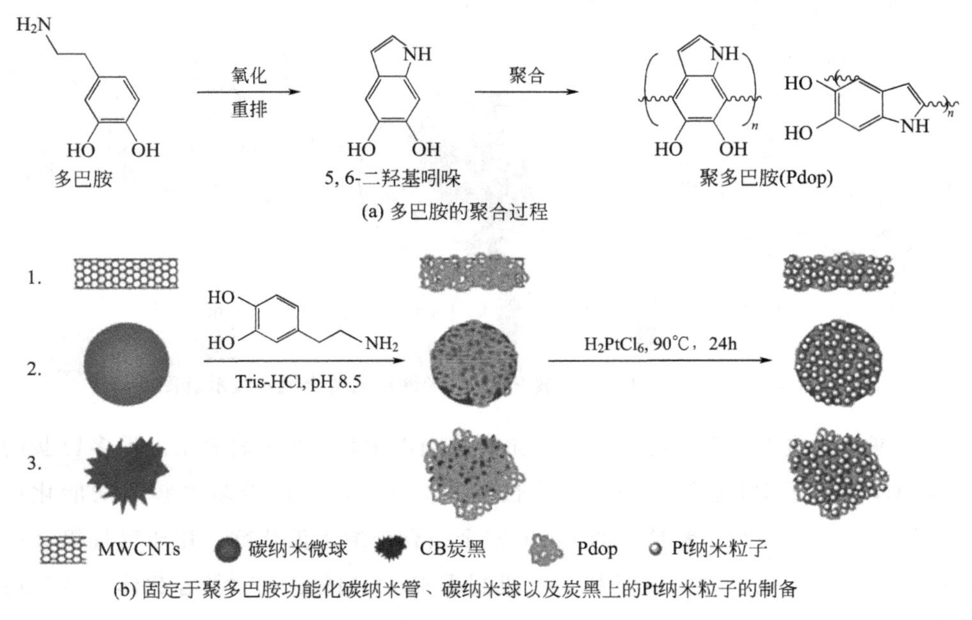

(a) 多巴胺的聚合过程

(b) 固定于聚多巴胺功能化碳纳米管、碳纳米球以及炭黑上的Pt纳米粒子的制备

图 3-41 催化剂合成示意图

对于 PtRu 双金属催化剂，聚多巴胺也起到了较好的功能化作用。Chen 等[29]以聚多巴胺修饰的多壁碳纳米管为载体，制备了高性能的 PtRu 纳米催化剂，用于直接甲醇燃料电池。图 3-42 为聚多巴胺纳米壳层修饰的碳纳米管载体 CNTs@Pdop 负载的 PtRu 纳米催化剂的合成路线示意图。图中显示，多巴胺结构中的烷基胺和邻苯二酚官能团使得多巴胺可以在微碱性溶液中和空气存在的条件下发生自聚合，生成聚多巴胺。由于多巴胺结构中含氮官能团的存在，CNTs@Pdop 复合载体具有大量的带正电荷的位点。因此，可以利用存在于聚多巴胺壳层中的含氮官能团和羟基（—OH）的金属键合能力，将 $PtCl_6^{2-}$ 和 Ru^{3+} 离子吸附在碳材料的表面。此外，还可以利用聚多巴胺的弱还原性将吸附的金属离子还原为锚定在碳材料表面的 Pt 或 Ru 纳米粒子。由于分散性的改善，PtRu 纳米的粒径较小且分布均匀。电化学测试显示，与常见的以酸处理碳纳米管为载体的催化剂相比，CNTs@Pdop 负载的 PtRu 纳米催化剂具有高比表面积，在直接接触燃料电池中显示出高催化活性和良好的稳定性。

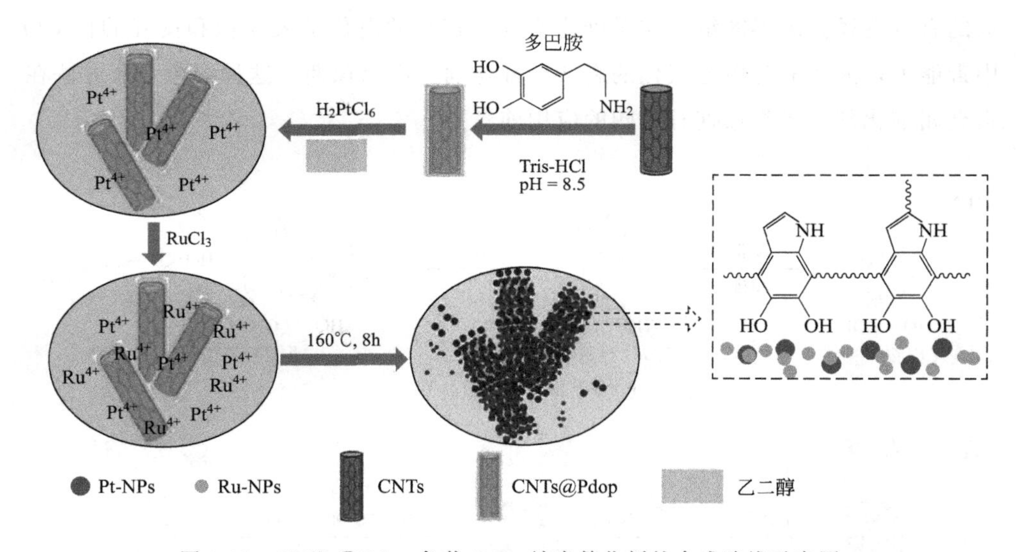

图 3-42 CNTs@Pdop 负载 PtRu 纳米催化剂的合成路线示意图

在碱性介质中，常用的醇类电氧化催化剂以 Pd 基催化剂为主。聚多巴胺的引入同样改善了 Pd 基催化剂的催化性能。Yang 等[30]以聚多巴胺为功能化试剂，制备了多壁碳纳米管负载的 PdPb 双金属合金纳米催化剂，用于碱性溶液中乙醇的电化学氧化。首先以温和的手段制得 PDA-MWCNTs 复合载体，然后通过无表面活性剂的共还原法将 PdPb 合金纳米粒子锚定在 PDA-MWCNTs 载体上。图 3-43 为 PdPb/PDA-MWCNTs 催化剂的合成路线示意图。在冰盐水浴条件下，将多壁碳纳米管分散在Tris缓冲溶液（pH＝8.5）中。将盐酸多巴胺溶液加入上述分散液中，于60℃充分搅拌使其反应。将产物过滤、洗涤并干燥。将金属前驱体K_2PdCl_4和$Pb(NO_3)_2$溶于水，得到水溶液。将PDA-MWCNTs复合载体超声分散于水中，得到均匀的悬浊液。在充分搅拌下将金属前驱体溶液加入悬浊液中，于室温下继续搅拌。随后逐滴加入过量的$NaBH_4$溶液，使其在室温下反应。将产物过滤、洗涤并干燥，得到Pd/MWCNTs、Pd/PDA-MWCNTs、Pd_5Pb/PDA-MWCNTs、Pd_3Pb/PDA-MWCNTs及PdPb/PDA-MWCNTs催化剂，其中Pd的质量百分含量均为15%。作为碱性直接乙醇燃料电池催化剂，PDA-MWCNTs负载的PdPb纳米粒子显示出优异的电催化活性和电化学稳定性。与其他催化剂相比，Pd_3Pb/PDA-MWCNTs催化剂具有较大的电化学表面积、较高的乙醇氧化电催化活性、较低的起始氧化电位以及较高的稳定性。这种高性能归因于聚多巴胺和Pb的引入所产生的协同效应，可以用分散效应、双功能机理以及d能带理论来解释。

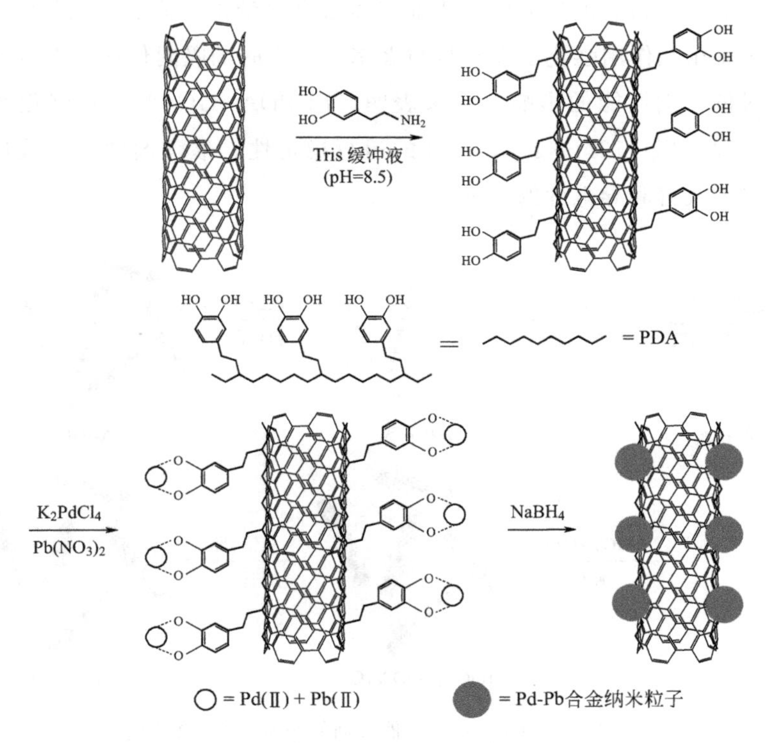

图3-43 PdPb/PDA-MWCNTs催化剂的合成过程示意图

采用同样的聚多巴胺功能化多壁碳纳米管载体，研究团队还采用分层自组装的方法制备了用于乙醇氧化的钯-氧化铈催化剂 Pd-CeO_{2-x}/PDA-CNTs[31]。

与碳纳米管相类似，石墨烯表面也可以实现聚多巴胺功能化。Ren 等[32]以聚多巴胺还原并修饰氧化石墨烯，并以之为载体制得高活性的 PtAu/PDA-rGO 催化剂，用于甲醇氧化反应。Pinithchaisakula 等[33,34]以聚多巴胺修饰各种不同碳载体，制得用于醇类氧化的 PtPd 双金属催化剂。研究了聚多巴胺修饰的四种不同碳材料，即石墨、碳纳米管、石墨烯及氧化石墨烯作为载体对催化剂性能的影响。以循环伏安法考察了催化剂对有机小分子（如甲醇、乙醇等）的催化氧化性能。结果表明，聚多巴胺的引入显著提升了催化剂的活性和稳定性，这得益于聚合物修饰所产生的高比表面积以及双金属催化作用。

Woo 等[35]以聚多巴胺修饰的还原氧化石墨烯为载体，制备了用于甲醇氧化反应的 Pt 纳米催化剂 Pt-PDA-rGO。这种复合催化剂是通过湿法涂覆过程，利用多巴胺的自聚合反应合成的。图 3-44 为 Pt-PDA-rGO 催化剂的制备过程示意图。在弱碱性条件下，借助聚合过程和自发吸附过程，多巴胺可以附着于有机和无机材料的表面。得到的聚多巴胺表面覆盖层富含带正电荷的含氮基团，这些官能团通过 π-π 相互作用强化了碳材料与聚多巴胺之间的吸附作用。考察了多巴胺的加入量对催化剂性能的影响。结果表明，Pt-PDA-rGO(30%) 催化剂具有最高的电化学表面积（72m^2/g）和最佳的运行稳定性。催化剂性能的改进归因于粒子分散性的改善和导电性的增强。

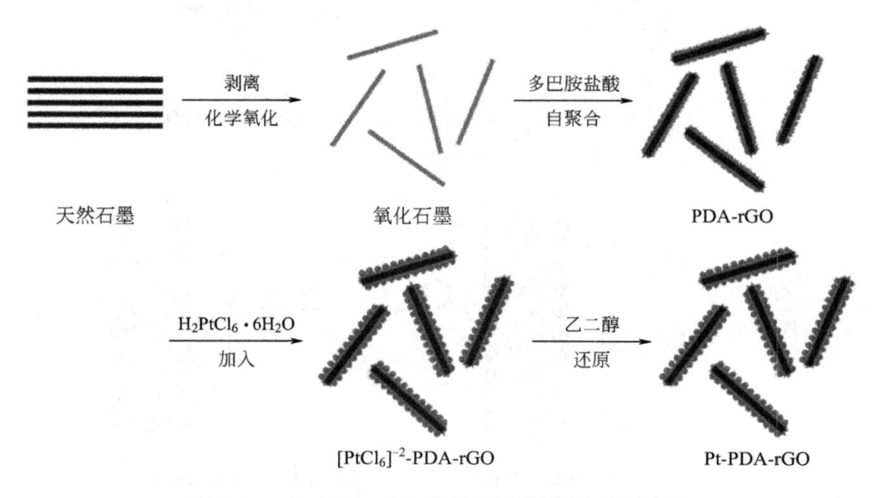

图 3-44 Pt-PDA-rGO 催化剂的制备过程示意图

3.4 离子液体的功能化作用

离子液体是指在室温或接近室温下呈现液态的、完全由阴阳离子所组成的盐，也称为低温熔融盐。离子液体作为离子化合物，其熔点较低的主要原因是其结构中某些取代基的不对称性使离子不能规则地堆积成晶体。它一般由有机阳离子和无机或有机阴离子构成，常见的阳离子有季铵盐离子、季鏻盐离子、咪唑盐离子和吡咯盐离子等；阴离子有卤素离子、四氟硼酸根离子、六氟磷酸根离子等。与传统电解质相比，离子液体具有稳定性高、蒸气压小、离子导电性强等优点，这使得它在碳载体材料表面可以形成稳定存在的具有良好离子导电性的覆盖层，从而实现碳载体的表面功能化。

近年来，咪唑鎓盐离子液体被广泛地用作制备金属纳米粒子的溶剂和稳定剂。为改善燃料电池 Pt 和 PtRu 纳米催化剂的结构和性能，Wu 等[36]采用无需加热的自由基聚合方法，使离子液体单体 3-乙基-1-乙烯基咪唑鎓盐四氟硼酸盐（[VEIM]BF_4）发生聚合，在碳纳米管表面形成离子液体聚合物（PIL）。通过这种手段，将大量均匀分布的官能团引入碳纳米管的表面，以实现金属纳米粒子的锚定和生长，如图 3-45 所示。碳纳米管上的离子液体聚合物薄膜使得碳纳米管的表面形成均匀分布的带正电荷的离子物种，它可以阻止碳纳米管的聚集，从

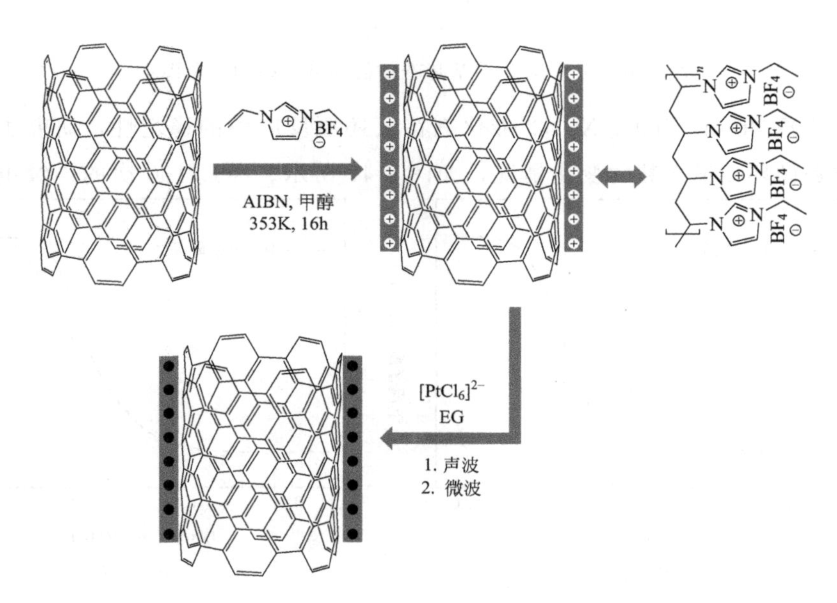

图 3-45 碳纳米管的离子液体聚合物功能化及 Pt/CNTs-PIL 纳米催化剂的制备示意图

而在水中形成稳定的碳纳米管悬浊液。这种悬浊液可以作为锚定金属纳米粒子的介质，并使其稳定化。此外，与传统的酸氧化处理过程相比，离子液体聚合物功能化过程不会导致碳纳米管的结构破坏。这是由于离子液体单体的聚合过程比较温和。Pt 和 PtRu 纳米粒子被均匀地分散在离子液体聚合物功能化的碳纳米管载体（CNTs-PIL）上，得到的催化剂 PtRu/CNTs-PIL 和 Pt/CNTs-PIL 显示出优异的甲醇直接电氧化性能。

其他咪唑鎓盐离子液体如 1-丁基-3-甲基咪唑鎓盐也在电催化剂中得到了应用。1-丁基-3-甲基咪唑鎓盐的分子结构如图 3-46 所示。Wu 等[37]在 1-丁基-3-甲基咪唑鎓盐（BmimCl）离子液体存在的条件下，以硼氢化钠还原法合成了以 Vulcan XC-72 为载体的离子液体修饰的 Pt 纳米催化剂 Pt@BmimCl/XC-72，用于氧还原反应。在催化剂的制备过程中，1-丁基-3-甲基咪唑鎓盐离子液体与 K_2PtCl_6 前驱体之间的相互作用使得形成的 BmimCl-Pt^{II} 复合物具有超细的颗粒，这是 Pt@BmimCl/XC-72 催化剂具有良好分散性的主要原因。1-丁基-3-甲基咪唑鎓盐借助于 *N*-杂环-Pt 相互作用，实现了对 Pt 纳米粒子的修饰。与普通的 Pt/XC-72 催化剂相比，Pt@BmimCl/XC-72 催化剂在甲醇存在的酸性介质中显示出对氧还原反应优异的活性和选择性。

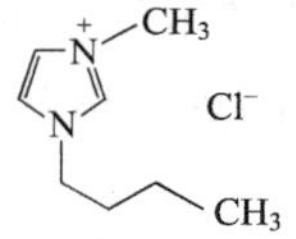

图 3-46　1-丁基-3-甲基咪唑鎓盐的分子结构示意图

为考察 Pt@BmimCl/XC-72 催化剂在氧还原反应中的稳定性，研究了氧还原曲线随循环扫描次数的变化情况，如图 3-47 所示。经过 100 次的连续电位扫

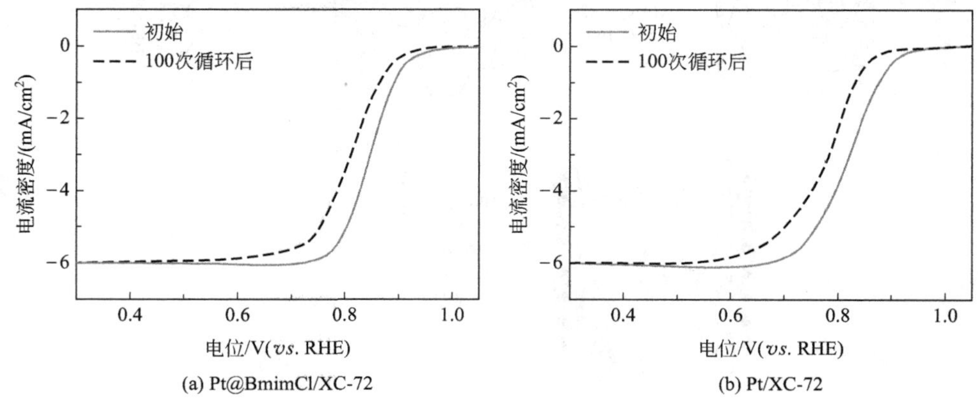

(a) Pt@BmimCl/XC-72　(b) Pt/XC-72

图 3-47　催化剂的连续扫描 ORR 极化曲线

描循环，Pt@BmimCl/XC-72 和 Pt/XC-72 催化剂的氧还原半波电位分别衰减了 0.02V 和 0.04V。这表明与 Pt/XC-72 催化剂相比，Pt@BmimCl/XC-72 催化剂具有更好的耐久性。这可能是由于 Pt@BmimCl/XC-72 催化剂中的 Pt 纳米粒子的粒径分布更加均匀，减弱了 Ostwald 熟化效应。同时，经过 100 次的循环电位扫描，Pt@BmimCl/XC-72 催化剂的耐甲醇能力仍然较强，这可以归因于离子液体基于电子效应和空间效应的高化学稳定性。

3.5　其他材料的非共价功能化作用

一些大分子有机化合物也具有非共价功能化的性能，例如 1-氨基芘。Wang 等[38]用微波辅助多元醇法将 PtRu 双金属电催化剂沉积于 1-氨基芘（1-AP）功能化多壁碳纳米管上。这种采用的 1-氨基芘的多壁碳纳米管非共价功能化过程可以在室温下进行，不需要昂贵的化学试剂或腐蚀性酸，因此可以保持多壁碳纳米管的完整性和电子结构。与常规酸处理多壁碳纳米管负载的 PtRu 电催化剂 PtRu/AO-MWCNTs 相比，负载于 1-氨基芘功能化多壁碳纳米管上的 PtRu 电催化剂 PtRu/1-AP-MWCNTs 显示出无团聚的良好粒子分布、高电化学活性表面积以及高甲醇氧化活性。同时，PtRu/1-AP-MWCNTs 催化剂的稳定性也得到了显著改善。PtRu 电催化剂的长期稳定性对于直接甲醇燃料电池的商业化十

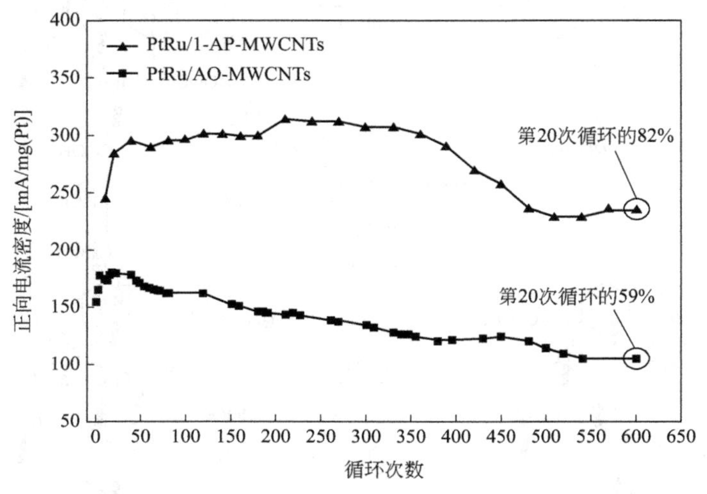

图 3-48　PtRu/1-AP-MWCNTs 和 PtRu/AO-MWCNTs 催化剂正向扫描峰电流与扫描圈数的关系（电位扫描区间为 −0.2～1.0V *vs*. Ag/AgCl，扫描速率为 50mV/s）

分重要。图 3-48 比较了 PtRu/1-AP-MWCNTs 和 PtRu/AO-MWCNTs 催化剂的正向扫描峰电流与扫描圈数的关系。可以看出，在试验的初始阶段，正向扫描峰电流随扫描圈数而增大；对于 PtRu/1-AP-MWCNTs 催化剂，当扫描圈数达到 350 圈后，峰电流开始随扫描圈数增多而减小。以第 20 圈的峰电流为基准，可以看到，当扫描圈数达到 600 时，PtRu/1-AP-MWCNTs 催化剂的峰电流降至初始值的 82%，其衰减幅度约为 18%。而 PtRu/AO-MWCNTs 催化剂则显示出较差的稳定性，其峰电流在扫描圈数达到 50 时即开始衰减。当扫描圈数达到 600 时，其峰电流只有初始值的约 59%。这表明 PtRu/1-AP-MWCNTs 催化剂具有极高的甲醇氧化活性和稳定性。1-氨基芘对 PtRu 纳米粒子具有很强的结合力。

Liu 等[39]以多元醇还原法合成了 1-氨基芘功能化还原氧化石墨烯负载的 Pt 纳米催化剂 Pt/1-AP-rGO，用于甲醇氧化反应。Pt/1-AP-rGO 催化剂的合成过程如图 3-49 所示。首先，利用 1-氨基芘的芘基与石墨烯片层之间的 π-π 相互作用，实现 1-氨基芘在氧化石墨烯表面的非共价组装，得到 1-AP-GO 复合载体。当调节溶液为酸性（pH＝6.0）时，1-氨基芘的氨基带上微弱的正电荷。这种弱酸性条件促进了带负电荷的 $PtCl_6^{2-}$ 离子的自组装，在氧化石墨烯表面形成均匀分散的 Pt 前驱体。最后，1-AP-GO 复合载体和 $PtCl_6^{2-}$ 离子同时被乙二醇还原，

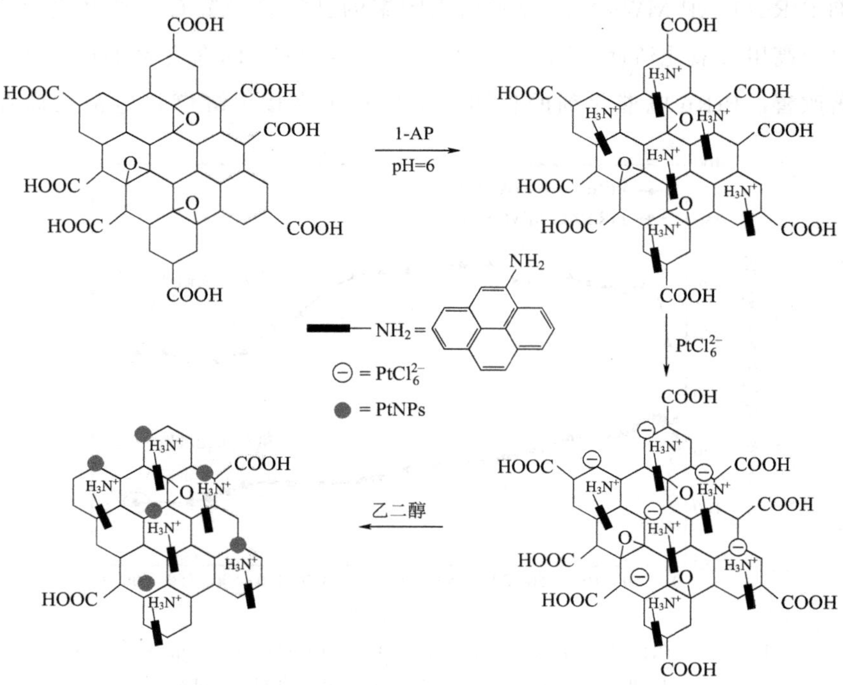

图 3-49　Pt/1-AP-rGO 催化剂的合成过程示意图

得到负载于石墨烯上的高度分散的 Pt 纳米粒子。与未修饰石墨烯负载的 Pt/rGO 催化剂相比，Pt/1-AP-rGO 催化剂显示出极好的分散性。电化学测试结果表明，Pt/1-AP-rGO 催化剂具有较高的催化活性、良好的抗中毒能力以及较好的稳定性。

与 1-氨基芘修饰的碳载体相类似，1-芘甲酸修饰的碳载体也显示出功能化效应。Stamatin 等[40]以 1-芘甲酸（PCA）对多壁碳纳米管载体进行功能化处理，制得分散良好的 Pt 纳米催化剂 Pt/MWCNTs-PCA，用于氧还原反应。图 3-50 为 Pt/MWCNTs-PCA 催化剂的透射电子显微镜图片和粒径分布图。可以看出，Pt 纳米粒子的粒径分布图符合高斯分布，其粒径峰值为 3.1nm，半峰宽度约为 0.4nm。随着 1-芘甲酸加入量的增加，Pt 纳米粒子的团聚现象逐渐消失，粒子分布越来越均匀。1-芘甲酸的引入改善了 Pt 纳米粒子的分散状况，提高了催化剂的氧还原活性。电化学稳定性研究显示，铂-载体相互作用对于改善催化剂的长期运行稳定性具有重要意义。与共价功能化多壁碳纳米管负载的 Pt 催化剂相比，Pt/MWCNTs-PCA 催化剂稳定性的提升幅度可达 20%。

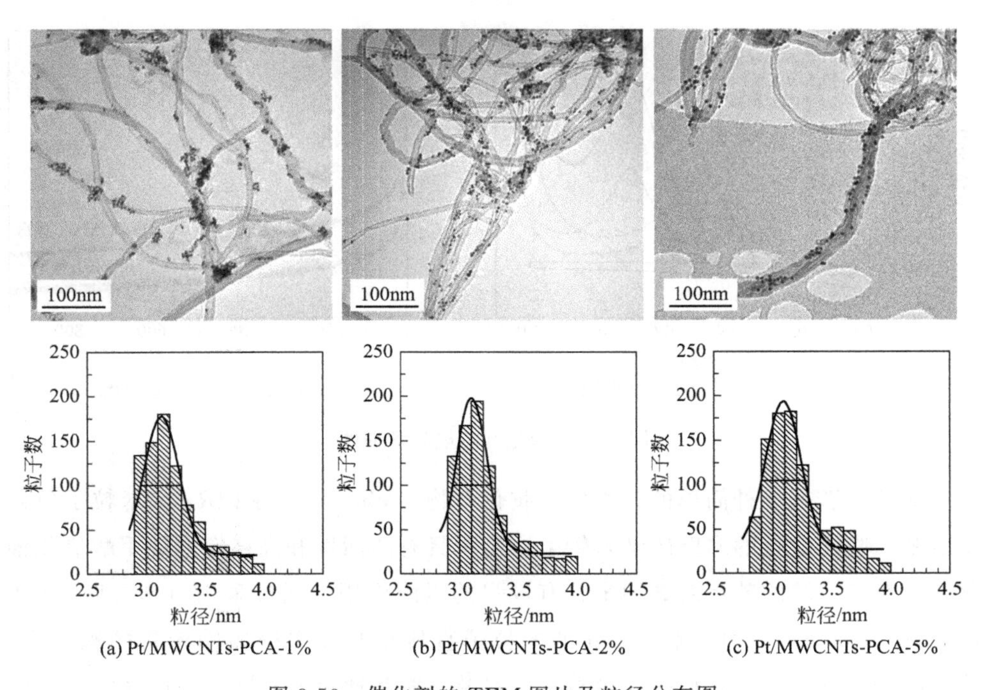

图 3-50　催化剂的 TEM 图片及粒径分布图

上述讨论中涉及的功能化试剂主要是含有大 π 键的有机分子。这些有机分子通过 π-π 相互作用附着于石墨结构的碳载体表面，实现碳载体的功能化。目前研究的含有大π键的有机分子主要包括三苯基膦、4,4′-联吡啶、芘及卟啉衍生物等。三苯基膦不是共平面的有机分子，4,4′-联吡啶的分子较小，因此它们与石墨化碳载体之间的π-π相互作用比较弱。酞菁（Pc）分子是高度共平面的大π键有机分子，它含有由4个可供配位的N原子组成的空穴（N4v），能与多数金属离子形成配合物。钱敏杰等[41]以酞菁功能化碳纳米管为载体，制备了Pt纳米催化剂。首先通过π-π相互作用使酞菁分子附着在碳纳米管表面，然后利用酞菁分子的N4v空穴与铂离子配位，再通过乙二醇还原，得到均匀分布的铂纳米粒子。

图3-51(a)为室温下催化剂在2.2mol/L甲醇-1mol/L硫酸溶液中的循环伏安曲线。可以看出，酞菁对甲醇电氧化反应没有催化活性。Pt/Pc/MWCNTs催化剂的甲醇氧化峰电流密度约为Pt/MWCNTs催化剂的2倍。这主要得益于Pt/Pc/MWCNTs催化剂中Pt纳米粒子的均匀分散以及酞菁分子与Pt纳米粒子之间的相互作用。图3-51(b)为催化剂在2.2mol/L甲醇-1mol/L硫酸溶液中的计时电流曲线。图中显示，Pt/Pc/MWCNTs催化剂的电流密度衰减幅度小于Pt/MWCNTs催化剂，表明酞菁分子的引入改善了Pt纳米催化剂的稳定性。

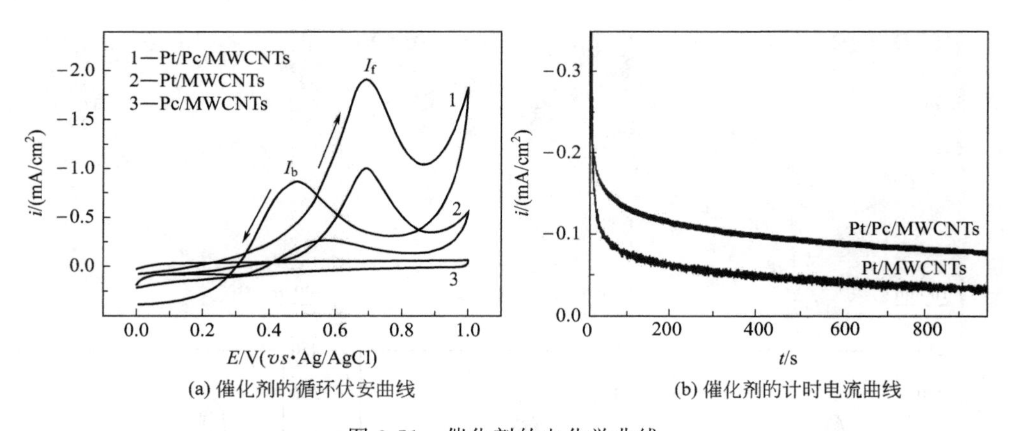

(a) 催化剂的循环伏安曲线

(b) 催化剂的计时电流曲线

图3-51　催化剂的电化学曲线

对苯二胺是一种简单的芳香族二胺化合物。Wu等[42]将PtRu纳米粒子负载于对苯二胺功能化的多壁碳纳米管上，制得具有高活性和高稳定性的甲醇氧化催化剂。对苯二胺的苯环对碳纳米管有较强的吸附作用。通过采用对苯二胺（PPDA）作为联结剂，可以将PtRu纳米粒子直接组装在多壁碳纳米管的侧壁上。傅里叶变换红外光谱和拉曼光谱显示，对苯二胺是通过π-π堆叠作用固定在多壁碳纳米管表面的。透射电子显微镜和X射线衍射分析表明，PtRu合金纳米粒子均匀地负载于对苯二胺功能化多壁碳纳米管（PPDA-MWCNTs）的表面，其平均粒径为 3.5nm。制得的 PtRu/PPDA-MWCNTs 催化剂的甲醇氧化起始电位为 0.15V，远低于 PtRu/MWCNTs 催化剂（0.30V），表明其具有较高的甲醇氧化电催化活性。同时，PtRu/PPDA-MWCNTs 催化剂的甲醇氧化峰电流密度为 731.6mA/mg(Pt)，是 PtRu/MWCNTs 催化剂 [440.5mA/mg(Pt)] 的 1.66 倍。此外，PtRu/PPDA-MWCNTs 催化剂还显示出极高的稳态电流和良好的长期运行稳定性。以电位扫描试验考察催化剂的长期运行稳定性。图 3-52 显示了催化剂的甲醇氧化峰电流随电位扫描循环次数的变化情况。经过 600 次的电位扫描循环，PtRu/PPDA-MWCNTs 催化剂的电流密度仍保持其参考值的 97%；相比之下，经过 600 次的电位扫描循环，PtRu/MWCNTs 催化剂的电流密度仅剩其参考值的 48%。可见碳载体的对苯二胺功能化对催化剂运行稳定性有显著影响。

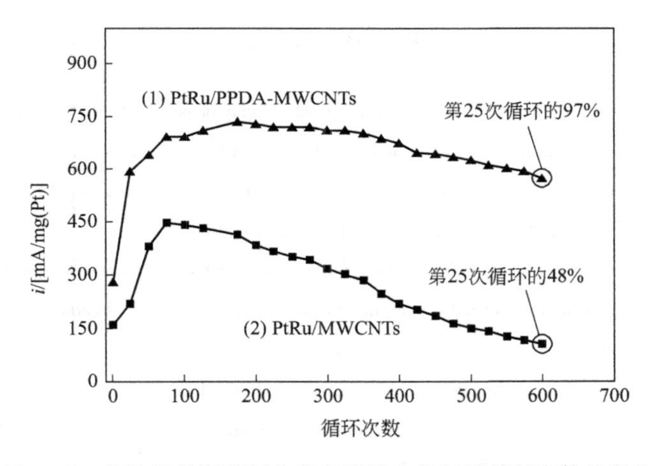

图 3-52　催化剂的甲醇氧化峰电流随电位扫描循环次数的变化

在电解液中引入某种功能化试剂，也能起到提高电催化反应速率的作用。陆亮等[43]在电解液中添加乙二胺四亚甲基膦酸（EDTMP），有效地促进了甲酸在 Pd/C 催化剂上的电化学氧化。这是由于吸附在 Pd/C 催化剂表面的 EDTMP 不但能通过基团效应降低 CO 的吸附量，还能抑制 Pd/C 催化剂催化甲酸分解的速率，从而改善了 Pd/C 催化剂的抗中毒能力。当乙二胺四亚甲基膦酸的浓度为 0.5mmol/L 时，Pd/C 催化剂具有最高的甲酸电氧化活性和稳定性。而当乙二胺四亚甲基膦酸的浓度较高时，催化剂的表面吸附了过量的乙二胺四亚甲基膦酸，反而会占据活性位，不利于甲酸电氧化反应的进行。

综上所述，碳载体的非共价功能化是改善电催化剂性能的一条十分有效的途径。其突出的优点在于不破坏碳载体的结构完整性，这对于电催化剂来说尤为重要。良好的电子导电性是电催化剂载体的必备条件。等离子体处理、氧化处理及重氮化等过程往往会在碳载体表明留下缺陷和损伤，造成其电子导电性的下降。在非共价功能化过程中，聚合物或有机大分子利用自身的特征官能团或π电子与碳载体的表面π电子之间的相互作用，紧密附着于碳载体的表面，形成表面功能化碳载体。在这种功能化碳载体中，覆盖于碳载体表面的聚合物或有机大分子提供了大量均匀分布的特征官能团，它们可以作为锚定纳米金属粒子的活性位点。在催化剂的制备过程中，金属前驱体可以通过静电相互作用汇聚于活性位点附近，并在还原剂的作用下发生原位还原，得到均匀分布的纳米金属粒子。同时，这些特征官能团还可以通过协同相互作用改善活性金属组分的催化性能，并抑制其烧结过程。非共价功能化过程条件温和，易于控制，功能化效果显著，具有广阔的应用前景。

参 考 文 献

[1] Kongkanand A., Vinodgopal K., Kuwabata S., et al. Highly dispersed Pt catalysts on single-walled carbon nanotubes and their role in methanol oxidation [J]. J. Phys. Chem. B, 2006, 110: 16185-16188.

[2] 陈晨，李丽，陈金华，等．Pt-CeO_2/聚苯乙烯磺酸盐功能化碳纳米管复合物的制备及对甲醇的电催化氧化性能 [J]. 高等学校化学学报，2018，39 (1)：157-165.

[3] Sarma L. S., Lin T. D., Tsai Y. W., et al. Carbon-supported Pt-Ru catalysts prepared by the Nafion stabilized alcohol-reduction method for application in direct methanol fuel cells [J]. J. Power Sources, 2005, 139: 44-54.

[4] Missiroli A., Soavi F., Mastragostino M., et al. Increased performance of electrodeposited PtRu/C-Nafion catalysts for DMFC [J]. Electrochem. Solid-State Lett., 2005, 8 (2): A110-A114.

[5] Liu Z., Tian Z. Q., Jiang S. P.. Synthesis and characterization of Nafion-stabilized Pt nanoparticles for polymer electrolyte fuel cells [J]. Electrochim. Acta, 2006, 52: 1213-1220.

[6] Jiang S. P., Liu Z., Tang H. L., et al. Synthesis and characterization of PDDA-stabilized Pt nanoparticles for direct methanol fuel cells [J]. Electrochim. Acta, 2006, 51: 5721-5730.

[7] Yang D. Q., Rochette J. F., Sacher E.. Spectroscopic evidence for π-π interaction between poly (diallyl dimethylammonium) chloride and multiwalled carbon nanotubes [J]. J. Phys. Chem. B, 2005, 109: 4481-4484.

[8] Wang S., Jiang S. P., Wang X.. Polyelectrolyte functionalized carbon nanotubes as a support for noble metal electrocatalysts and their activity for methanol oxidation [J]. Nanotechnology, 2008, 19: 265601.

[9] 崔颖，匡尹杰，张小华，等．Pt纳米颗粒在聚二甲基二烯丙基氯化铵功能化碳纳米管上的自发沉积及其对甲醇的电催化氧化性能 [J]. 物理化学学报，2013，29 (5)：989-995.

[10] Zhang S., Shao Y., Yin G., et al. Stabilization of platinum nanoparticle electrocatalysts for oxygen

reduction using poly (diallyldimethylammonium chloride) [J]. J. Mater. Chem., 2009, 19: 7995-8001.

[11] Chen W., Zhu Z., Khawlani A., et al. A Pd nanocatalyst supported on a polymer modified hybrid carbon material for methanol oxidation [J]. J. Appl. Electrochem., in press.

[12] Cheng Y., Jiang S. P.. Highly effective and CO-tolerant PtRu electrocatalysts supported on poly (ethyleneimine) functionalized carbon nanotubes for direct methanol fuel cells [J]. Electrochim. Acta, 2013, 99: 124-132.

[13] Geng X., Jing J., Cen Y., et al. In situ synthesis and characterization of polyethyleneimine-modified carbon nanotubes supported PtRu electrocatalyst for methanol oxidation [J]. Journal of Nanomaterials, 2015: 296589.

[14] Zhang S., Shao Y., Yin G., et al. Carbon nanotubes decorated with Pt nanoparticles via electrostatic selfassembly: A highly active oxygen reduction electrocatalyst [J]. J. Mater. Chem., 2010, 20: 2826-2830.

[15] Chen W., Zhu Z., Yang L.. Palladium nanoparticles supported on a chitosan-functionalized hybrid carbon material for ethanol electro-oxidation [J]. Int. J. Hydrogen Energy, 2017, 42: 24404-24411.

[16] Mueller J. T., Urban P. M.. Characterization of direct methanol fuel cells by ac impedance spectroscopy [J]. J. Power Sources, 1998, 75: 139-143.

[17] Otomo J., Li X., Kobayashi T., et al. AC-impedance spectroscopy of anodic reactions with adsorbed intermediates: electro-oxidations of 2-propanol and methanol on carbon-supported Pt catalyst [J]. J. Electroanal. Chem., 2004, 573: 99-109.

[18] Wu B., Zhang Y., Kuang Y., et al. Chitosan-functionalized carbon nanotubes as support for the high dispersion of PtRu nanoparticles and their electrocatalytic oxidation of methanol [J]. Chem. Asian J., 2012, 7: 190-195.

[19] Wang L., Wang Y., Li A., et al. Electrocatalysis of carbon black- or chitosanfunctionalized activated carbon nanotubessupported Pd with a small amount of La_2O_3 towards methanol oxidation in alkaline media [J]. Int. J. Hydrogen Energy, 2014, 39: 14730-14738.

[20] Tiwari J. N., Nath K., Kumar S., et al. Stable platinum nanoclusters on genomic DNA-graphene oxide with a high oxygen reduction reaction activity [J]. Nature Communications, 2013, 4: 2221.

[21] Qu K., Wu L., Ren J., et al. Natural DNA-modified graphene/Pd nanoparticles as highly active catalyst for formic acid electro-oxidation and for the Suzuki reaction [J]. ACS Appl. Mater. Interfaces, 2012, 4: 5001-5009.

[22] Guo C. X., Zhang L. Y., Miao J., et al. DNA-functionalized graphene to guide growth of highly active Pd nanocrystals as efficient electrocatalyst for direct formic acid fuel cells [J]. Adv. Energy Mater., 2013, 3 (2): 167-171.

[23] Zhang L. Y., Guo C. X., Pang H., et al. DNA-promoted ultrasmall palladium nanocrystals on carbon nanotubes: towards efficient formic acid oxidation [J]. ChemElectroChem, 2014, 1: 72-75.

[24] Tiwari J. N., Kemp K. C., Nath K., et al. Interconnected Pt-nanodendrite/DNA/reduced-graphene-oxide hybrid showing remarkable oxygen reduction activity and stability [J]. ACS Nano, 2013, 7

(10): 9223-9231.

[25] Peera S. G., Sahu A. K., Arunchander A., et al. Deoxyribonucleic acid directed metallization of platinum nanoparticles on graphite nanofibers as a durable oxygen reduction catalyst for polymer electrolyte fuel cells [J]. J. Power Sources, 2015, 297: 379-387.

[26] Ma J., Wang J., Zhang G., et al. Deoxyribonucleic acid-directed growth of well dispersed nickele-palladiumeplatinum nanoclusters on graphene as an efficient catalyst for ethanol electrooxidation [J]. J. Power Sources, 2015, 278: 43-49.

[27] Lee H., Dellatore S. M., Miller W. M., et al. Mussel-inspired surface chemistry for multifunctional coatings [J]. Science, 2007, 318: 426-430.

[28] Liu X. C., Wang G. C., Liang R. P., et al. Environment-friendly facile synthesis of Pt nanoparticles supported on polydopamine modified carbon materials [J]. J. Mater. Chem. A, 2013, 1: 3945-3953.

[29] Chen F., Ren J., He Q., et al. Facile and one-pot synthesis of uniform PtRu nanoparticles on polydopamine-modified multiwalled carbon nanotubes for direct methanol fuel cell application [J]. Journal of Colloid and Interface Science, 2017, 497: 276-283.

[30] Yang H., Kang S., Zou H., et al. Polydopamine-functionalized multi-walled carbon nanotubes-supported palladium-lead bimetallic alloy nanoparticles as highly efficient and robust catalysts for ethanol oxidation [J]. RSC Adv., 2016, 6: 90462-90469.

[31] Yang H., Zhang Q., Zou H., et al. Layer-by-layer fabrication of polydopamine functionalized carbon nanotubes-ceria-palladium nanohybrids for boosting ethanol electrooxidation [J]. Int. J. Hydrogen Energy, 2017, 42: 13209-13216.

[32] Ren F., Zhai C., Zhu M., et al. Facile synthesis of PtAu nanoparticles supported on polydopamine reduced and modified graphene oxide as a highly active catalyst for methanol oxidation [J]. Electrochim. Acta, 2015, 153: 175-183.

[33] Pinithchaisakula A., Ounnunkad K., Themsirimongkon S., et al. Efficiency of bimetallic PtPd on polydopamine modified on various carbon supports for alcohol oxidations [J]. Chemical Physics, 2017, 483-484: 56-67.

[34] Themsirimongkon S., Ounnunkad K., Saipanya S.. Electrocatalytic enhancement of platinum and palladium metal on polydopamine reduced graphene oxide support for alcohol oxidation [J]. Journal of Colloid and Interface Science, 2018, 530: 98-112.

[35] Woo J. H., Park S. J., Chung S., et al. Effect of polydopamine modified reduced graphene oxides on the catalytic activity of Pt nanoparticles catalysts for fuel cell electrodes [J]. Carbon Letters, 2019, 29: 47-55.

[36] Wu B., Hu D., Kuang Y., et al. Functionalization of carbon nanotubes by an ionic-liquid polymer: dispersion of Pt and PtRu nanoparticles on carbon nanotubes and their electrocatalytic oxidation of methanol [J]. Angew. Chem. Int. Ed., 2009, 48: 4751-4754.

[37] Wu Z., Wang R., Zhai Y., et al. Strategic synthesis of platinum@ionic liquid/carbon cathodic electrocatalyst with high activity and methanol tolerance for the oxygen reduction reaction [J]. Int. J.

Hydrogen Energy，2016，41：15236-15244.

[38] Wang S.，Wang X.，Jiang S. P.. PtRu nanoparticles supported on 1-aminopyrene-functionalized multiwalled carbon nanotubes and their electrocatalytic activity for methanol oxidation [J]. Langmuir，2008，24：10505-10512.

[39] Liu D.，Yang L.，Huang J. S.，et al. Synthesis of Pt nanoparticle-loaded 1-aminopyrene functionalized reduced graphene oxide and its excellent electrocatalysis [J]. RSC Adv.，2014，4：13733-13737.

[40] Stamatin S. N.，Borghei M.，Dhiman R.，et al. Activity and stability studies of platinized multiwalled carbon nanotubes as fuel cell electrocatalysts [J]. Appl. Catal. B，2015，162：289-299.

[41] 钱敏杰，蒋湘芬，王喜章，等．铂/酞菁/碳纳米管复合纳米催化剂的构建及其甲醇氧化性能 [J]. 无机化学学报，2008，24 (8)：1278-1283.

[42] Wu B.，Zhu J.，Li X.，et al. PtRu nanoparticles supported on p-phenylenediamine-functionalized multiwalled carbon nanotubes：enhanced activity and stability for methanol oxidation [J]. Ionics，2019，25：181-189.

[43] 陆亮，唐亚文，陈煜，等．电解液中的乙二胺四甲叉膦酸对甲酸在炭载 Pd 催化剂上电氧化性能的影响 [J]. 高等学校化学学报，2013，34 (7)：1748-1752.

第4章 共轭导电聚合物的功能化作用

共轭导电聚合物中的共轭 π 电子赋予其良好的电子导电性能；同时，其分子中还含有某些特定的官能团，可以与催化剂的活性组分发生相互作用。将共轭导电聚合物引入电催化剂，可以改善其催化性能。一方面，共轭导电聚合物的引入可以促进电催化剂的电子传递；另一方面，其所含的特征官能团可以与电催化剂的活性组分发生相互作用，提高电催化剂的活性和稳定性。

4.1 聚苯胺的功能化作用

将碳载体与聚苯胺结合，形成复合载体，可以改善金属纳米催化剂的性能。Xu 等[1]通过两步连续反应，制得了聚苯胺修饰多壁碳纳米管负载的铂纳米催化剂 Pt-PANI/MWCNTs。首先通过化学氧化聚合，形成核壳结构的 PANI/MWCNTs 复合载体；然后以化学还原法将铂纳米粒子沉积于 PANI/MWCNTs 的表面。图 4-1 为不同质量比的 PANI/MWCNTs 复合载体负载铂纳米催化剂的扫描电子显微镜和透射电子显微镜图片。可以看出，当采用单一的多壁碳纳米管载体 MWCNTs 时，Pt 纳米粒子的负载较为稀疏且不均匀，还形成了较大的团簇。载体中引入聚苯胺后，当其含量较低时，Pt 纳米粒子的分散有所改善，但不甚明显。当聚苯胺的含量增大至一定值（PANI∶MWCNTs=0.54～1.3）时，Pt 纳米粒子几乎完全呈单个分散状态，而不是相互结合形成较大团簇。当进一步增大聚苯胺含量至 PANI∶MWCNTs=2.4 时，则多壁碳纳米管载体 MWCNTs 被聚苯胺包裹，形成大量的块状结构。可以观察到，一些 Pt 纳米粒子重新结合，形成不均匀分布的团簇。红外光谱分析表明，在 Pt 纳米粒子和 PANI/MWCNTs 载体之间存在相互作用。基于这种相互作用，与单一载体 MWCNTs 负载的催化剂 Pt/MWCNTs 相比，Pt-PANI/MWCNTs 催化剂具有更高的甲醇氧化催化活性。

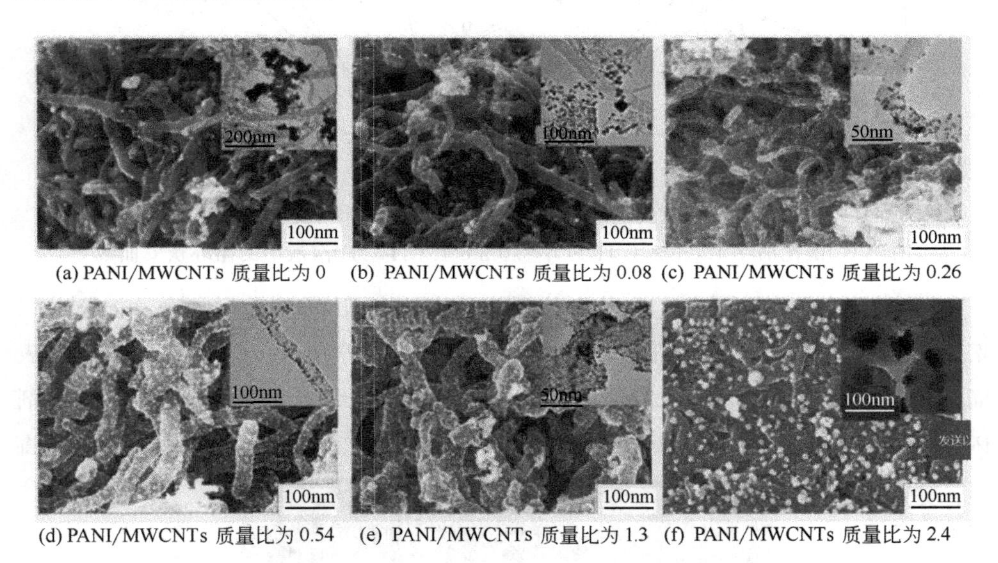

(a) PANI/MWCNTs 质量比为 0　(b) PANI/MWCNTs 质量比为 0.08　(c) PANI/MWCNTs 质量比为 0.26

(d) PANI/MWCNTs 质量比为 0.54　(e) PANI/MWCNTs 质量比为 1.3　(f) PANI/MWCNTs 质量比为 2.4

图 4-1　Pt-PANI/MWCNTs 催化剂的 SEM 和 TEM 图片（插图为 TEM 图片）

炭黑是金属纳米电催化剂的常用载体。将炭黑与聚苯胺结合，可以改善电催化剂的性能。Qu 等[2] 以聚苯胺和 Vulcan XC-72 炭黑制备了具有核壳结构的 PANI/VC 复合载体。以炭黑为内核，以聚苯胺为外壳，通过原位化学氧化聚合法制得。傅里叶变换红外光谱证实，当两种材料的质量比 PANI/VC 等于 2.8 时，复合载体具有最高的导电性。研究还发现，在聚苯胺和炭黑之间存在着相互作用。负载于 PANI/VC 复合载体上的 Pt 纳米粒子的粒径小于负载于炭黑载体上的 Pt 纳米粒子粒径，并且其分布更加均匀。以循环伏安试验考察催化剂的电化学稳定性，记录了 200 次循环电位扫描前后催化剂的甲醇氧化电流密度的变化情况，结果如图 4-2 所示。由图可见，位于电位 0.75V 和 0.55V 处存在两个甲醇氧化电流峰。经过 200 次的循环电位扫描，Pt/PANI/VC 催化剂的甲醇氧化电流密度衰减了 20%，而 Pt/VC 催化剂的甲醇氧化电流密度则衰减了 60%。可见 Pt/PANI/VC 催化剂的活性和稳定性均优于 Pt/VC 催化剂。Pt/PANI/VC 催化剂的高稳定性表明其具有较强的抗一氧化碳中毒能力，这可能源于复合载体与 Pt 催化剂之间的协同作用。

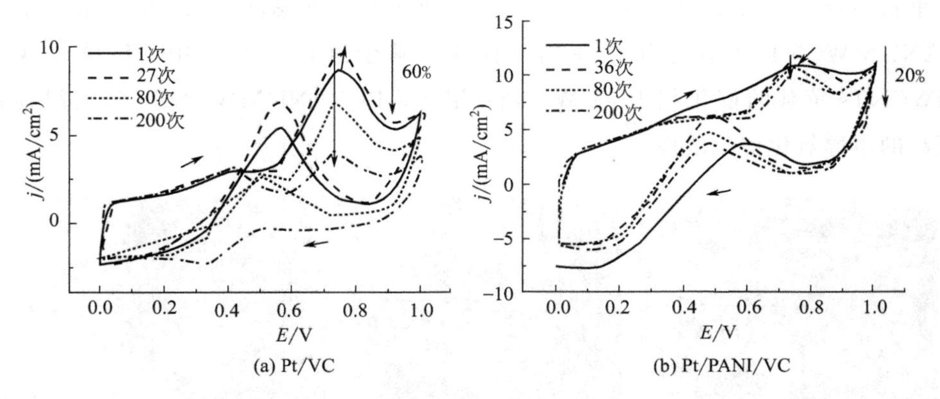

图 4-2　催化剂在 1.0mol/L H_2SO_4-1.0mol/L CH_3OH 溶液中的循环伏安曲线

为获得低成本和高稳定性的直接甲醇燃料电池阳极催化剂，Zhiani 等[3] 以聚苯胺纳米纤维修饰 Pt/C 催化剂，用于甲醇的电化学氧化。通过在玻碳电极表面进行苯胺和三氟甲磺酸的原位电聚合，制得聚苯胺纳米纤维修饰的复合催化剂 PANI/Pt/C，其扫描电子显微镜图片如图 4-3 所示。由图可见，聚苯胺纤维将

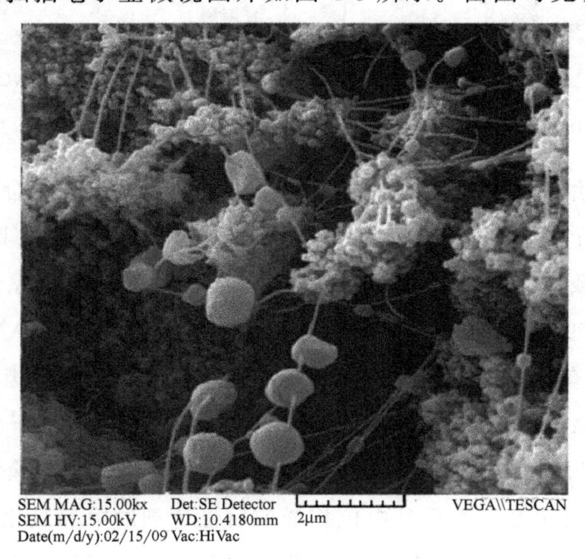

图 4-3　PANI/Pt/C 催化剂的扫描电子显微镜图片

Pt 粒子连接在一起，很好地实现了催化剂粒子与反应扩散层的结合。这种纳米纤维结构改善了催化层的机械性能，减轻了长时间甲醇电氧化过程中金属粒子的迁移和聚集，从而改善了催化剂的性能，延长了其使用寿命。测试结果表明，催化剂层中聚苯胺纳米纤维的引入有效地提高了甲醇氧化活性，抑制了甲醇氧化中间产物对催化剂的毒化作用。

为促进 Pt 纳米粒子在碳纳米管表面的结合与分散，He 等[4]在 Pt 纳米粒子与碳纳米管之间引入导电聚合物聚苯胺。sp^2 杂化的碳纳米管表面通过 π 电子的堆叠与共轭导电聚合物发生相互作用。这种相互作用可以在不破坏碳纳米管石墨化表面结构的基础上，实现复合载体结构的优化。借助 Pt 原子与聚苯胺 N 原子的共价结合，使 Pt 纳米粒子强烈地附着于聚苯胺的表面，得到 Pt-PANI/CNTs 催化剂。图 4-4 为室温下测得的 Pt-PANI/CNTs、Pt/CNTs 和 Pt/C 三种催化剂的循环伏安曲线。以氢的吸附/脱附峰计算催化剂的电化学表面积。测得 Pt-PANI/CNTs 催化剂的电化学表面积为（$64.5m^2/g$），高于 Pt/CNTs（$58.4m^2/g$）和 Pt/C（$50.2m^2/g$）。电化学表面积的增加归因于 Pt 纳米粒子的均匀分散。极性苯胺可以起到分散剂的作用，它通过 π-π 键与碳纳米管壁相结合，并聚合生成聚苯胺。催化剂的加速老化试验表明，Pt-PANI/CNTs 催化剂的电化学耐久性 3 倍于 Pt/C 催化剂，1.5 倍于 Pt/CNTs 催化剂。Pt-PANI/CNTs 催化剂耐久性的改进得益于聚苯胺的稳定化作用。位于 Pt 纳米粒子和碳纳米管之间的聚苯胺所发挥的作用包括铂-氮相互作用、π-π 相互作用以及聚苯胺的聚合稳定化作用。这些因素有效地抑制了 Pt 纳米粒子的迁移，减少了颗粒团聚。

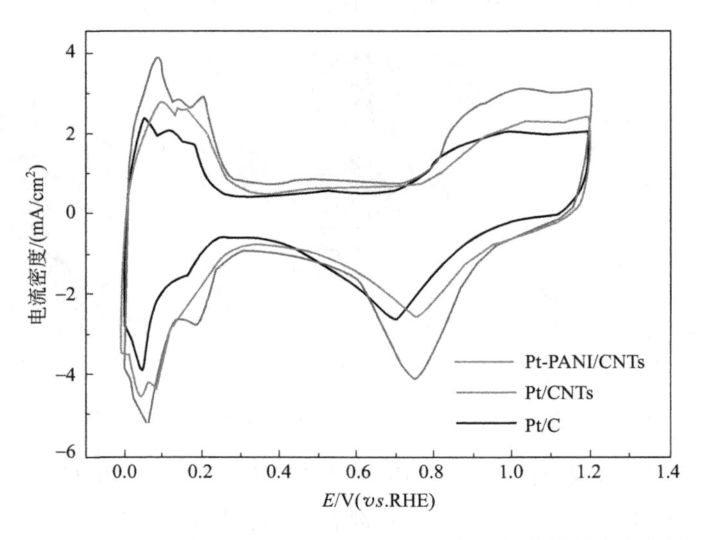

图 4-4　Pt-PANI/CNTs、Pt/CNTs 和 Pt/C 催化剂的循环伏安曲线

由前面讨论可知，采用由碳载体和聚苯胺构成的复合载体，可以有效地改进负载型金属催化剂的性能。此外，还可以利用聚苯胺来修饰已有的纳米金属催化剂，以提高其性能。具体说来，就是在碳载贵金属催化剂的表面形成一层具有可控厚度的聚苯胺薄层。这种聚苯胺薄层的突出特点在于它只形成于碳载体的表面，而不会覆盖纳米金属粒子。Chen 等[5]设计并合成了聚苯胺修饰的具有核壳结构的碳载铂催化剂 Pt/C@PANI。这种催化剂是通过在 Pt/C 催化剂的表面使聚苯胺直接发生聚合，形成聚苯胺薄层而制得的。首先，苯胺单体借助它与碳载体之间的共轭相互作用选择性地吸附在碳载体的表面；然后，在酸性条件下，通过过硫酸铵的氧化作用发生原位聚合，形成聚苯胺薄层。在通常制得的 Pt/PANI/C 催化剂中，多数 Pt 纳米粒子被聚苯胺所裹覆，无法参与电化学反应；而在 Pt/C@PANI 催化剂中，所形成的聚苯胺薄层只选择性地覆盖碳载体的表面，而不覆盖 Pt 的表面。这种独特的结构使 Pt/C@PANI 催化剂具有优异的氧还原催化活性。

图 4-5 为 Pt/C@PANI 催化剂的高分辨透射电子显微镜图片。可以看到，Pt/C 催化剂粒子核被聚苯胺壳层均匀覆盖。随着聚苯胺的载量的不同，所形成的聚苯胺壳层的厚度也发生改变。当聚苯胺的载量分别为 20%、30%和 50%时，对应的聚苯胺壳层的平均厚度分别为 2.5nm、5nm 和 14nm。这清楚地表明，通过改变聚苯胺的载量，可以控制聚苯胺壳层的厚度。傅里叶变换红外光谱显示，与纯聚苯胺的谱图相比，Pt/C@PANI 催化剂谱图的特征吸收带向高波数方向移动。这表明在聚苯胺壳层与碳载体之间存在着强相互作用。

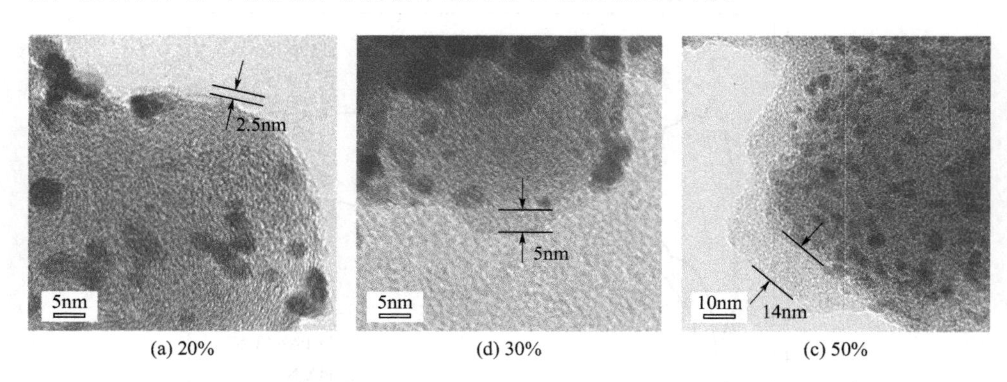

图 4-5 不同聚苯胺含量的 Pt/C@PANI 催化剂的高分辨透射电子显微镜图片

电化学测试结果表明，Pt/C、Pt/C@PANI（20%）、Pt/C@PANI（30%）和 Pt/C@PANI（50%）四种催化剂的电化学表面积分别为 71.4m^2/g、67.5m^2/g、60.7m^2/g 和 6.5m^2/g。可见 Pt 的电化学表面积随聚苯胺载量的增

加而减小，这表明过量聚苯胺形成的聚合物网络会阻碍 Pt 表面的传质。Pt/C、Pt/C@PANI（20%）、Pt/C@PANI（30%）和 Pt/C@PANI（50%）四种催化剂的氧还原半波电位分别为 812mV、819mV、829mV 和 761mV。Pt/C@PANI（30%）催化剂具有最高的半波电位。可见催化剂的氧还原活性强烈依赖于聚苯胺壳层的厚度。当聚苯胺壳层厚度为 5nm 时，具有最强的催化促进作用。催化活性的增强可能与含氧物种（如 O_{ad} 和 OH_{ad}）在 Pt 表面的弱吸附有关。Pt 表面含氧物种的弱吸附提高了催化剂的氧还原活性。电化学加速老化试验结果显示，经过 1500 次电位扫描循环，Pt/C@PANI（30%）催化剂损失了约 30%的电化学表面积，而 Pt/C 催化剂则损失了约 83%的初始电化学表面积。单电池长期耐久性试验也表明 Pt/C@PANI（30%）催化剂的稳定性远高于 Pt/C 催化剂。

聚苯胺修饰的核壳结构碳载 Pt 催化剂的高活性和高稳定性源自其独特的核壳结构。X 射线光电子能谱显示，与 Pt/C 催化剂相比，Pt/C@PANI（30%）催化剂的 Pt $4f_{7/2}$ 谱峰向高结合能方向移动。这可以归因于 Pt 的 d 轨道与聚苯胺 π 共轭配体之间的电子离域作用以及由 Pt 向聚苯胺的电子转移所导致的部分离子化。Pt 纳米粒子与聚苯胺之间的电子离域作用改变了 Pt 纳米粒子的电子结构，使 Pt 纳米粒子不易失去电子（即不易被氧化）。这一假定已被催化剂的循环伏安试验结果所证实。此外，在 Pt/C@PANI（30%）催化剂中，聚苯胺薄层的存在使碳载体避免直接暴露在燃料电池的反应界面，从而有效地阻止了碳载体的腐蚀。

Yan 等[6]制备了铂/聚苯胺/多壁碳纳米管复合催化剂，用于甲醇的电催化氧化。试验表明，复合催化剂中的氨基基团有助于吸附水分子，形成 $Pt\text{-}(OH)_{ads}$ 物种，它可以促进 CO 氧化为 CO_2。长期测试结果表明，聚苯胺的降解会在一定程度上降低催化剂的活性。

为考察聚苯胺对 Pd 纳米催化剂的功能化作用，以导电聚合物聚苯胺修饰的碳纳米管为载体，采用微波辅助合成法制备了 Pd 纳米催化剂[7]。图 4-6 为 Pd/CNTs 和 Pd/CNTs-PANI 催化剂的透射电子显微镜图片。由图 4-6(a) 可见，在 Pd/CNTs 催化剂中，Pd 纳米粒子在碳纳米管表面上的分布很不均匀，存在局部团聚现象。与之相比，在 Pd/CNTs-PANI（1∶0.04）催化剂中，Pd 纳米粒子的分布较为均匀，无显著的团聚现象，如图 4-6(b) 所示。可见聚苯胺的引入在一定程度上改善了 Pd 纳米粒子在碳纳米管表面上的分布。增大聚苯胺的含量，由图 4-6(c) 可见，在 Pd/CNTs-PANI（1∶0.08）中，Pd 纳米粒子在碳纳米管表面上的负载更加均匀，且无团聚发生。进一步增大聚苯胺的含量，如图 4-6 (d) 所示，在 Pd/CNTs-PANI（1∶0.16）催化剂中，出现了较为明显的金属粒子团聚现象。可见当聚苯胺的含量过高时，反而不利于 Pd 纳米粒子的均匀分布。这可能是由于当碳纳米管表面的聚合物分子过多时，会发生自身的团聚，形成较大的聚集体，从而导致负载于其上的金属组分生长成为较大的颗粒。

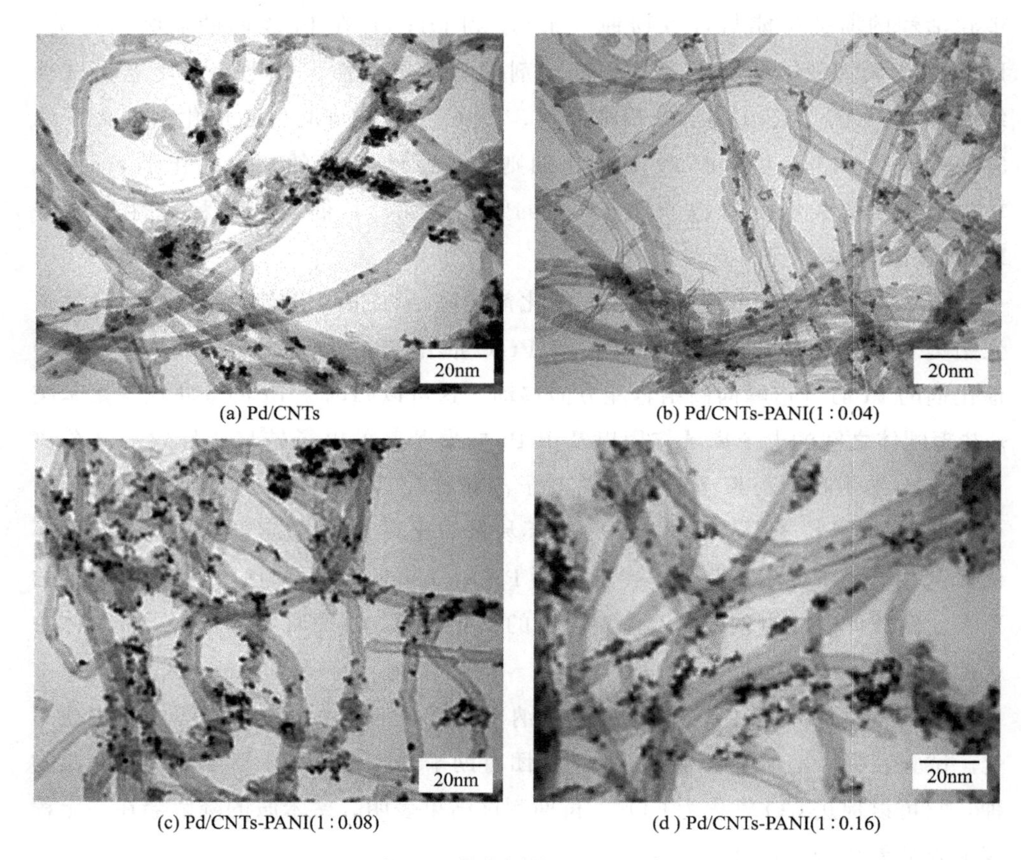

(a) Pd/CNTs (b) Pd/CNTs-PANI(1 : 0.04)

(c) Pd/CNTs-PANI(1 : 0.08) (d) Pd/CNTs-PANI(1 : 0.16)

图 4-6 催化剂的 TEM 图片

图 4-7 为催化剂在 1.0mol/L KOH 溶液中的循环伏安曲线。图中位于 −0.4～0V 电位区间的反向扫描峰归属于催化剂表面 Pd 氧化物的还原峰。该反向扫描峰的峰面积通常被用来估算 Pd 基电催化剂的电化学表面积。由图中可见，Pd/CNTs-PANI（1∶0.08）催化剂的电化学表面积显著大于 Pd/CNTs、Pd/CNTs-PANI（1∶0.04）和 Pd/CNTs-PANI（1∶0.16）。由此可见，适量聚苯胺的引入促进了金属粒子在碳载体上的分散，从而增加其电化学活性表面积。过高和过低的聚苯胺含量都不利于 Pd 纳米粒子在碳纳米管表面的均匀分布。这

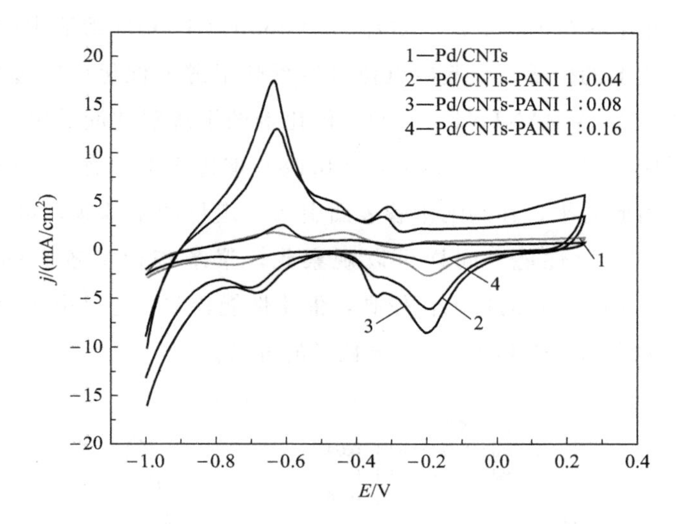

图 4-7　催化剂在 1.0mol/L KOH 溶液中的循环伏安曲线

与透射电子显微镜的观察结果相符。

图 4-8 为催化剂在 1.0mol/L KOH-1.0mol/L CH_3OH 溶液中的循环伏安曲线。图中显示，Pd/CNTs-PANI（1∶0.04）和 Pd/CNTs-PANI（1∶0.08）催化剂的甲醇氧化峰分别为 124.9mA/cm^2 和 138.5mA/cm^2，均高于 Pd/CNTs 催化剂（101.9mA/cm^2），表明适量聚苯胺的引入显著增加了催化剂的表面活性位。相比之下，Pd/CNTs-PANI（1∶0.16）催化剂的峰电流密度为 42.5mA/cm^2，低于 Pd/CNTs 催化剂，表明过量聚苯胺的引入减少了催化剂的表面活性位，从而降低了催化剂的甲醇氧化速率。

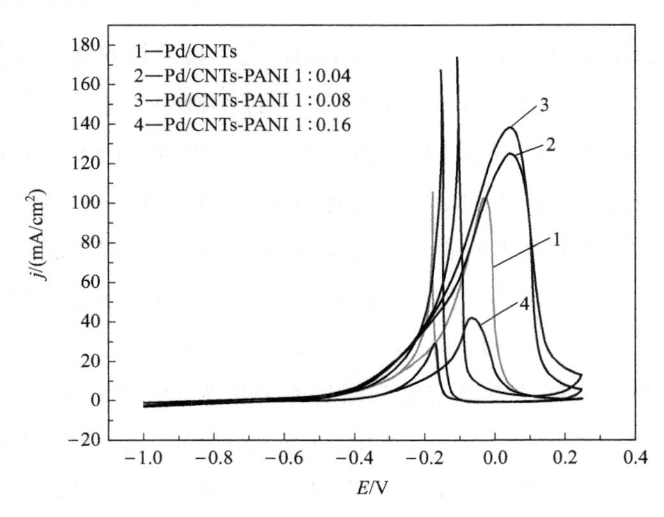

图 4-8　催化剂在 1.0mol/L KOH-1.0mol/L CH_3OH 溶液中的循环伏安曲线

图 4-9 为催化剂在 1.0mol/L KOH-1.0mol/L CH_3OH 溶液中的线性扫描伏安法曲线。催化剂的甲醇氧化起始电位可以反映甲醇电催化反应过电位的高低。由图可见，Pd/CNTs-PANI（1∶0.08）催化剂的甲醇氧化起始电位最低，表明甲醇电氧化反应在 Pd/CNTs-PANI（1∶0.08）催化剂上具有最小的过电位，反应易于发生。由此看来，在碳纳米管表面引入一定量的聚苯胺，可以提高 Pd 纳米催化剂的甲醇氧化性能。同样可以观察到，聚苯胺含量较大的催化剂 Pd/CNTs-PANI（1∶0.16）的过电位较高，催化性能较差。这是由于大量聚苯胺覆盖在碳纳米管的表面，不利于 Pd 纳米粒子的分散。

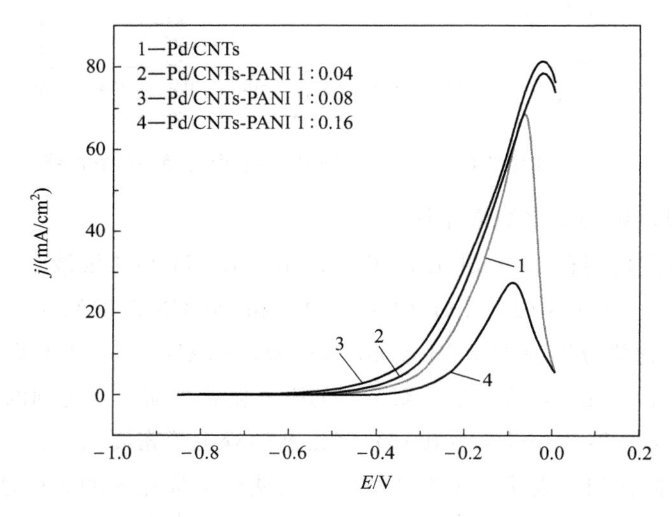

图 4-9　催化剂在 1.0mol/L KOH-1.0mol/L CH_3OH 溶液中的线性扫描伏安法曲线

计时电流试验常被用来评价电催化剂的电化学稳定性和抗中毒能力。图4-10为催化剂在 1.0mol/L KOH-1.0mol/L CH_3OH 溶液中的计时电流曲线。在试验的初始阶段，催化剂的甲醇氧化峰电流密度随时间的延长而迅速下降，这是由于甲醇氧化反应开始后，产生的不完全氧化的中间产物在催化剂活性位的表面迅速积累，使活性位的数目快速减少。随着反应的继续进行，催化剂活性的衰减幅度趋缓，其衰减速率主要取决于催化剂的抗中毒能力。在试验过程中，Pd/CNTs、Pd/CNTs-PANI（1∶0.04）、Pd/CNTs-PANI（1∶0.08）和 Pd/CNTs-PANI（1∶0.16）四种催化剂的电流密度衰减比率分别为 68.5%、67.3%、65.4%和 83.7%。可见 Pd/CNTs-PANI（1∶0.04）和 Pd/CNTs-PANI（1∶0.08）的电流密度衰减比率均低于 Pd/CNTs。这表明经过适量的聚苯胺修饰，Pd 纳米催化剂的电化学稳定性得到了一定程度的改善。其可能原因在于聚苯胺所含的官能团

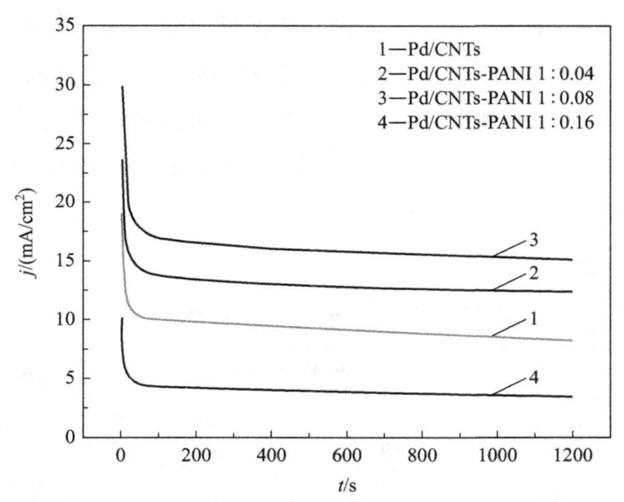

图 4-10　催化剂在 1.0mol/L KOH-1.0mol/L CH_3OH 溶液中的计时电流曲线

抑制了甲醇氧化中间产物在催化剂表面的积累。

碳载体上聚苯胺的引入还会对醇类电催化氧化反应的机理产生一定的影响。De 等[8]研究了直接乙醇燃料电池催化剂中碳纳米管-聚苯胺共轭载体对 Pt 纳米粒子的保护作用。复合载体的采用增加了催化剂的电化学活性中心，构建了电荷转移通道，加快了复合结构中的质子传递，从而极大地改善了催化剂的动力学性能。在低温下使苯胺在功能化碳纳米管上发生化学聚合，然后通过硼氢化钠还原法在得到的 CNTs-PANI 复合载体上生长出 Pt 纳米粒子。

CNTs-PANI/Pt 多组分催化剂的紧密堆积自组装反应如图 4-11 所示。催化剂中的各种组分共同作用，促进了乙醇的电化学氧化。以功能化碳纳米管为模板，吸附苯胺单体，使之在碳纳米管表面发生聚合，生成线形结构的聚苯胺。这种复合载体的稳定性来源于以下三方面因素：①碳纳米管与聚苯胺长链结构单元之间的 π-π 堆叠相互作用；②功能化碳纳米管的—OH 官能团与苯胺的—N 官能团之间氢键的形成；③碳纳米管的—COO—官能团与聚苯胺的—NH 官能团之间的静电相互作用。在这种稳定的表面上沉积 Pt 纳米粒子时，金属组分借助 d 轨道电子向聚苯胺长链中带负电 N 原子的配位作用，实现与聚苯胺基质的强烈键合。这种键合使得 Pt 原子带上部分正电荷 δ^+，不仅促进了乙醇的吸附，而且通过在表面形成 Pt-$(OH)_{ads}$物种，加快了水的活化过程。$(OH)_{ads}$物种还可以与苯胺中带正电荷的亚胺 N 原子结合，在 CNTs-PANI/Pt 复合结构上充分地覆盖不稳定的 $(OH)_{ads}$物种，形成类似“OH 地毯”（OH-Carpet）结构，从而构建出有利于氧化过程中乙醇解离吸附的排列结构。这种复合结构对乙醇完全电氧化的促进作用可以归因于通过其表面创建的活性反应中心的快速电子和质子传递。当质子穿过聚苯胺网络时，电子也迁移通过有序排列的共轭结构，促进了脱氢过程。循环伏安曲线中峰电流密度的增加和起始电位的负移证实了这一点。同时，碳纳米管也扩展了电子通道，使电荷转移反应倾向于生成大量的 CH_3COO^-/CH_3COOH 物种。

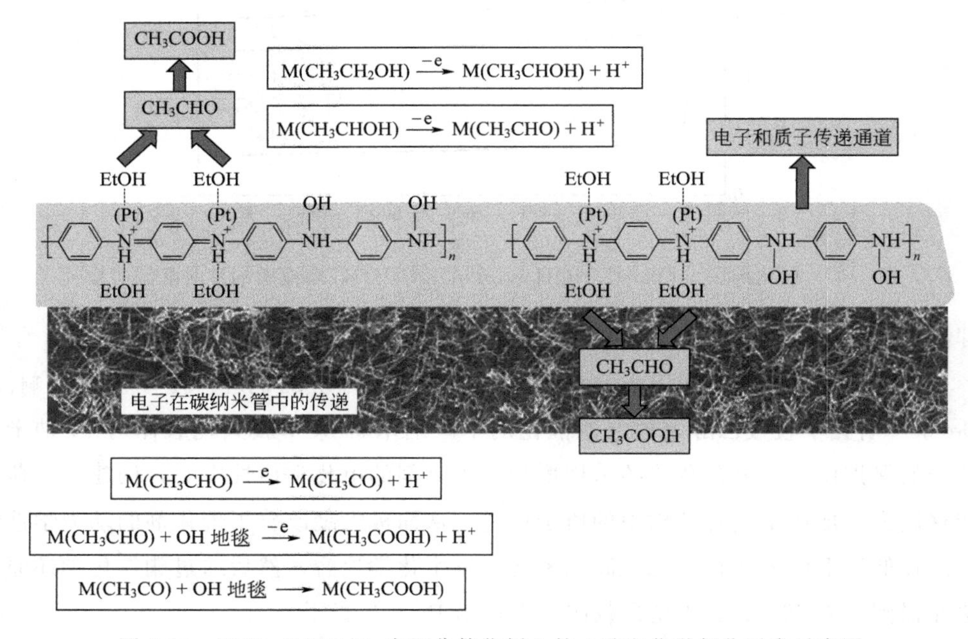

图 4-11　CNTs-PANI/Pt 多组分催化剂上的乙醇电化学氧化反应示意图

钱慧慧等[9]采用脉冲电压法，使苯胺分子在自组装制得的柔性石墨烯纸表面发生聚合，得到 PANI/rGP 复合载体。以 PANI/rGP 复合材料作为甲醇燃料电池的阳极电极基体，采用循环伏安法使 Pd 纳米粒子在其表面发生电沉积，制得无需外加黏结剂和支撑模板的催化电极 Pd@PANI/rGP，用于碱性介质中甲醇的电化学氧化。Pd@PANI/rGP 催化剂的制备过程如图 4-12 所示。聚苯胺链段的刚性较大，如果直接用作燃料电池的电极，容易断裂失效。以 PANI/rGP 复合材料作为 Pd 纳米粒子的载体，可以制得具有一定机械强度的 DMFCs 柔性电极，将阳极与催化剂载体合二为一，从而节省黏结剂和支撑模板等材料。这种阳极材料的柔韧性较好。石墨烯纸表面均匀分散的聚苯胺微球可以有效地提高催化剂的活性。测试结果显示，Pd@PANI/rGP 电极的正向扫描峰电流密度达到 67mA/mg，远高于 Pd@rGP 电极（3mA/mg），表明聚苯胺对 Pd 纳米粒子的催化性能具有显著的促进作用。Pd@PANI/rGP 电极的甲醇氧化正向扫描峰电流密度与反向扫描峰电流密度的比值 j_f/j_b 高达 5.7，这意味着电极反应中间产物不易在催化活性位上积累，即聚苯胺的存在增强了催化剂的抗 CO 中毒能力。在聚苯胺与金属 Pd 之间存在电子传递，能够产生半离子化效应；另外，金属 Pd 的 d 轨道与聚苯胺的 π 电子之间存在配位效应。这些因素均促进了 Pd@PANI/rGP 电极催化活性和稳定性的提高。

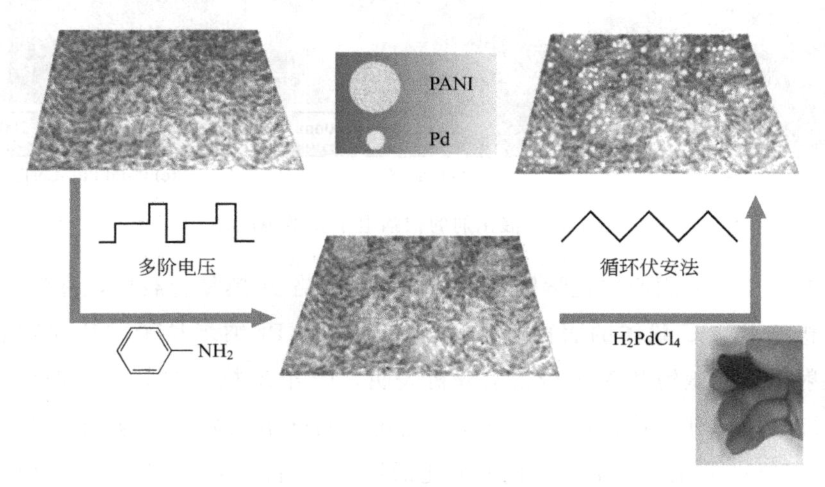

图 4-12　Pd@PANI/rGP 催化剂的制备过程示意图

4.2　聚吡咯的功能化作用

在导电聚合物中，聚吡咯基于其独特的结构、高导电性、在空气中的高稳定性以及易于制备等特点，在电催化领域具有良好的应用前景。Selvaraj 等[10,11]以聚吡咯-碳纳米管复合材料为载体，制备了 Pt/PPy-CNTs 和 Pt-Pd/PPy-CNTs 催化剂，用于甲酸和甲醛的电催化氧化；另外还制备了 Pt/PPy-CNT 和 Pt-Ru/PPy-CNT 催化剂，用于甲醇的电催化氧化。图 4-13 为 PPy-CNTs 复合载体、Pt/PPy-CNTs 和 Pt-Pd/PPy-CNTs 催化剂的扫描电子显微镜图片。由图可见，金属纳米粒子在复合载体上实现了均匀的分布。循环伏安试验表明，采用 PPy-CNTs 复合载体的催化剂具有较高的甲醇氧化活性，这可能得益于 PPy-CNTs 复合载体所具有的较大的电化学活性表面积、较高的电子导电性以及聚合物/电解质界面上有效的电荷传递。

导电聚合物中含氮官能团的存在可能对金属纳米催化剂的活性位造成影响。Zhang 等[12]研究了 Pt/聚吡咯-炭黑催化剂中的 Pt-吡啶型氮活性位在甲醇电氧化

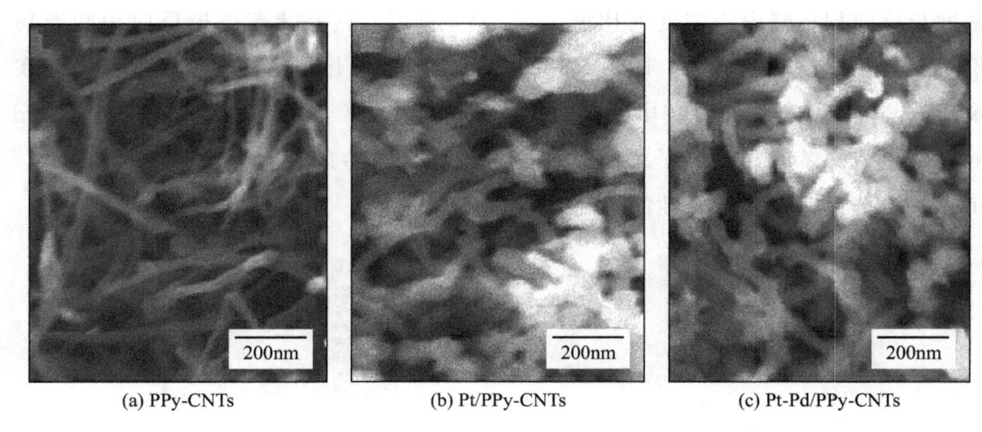

(a) PPy-CNTs (b) Pt/PPy-CNTs (c) Pt-Pd/PPy-CNTs

图 4-13 催化剂的扫描电子显微镜图片

反应中的作用。采用原位化学聚合法合成了聚吡咯-炭黑复合载体，并将 Pt 纳米粒子沉积于 PPy-C 载体的表面。采用酒石酸作为 Pt 纳米粒子的还原剂和稳定剂。透射电子显微镜和 X 射线衍射分析表明，Pt 纳米粒子在 PPy-C 载体表面实现了高度分散，其平均粒径为 2.3nm。电化学测试结果显示，与 Pt/C 催化剂相比，Pt/PPy-C 催化剂的甲醇氧化电催化活性大约高出 60%。X 射线光电子能谱显示，与 Pt/C 催化剂相比，Pt/PPy-C 催化剂的 Pt 4f 结合能发生了+0.2eV 的偏移。此外，与 PPy-C 复合载体相比，Pt/PPy-C 催化剂的 N 1s 结合能发生了−0.5eV 的偏移。Pt-吡啶型氮活性位可以抑制 CO 毒物在 Pt 纳米粒子上的吸附，从而促进甲醇的电氧化反应。图 4-14 为甲醇在 Pt/PPy-C 和 Pt/C 催化剂上发生电化学氧化的计时电流曲线。由图可见，经过 3600s 的放电试验，Pt/PPy-C 催化剂的电流密度为 0.004A/mg(Pt)，大约为 Pt/C 催化剂［0.002A/mg(Pt)］的两倍。这一结果充分证明，Pt/PPy-C 催化剂对甲醇电氧化反应的催化耐久性远高于 Pt/C 催化剂。

炭黑载体经过聚吡咯修饰后，其表面形貌发生了显著的变化。刘佳佳等[13]采用低温氧化法在 Vulcan XC-72R 炭黑表面形成聚吡咯修饰层，得到 PPy-C 复合载体，并在此基础上制备了用于甲酸电化学氧化的 Pd/PPy-C 催化剂。图 4-15 为炭黑载体和 PPy-C 复合载体的扫描电子显微镜图片。由图可见，与炭黑载体相比，PPy-C 复合载体表面覆盖了细小的聚吡咯颗粒，这增加了载体表面的粗糙度，有利于 Pd 纳米粒子的均匀沉积。电化学测试表明，采用 PPy-C 复合载体，不仅提高了 Pd 纳米催化剂的甲酸氧化活性，而且极大地改善了催化剂的稳定性。这是由于 PPy-C 复合载体比较稳定，不易被氧化。

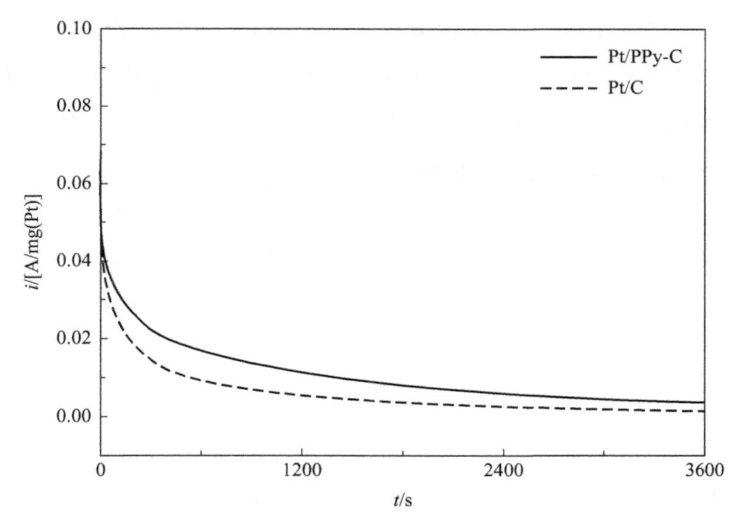

图 4-14　CH_3OH 在 Pt/PPy-C 和 Pt/C 催化剂上发生电化学氧化的计时电流曲线

(a) 炭黑　　(b) PPy-C

图 4-15　催化剂载体的扫描电子显微镜图片

聚吡咯作为良好的导电聚合物，也被用于石墨烯载体的表面修饰。Zhao 等[14]以聚吡咯功能化的石墨烯为载体，制备了 Pd/PPy-graphene 催化剂，用于碱性介质中甲醇的电化学氧化。Pd/PPy-graphene 催化剂的制备过程如图 4-16 所示。以改进的 Hummers 方法对石墨进行化学氧化，制得具有较大层间距的氧化石墨烯。这种氧化石墨烯含有大量的亲水基团，因而易溶于水。经过水中剥离和 $NaBH_4$ 化学还原过程，得到不规则排列的石墨烯片。一般来说，具有芳环结构的分子可以通过 π 键重叠与石墨结构的表面发生强相互作用。因此，石墨烯的 π 键表面会通过吡咯环与聚吡咯的共轭结构发生强烈的相互作用。PPy-graphene 复合载体可以为 Pd 纳米粒子的分散提供足够多的活性表面。以 $NaBH_4$ 为还原剂，在不断搅拌下使与 PPy-graphene 复合载体混合的 Pd 前驱体 $PdCl_4^{2-}$ 发生还原，得到均匀分散于 PPy-graphene 复合载体上的 Pd 纳米粒子。结果表明，聚吡咯修饰的石墨烯载体可以有效地减小 Pd 纳米粒子的平均粒径。与商品催化剂 Pd/Vulcan 及未修饰石墨烯负载催化剂 Pd/graphene 相比，Pd/PPy-graphene 催化剂显示出较高的甲醇氧化活性和稳定性。

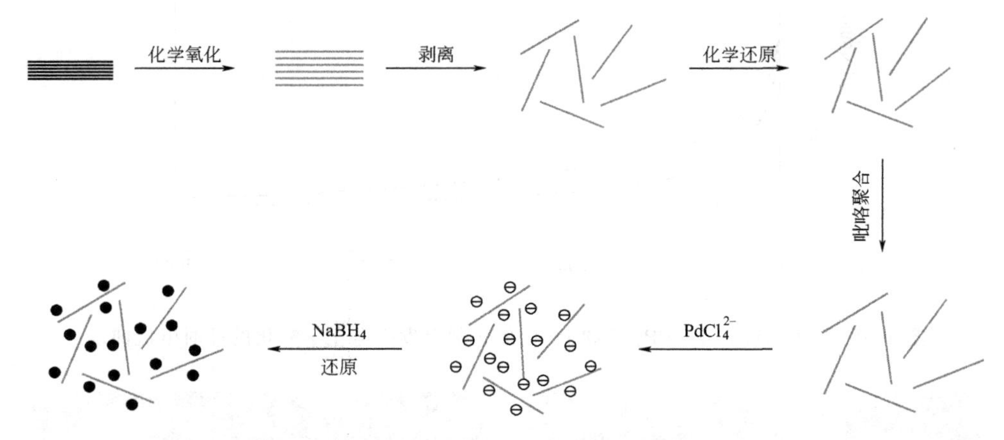

图 4-16　Pd/PPy-graphene 催化剂的制备过程示意图

在酸性介质中，Pd 纳米粒子是甲酸电化学氧化的常用催化剂。Yang 等[15]以石墨烯纳米片-聚吡咯复合材料为载体，制备了甲酸电氧化催化剂 Pd/rGO-PPy。采用原位化学氧化聚合的方法合成了氧化石墨烯-聚吡咯复合物。rGO-PPy 复合物的形成机理如图 4-17 所示，其中包含了溴化十六烷基三甲胺的胶束化作用，氢键、静电相互作用以及聚吡咯与氧化石墨烯之间的 π-π 重叠等作用方式。当氧化石墨烯在超声作用下被分散在含有阳离子型表面活性剂溴化十六烷基三甲胺的水溶液中时，在带负电荷的氧化石墨烯和阳离子型表面活性剂之间的静电相互作用下，形成了石墨烯基自组装表面活性剂模板。当吡咯单体被引入上述体系中时，它们会很容易地嵌入表面活性剂层和氧化石墨烯之间。接下来，当过硫酸铵和聚吡咯逐渐沉积到氧化石墨烯的表面时，发生聚合反应，形成 rGO-PPy 复合载体。此外，氧化石墨烯具有二维片状结构，其表面含有各种含氧官能团（如羟基、环氧基等）。这些官能团可以作为锚点，使随后原位聚合的聚吡咯附着于氧化石墨烯片的表面。此外，吡咯单体与氧化石墨烯片表面的 π-π 重叠作用力也有助于氧化石墨烯表面原位聚合的发生。这种相互作用可以确保吡咯单体吸附于氧化石墨烯的表面，并在薄层纳米结构的形成过程中作为聚吡咯的成核中心。这样，聚吡咯逐渐沿着自组装软模板生长，形成薄层结构。

以微波辅助多元醇还原法将直径 4.0nm 的钯纳米粒子负载于 rGO-PPy 复合

载体的表面。微结构分析表明，在石墨烯表面存在一个聚吡咯薄涂层以及单分散的 Pd 纳米粒子。当制备过程中氧化石墨烯与聚吡咯单体的质量比为 2∶1 时，Pd/rGO-PPy 催化剂表现出极高的甲酸电氧化活性和稳定性。Pd/rGO-PPy 催化剂的高性能来源于非均相成核位点利用率的提高以及载体导电性的大幅增强。

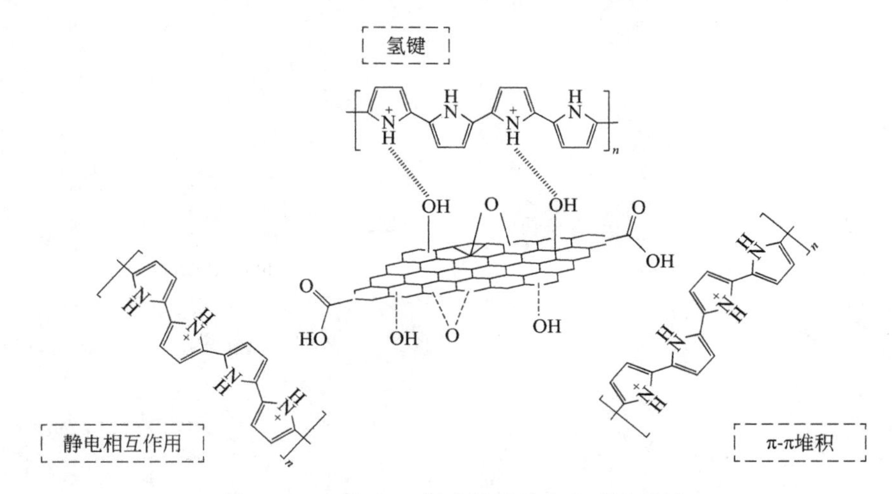

图 4-17 rGO-PPy 复合物的结合方式示意图

为改善疏水的石墨化碳纳米管的表面特性，Oh 等[16]通过在石墨化碳纳米管的表面引入一层 1～4nm 厚的聚吡咯薄层，实现其表面的功能化，用于聚合物电解质膜燃料电池催化剂的制备。不同于氧化酸处理，聚吡咯涂层法可以将碳纳米管的疏水表面转化为亲水表面而不在其表面产生缺陷。这显著地改善了 Pt 纳米粒子在 PPy-CNTs 复合载体表面的分布，从而在极大提高燃料电池的性能的同时，保留了碳纳米管的本质特性——良好的耐电化学腐蚀性。在 Pt/PPy-CNTs 催化剂中，聚吡咯涂层的另一个优点是它可以阻止 Pt 纳米粒子在碳纳米管表面的聚集。图 4-18 是催化剂的高分辨透射电子显微镜图片。可以看出，在 Pt/raw CNTs 催化剂中，Pt 纳米粒子的分布极不均匀，存在严重的聚集现象。这是由于未经处理的石墨化碳纳米管具有很强的疏水性。酸氧化处理是一种常见的表面功能化方法。以硝酸-硫酸混合物对石墨化碳纳米管进行功能化处理，得到 AT-CNTs 载体。图中显示，Pt/AT-CNTs 催化剂的粒径有所减小，粒子分布情况有所改善。而当采用聚吡咯涂层进行非共价功能化处理后，碳纳米管表面被一层 2nm 厚的聚吡咯薄层所包裹。这种以碳纳米管为骨架的同轴结构可以有效地阻止聚吡咯层的膨胀。在 Pt/PPy-CNTs 催化剂中，Pt 纳米粒子的粒径更小，分散更加均匀。

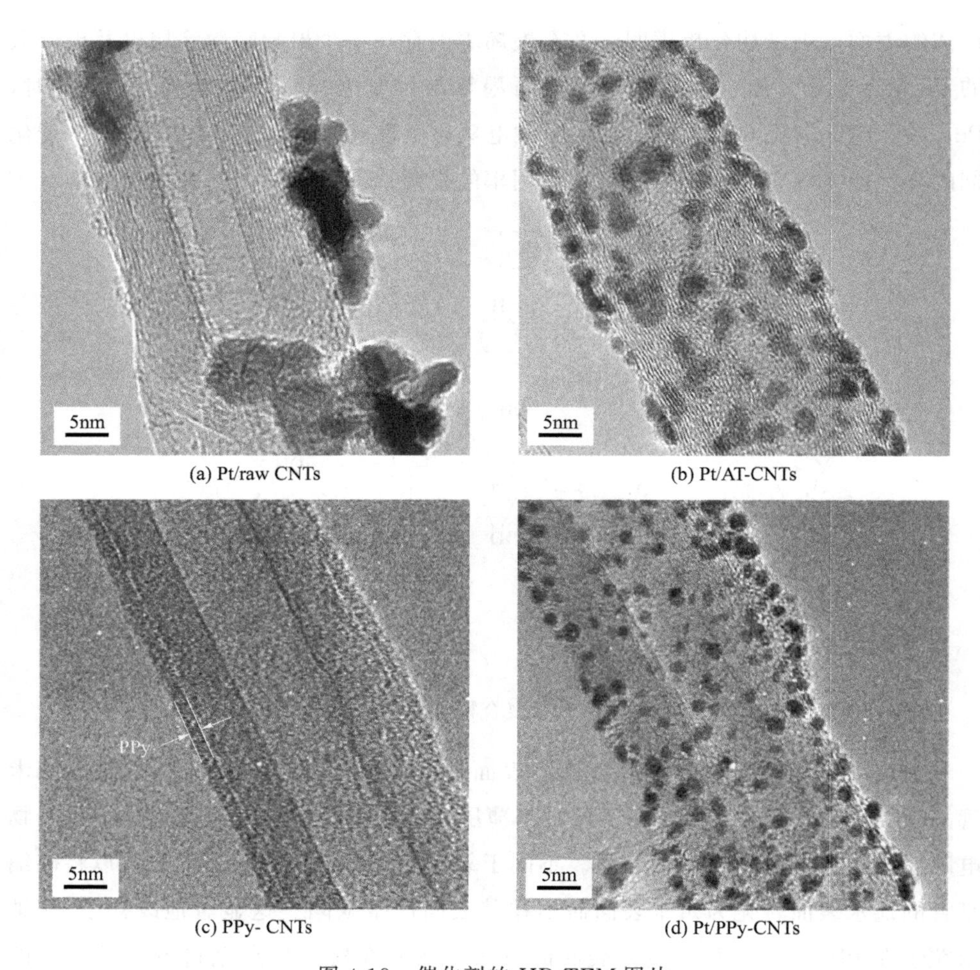

(a) Pt/raw CNTs
(b) Pt/AT-CNTs
(c) PPy- CNTs
(d) Pt/PPy-CNTs

图 4-18 催化剂的 HR-TEM 图片

聚吡咯功能化碳载体也被用于直接硼氢化物燃料电池催化剂的制备。Oliveira 等[17]采用碳含量不同（5%～35%）的聚吡咯-碳复合载体制备了 Pt/PPy-C 催化剂，用于硼氢化物的氧化反应。在 Pt/PPy-C 催化剂中，球状的 Pt 纳米粒子均匀地分布于 PPy-C 复合载体的表面，其粒径分布范围为 3～4nm。

Das 等[18]研究了聚吡咯/碳复合载体中的碳含量对聚合物电解质膜燃料电池催化剂性能的影响。在炭黑载体上使吡咯单体发生原位化学氧化聚合，得到具有不同碳含量（5%、12%、20%、35%）的 PPy/C 复合载体。然后采用微波辐射技术将 Pt 纳米粒子沉积在 PPy/C 复合载体的表面。图 4-19 显示了不同催化剂在 70℃的电池放电性能。可以看出，当 Pt:PPy/C 催化剂复合载体中的碳含量由 5%升高至 35%时，其电池性能显著提高，峰值功率密度达到 0.65W/cm^2，显著高于采用 Vulcan 炭黑载体的 20% Pt/C 催化剂（0.47W/cm²）和商品 E-TEK 催化剂（0.59W/cm²）。

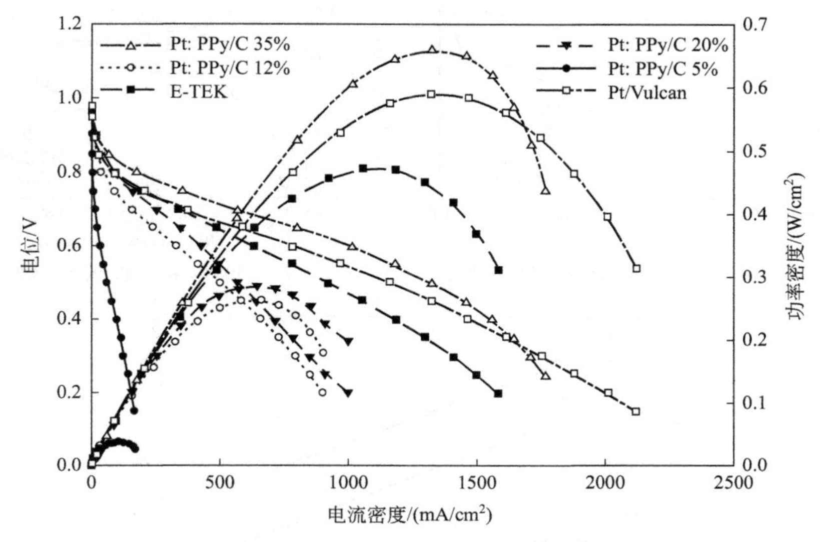

图 4-19　Pt:PPy/C、Pt/Vulcan 及商品 E-TEK 催化剂在 70℃时的电池放电性能

与单金属催化剂类似，在双金属催化剂的制备过程中，聚吡咯功能化载体也起到了金属纳米粒子的分散促进作用。Hyuna 等[19] 以 PPy-CNT 复合材料为载体，制备了具有较高氧还原活性的 PtNi/PPy-CNT 合金催化剂，用于聚合物电解质膜燃料电池。首先在碳纳米管的表面使吡咯单体发生聚合，得到 PPy-CNT 复合载体；然后以硼氢化钠还原法制得 PtNi/PPy-CNT 合金催化剂。研究表明，催化剂中的金属合金—N 和 C—N 网络结构对其氧还原性能的提高具有重要意义。由于金属合金—N 网络的存在，氧的吸附增加了，而 O—O 键被削弱了。被削弱的 O—O 键随后在由催化剂向吸附氧反馈的电子作用下发生断裂。反馈电子和质子通过分离的 O—O 键促进了氧还原反应。在 C—N 网络中，氮原子以吡啶 N 的形式存在。由于吡啶 N 转移一个 p 电子到芳环的 π 体系中，产生一个孤电子对，氧还原活性位的数目得以增加。这又反过来增强了结合 N 原子的 C 原子的电子反馈能力，进而提升了氧还原活性。电化学表征结果显示，PtNi/PPy-CNTs 催化剂的氧还原活性与 Pt/C 催化剂相当，尽管前者的 Pt 载量相对较低。

为评价 PtNi/PPy-CNTs 催化剂的稳定性，进行了加速老化试验。在加速老化试验中，重复进行 1300 次循环伏安电位扫描，计算催化剂电化学表面积的变化，结果如图 4-20 所示。可以看出，PtNi/PPy-CNTs 催化剂的电化学表面积损失速率低于 Pt/C 催化剂。在初始阶段的 250 次电位扫描过程中，PtNi/PPy-

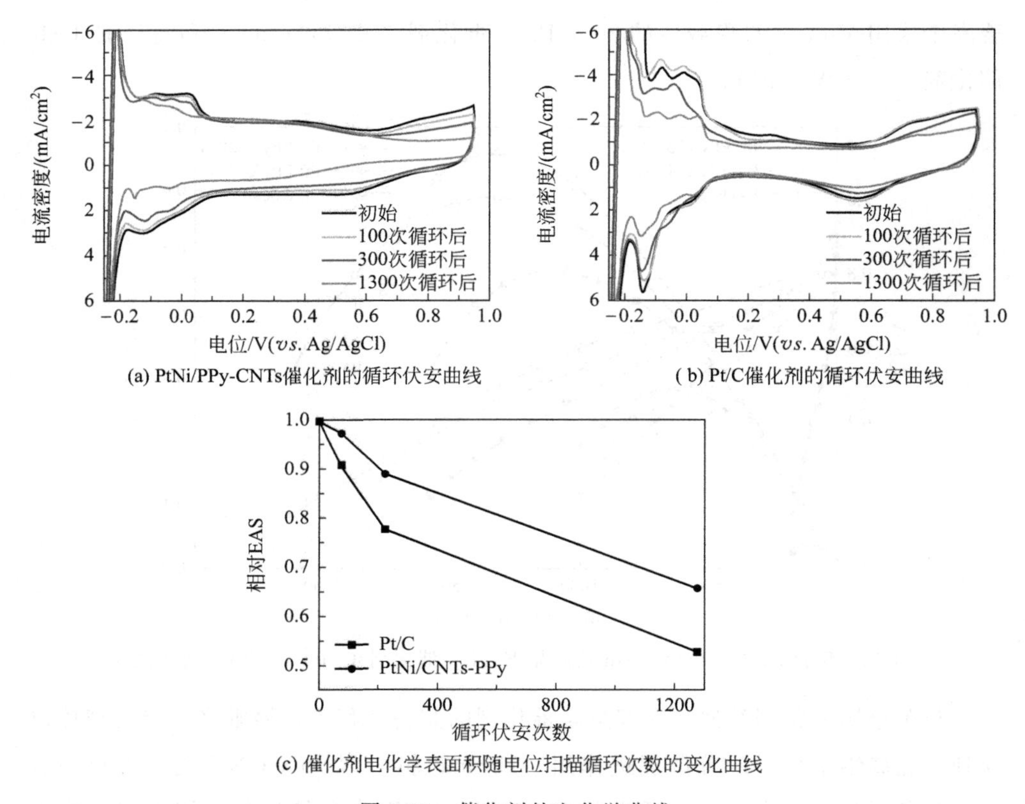

(a) PtNi/PPy-CNTs催化剂的循环伏安曲线

(b) Pt/C催化剂的循环伏安曲线

(c) 催化剂电化学表面积随电位扫描循环次数的变化曲线

图 4-20　催化剂的电化学曲线

CNTs 催化剂的电化学表面积损失速率为每次循环 0.026m^2/g，而 Pt/C 催化剂的电化学表面积损失速率则为每次循环 0.079m^2/g。这个结果意味着 PtNi/PPy-CNTs 催化剂的电化学稳定性是 Pt/C 催化剂的 3 倍。

PtNi/PPy-CNTs 催化剂具有高活性和高稳定性的主要原因有以下两点：首先，在 PtNi 金属合金与聚吡咯之间产生了金属-N 网络；其次，聚吡咯的 N 原子与碳纳米管（C-N 网络）的 C 原子结合。从理论上说，①由金属-N 网络形成导致的 d 能带空穴的增多和②将 N（聚吡咯）掺杂到 C（碳纳米管）中会增大氧还原活性位的密度。根据解释①，O_2 的 2π 电子更容易通过增加的 d 能带空穴吸附到金属表面。反过来，电子反馈到 $2\pi^*$ 轨道会弱化 O—O 键，加速 O—O 键的断裂，从而提高氧还原活性。同样，根据解释②，C-N 网络的形成增强了与 N 原子结合的 C 原子的给电子能力，也提升了氧还原活性。

在电极表面通过电化学手段也可以制得由聚吡咯-碳纳米管复合材料负载的贵金属催化剂。Fard 等[20]采用电沉积的方法在玻碳电极表面合成了 PPy@

MWCNTs 复合载体负载的具有三维结构的花状 Pd 纳米粒子，用于碱性介质中甲醇的电化学氧化。采用原位乳液聚合的方法制备了 PPy@MWCNTs 纳米复合载体，然后在含有 Pd^{2+} 离子和硫酸的溶液中，以无模板的恒电位电化学沉积法将花状 Pd 纳米粒子沉积在 PPy@MWCNTs 覆盖的玻碳电极表面。图 4-21 为催化剂的场发射扫描电子显微镜图片。在 PPy@MWCNTs 复合载体的图片中，展示了多壁碳纳米管和不规则的聚吡咯颗粒的分布。从 Pd NFs/GCE 和 Pd NFs/PPy@MWCNTs/GCE 催化剂的图片中可以清楚地看出，通过电沉积过程，花状 Pd 纳米粒子分别被沉积到裸露玻碳电极和功能化玻碳电极表面。花状 Pd 纳米粒子在电极表面的分布较为均匀，其粒径较为均一（300～500nm）。Pd NFs/PPy@MWCNTs/GCE 催化剂的质量比活性为 725mA/mg，比 Pd NFs 催化剂（89.6mA/mg）高 8.09 倍。同时，Pd NFs/PPy@MWCNTs/GCE 催化剂的正向扫描电流密度（j_f）与反向扫描电流密度（j_b）的比值为 Pd NFs 催化剂的 2.6 倍。PPy@MWCNTs 复

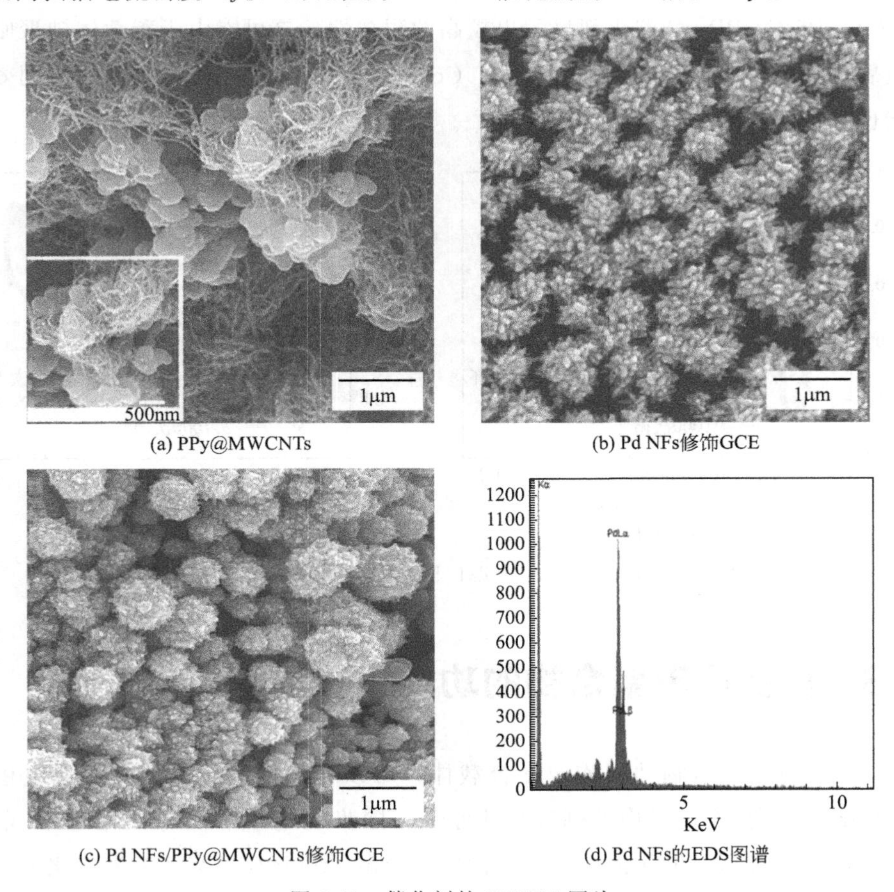

(a) PPy@MWCNTs
(b) Pd NFs修饰GCE
(c) Pd NFs/PPy@MWCNTs修饰GCE
(d) Pd NFs的EDS图谱

图 4-21　催化剂的 FESEM 图片

合载体的采用极大地提高了电催化剂的活性，这可能源于其较高的电化学表面积和电子导电性。上述结果表明，聚合物基底的存在对甲醇氧化反应的催化活性和稳定性有着重要的影响。

范仁杰等[21]以脉冲微波辅助化学还原法制备了钴-聚吡咯-碳（Co-PPy-C）负载 Pt 催化剂（Pt/Co-PPy-C），用于氧还原反应。催化剂在复合载体上分散均匀，粒径分布较窄，其平均粒径仅为 1.8nm。Pt/Co-PPy-C 催化剂的氧还原活性显著高于 Pt/C（JM）商品催化剂。这可能由于在 Co-PPy-C 复合载体中也存在氧还原活性位。当负载 Pt 纳米粒子后，Pt 的氧还原活性位与 Co-PPy-C 复合载体中氧还原活性位的 Co—N 键产生了协同效应。通过电位循环扫描试验来评价催化剂的耐久性，结果如图 4-22 所示。以氢的吸附/脱附峰面积计算催化剂的电化学活性表面积。测试表明，经过 1000 次电位扫描循环，Pt/Co-PPy-C 催化剂的电化学活性表面积的衰减比率为 13%，显著低于 Pt/C（JM）商品催化剂（24%）。Pt/Co-PPy-C 催化剂显示出较高的耐久性。这可能由于碳载体被聚吡咯包覆后，其耐腐蚀性得到加强。同时，Co-PPy-C 复合载体与 Pt 之间的协同效应可能也是催化剂耐久性增强的原因之一。

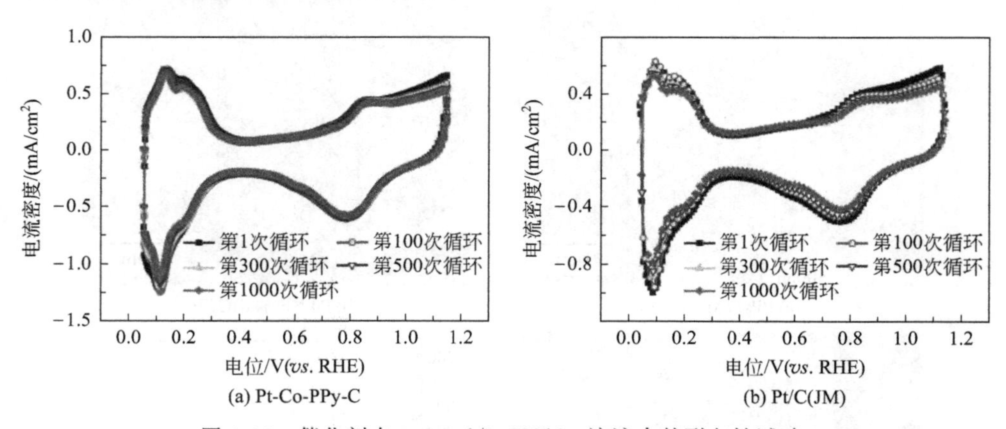

图 4-22 催化剂在 0.1mol/L $HClO_4$ 溶液中的耐久性试验

4.3 复合导电聚合物的功能化作用

以两种导电聚合物共同构建复合载体，可以得到性能优良的贵金属电催化剂。Karatepe 等[22]以二甲胺硼烷为还原剂，同步还原聚苯胺-聚吡咯和 Pt 前驱体，制得了具有高电催化活性和耐久性的单分散 Pt@PPy-PANI 纳米催化剂，用于甲醇的电氧化。结果显示，与聚苯胺或聚吡咯单独负载的 Pt 纳米粒子催化剂相比，这种高度结晶化且稳定的胶状 Pt@PPy-PANI 纳米粒子催化剂在室温下具有极高的甲醇电氧化活性和运行寿命。这是由于 PPy-PANI 复合载体不仅可以提供较大的表面积和较多的用于沉积 Pt 纳米粒子的缺陷位，而且能够吸附较多的甲醇分子，利于其进一步氧化。图 4-23 为 Pt@PPy NPs、Pt@PANI NPs 和 Pt@PPy-PANI NPs 三种催化剂在 0.5mol/L H_2SO_4-0.5mol/L CH_3OH 溶液中的循环伏安曲线。由于 Pt@PPy-PANI NPs 催化剂具有较高的比表面积和电化学表面积，并且其表面缺陷位多，Pt 利用率高，其甲醇电氧化活性远高于 Pt@PPy NPs 和 Pt@PANI NPs 催化剂。

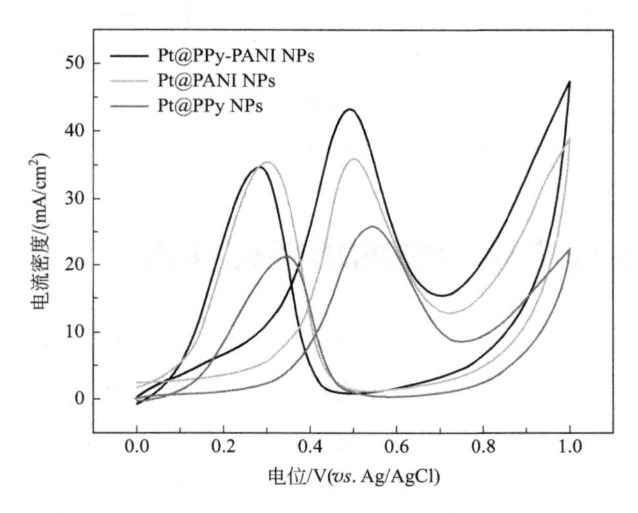

图 4-23　Pt@PPy NPs、Pt@PANI NPs 和 Pt@PPy-PANI NPs 催化剂在 0.5mol/L H_2SO_4-0.5mol/L CH_3OH 溶液中的循环伏安曲线

Fard 等[23]以原位乳液聚合法制得吡咯-苯胺共聚物空心纳米球载体（PPCA HN），然后以无模板的方式通过电化学手段在涂覆吡咯-苯胺共聚物空心纳米球的玻碳电极表面合成花状 Pd 纳米粒子（NFs），制得用于碱性介质中甲醇电氧化反应的高效催化剂。与 Pd NFs 催化剂相比，Pd NFs/PPCA HN 催化剂表现出较高的电化学表面积（2.09 倍）、较高的比活性（2.29 倍）、较高的稳定性和抗中毒能力以及较低的 Pd 载量。图 4-24 显示了不同阳极催化剂修饰的玻碳电极上的甲醇氧化峰电流密度。Pd NFs/PPCA/GCE、Pd NFs/PPy/GCE、Pd NFs/PANI/GCE 及 Pd NFs/GCE 四种催化剂的峰电流密度分别为 1.79mA/cm^2、1.28mA/cm^2、0.93mA/cm^2 和 0.78mA/cm^2。可见与其他催化剂相比，具有高比表面积的吡咯-苯胺共聚物空心纳米球负载的花状 Pd 纳米粒子催化剂 Pd NFs/PPCA/GCE 表现出十分出色的电催化活性。这可能由于在导电共聚物的界面上，电荷转移较易发生；同时，吡咯-苯胺共聚物具有较高的电化学表面积和良好的电子导电性。

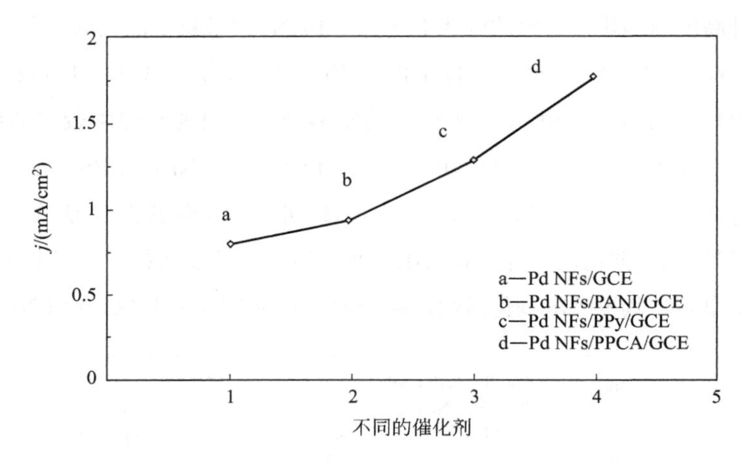

图 4-24　不同阳极催化剂修饰的玻碳电极上的甲醇氧化峰电流密度

4.4　其他导电聚合物的功能化作用

除常见的聚苯胺、聚吡咯以外，其他导电聚合物也被用来修饰电催化剂的碳载体。Ren 等[24]制备了一种聚苯胺的衍生物——聚邻-甲氧基苯胺（POMA），用来修饰石墨烯，作为高活性甲醇氧化催化剂的载体。以电化学方法在玻碳电极上合成了聚邻-甲氧基苯胺/石墨烯（POMA/GE）复合材料负载的 PtNi 纳米粒子。图 4-25 为 PtNi/POMA/GE/GC 催化剂的合成过程示意图。首先，将氧化石墨烯悬浊液滴加到玻碳电极的表面，并在空气中干燥。在 0.1mol/L Na_2HPO_4/NaH_2PO_4 溶液（pH=4.12）中还原玻碳电极上的氧化石墨烯，控制电位为−0.9V，时间为 1000s。然后，以石墨烯覆盖的玻碳电极为工作电极，在 0.7V 恒电位下，在 0.1mol/L 邻-甲氧基苯胺-0.5mol/L 硫酸溶液中进行邻-甲氧基苯胺的聚合，得到 POMA/GE 复合载体。最后，在 Pt、Ni 前驱体的硫酸溶液中，于−0.2V 电位下，将 PtNi 纳米粒子电沉积在 POMA/GE 复合载体上。在 100%电流效率下，对应 0.1mg/cm² 的 Pt 载量，PtNi 纳米粒子的沉积电量为 0.014C。

测试结果显示，与 PtNi/GE、PtNi/POMA 及 PtNi 催化剂相比，PtNi/POMA/GE/GC 催化剂具有极高的甲醇氧化催化活性。这表明 POMA/GE/GC 复合材料是一种很有前景的直接甲醇燃料电池催化剂载体材料。PtNi/POMA/GE/GC 催化剂的高性能来源于 PtNi 纳米粒子在具有准三维多孔结构的 POMA/GE/GC 薄层上的良好分散。这种良好分散导致了催化剂电化学活性表面积的增

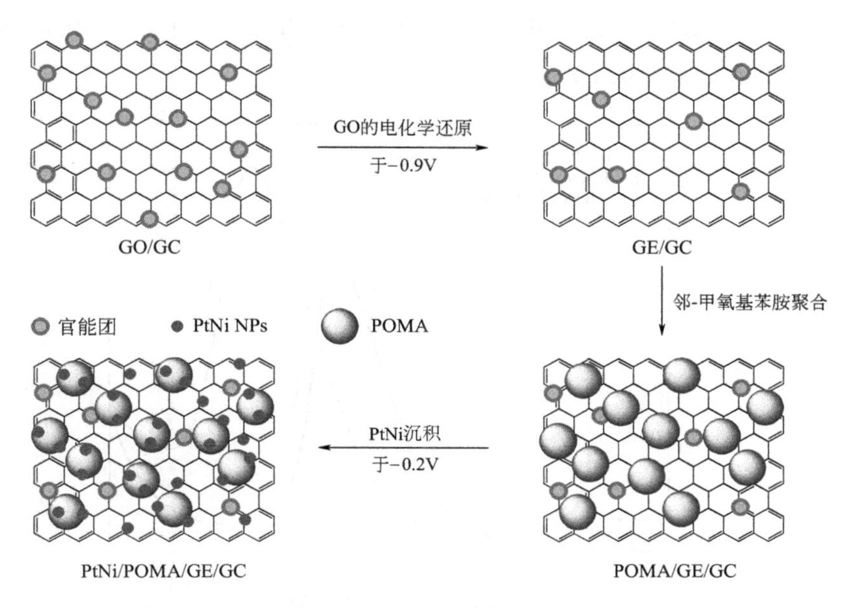

图 4-25　PtNi/POMA/GE/GC 催化剂的合成过程示意图

大以及聚邻-甲氧基苯胺、石墨烯、PtNi 纳米粒子之间协同作用的增强。

聚(3,4-乙烯二氧噻吩)（PEDOT）近年来在电催化领域受到了广泛的关注。它具有薄膜导电性强、表面附着性好、化学和电化学稳定性高等优点，并且与金属、金属氧化物、纳米碳材料等具有良好的兼容性。Dinesh 等[25]考察了石墨烯-聚(3,4-乙烯二氧噻吩)/铂纳米催化剂（rGO-PEDOT/Pt）以及石墨烯-聚(3,4-乙烯二氧噻吩）/铂-钌纳米催化剂（rGO-PEDOT/Pt-Ru）对甲醇氧化反应的催化性能。

rGO-PEDOT/Pt 催化剂具有较大的比表面积（460.5m^2/g）和较小的粒径(0.61nm)。图 4-26 为催化剂在 0.5mol/L 甲醇-0.5mol/L H_2SO_4 溶液中的循环伏安曲线。图中的正向扫描峰对应于将甲醇氧化为 CO_2 的 6 电子过程，期间会生成几种中间产物如 CO、$HCOO^-$ 等，也会生成 HCHO、HCOOH 等副产物。中间产物吸附在 Pt 催化剂的表面。CO 被认为是导致 Pt 催化剂中毒的主要吸附物种。图中的反向扫描电流峰则归属于催化剂表面吸附的 CO 物种的氧化。由图可见，rGO-PEDOT/Pt 催化剂的甲醇氧化峰电流几乎分别达到 PEDOT/Pt 和 rGO/Pt 催化剂的 3.6 和 12.6 倍。以循环伏安法考察了以不同浓度的 Pt、Ru 前驱体制得的 rGO-PEDOT/Pt-Ru 催化剂的甲醇氧化性能。Tafel 动力学分析显示，当 Pt、Ru 前驱体的浓度为 1∶1 时，制得的 rGO-PEDOT/Pt-Ru 催化剂具有最低的起始氧化电位（0.14V)、最大的交换电流密度（2390mA/cm^2）以及最

高的 I_f/I_r 比值（2.33）。这意味着 rGO-PEDOT/Pt-Ru（1∶1）催化剂具有最高的催化活性和最强的抗中毒能力。

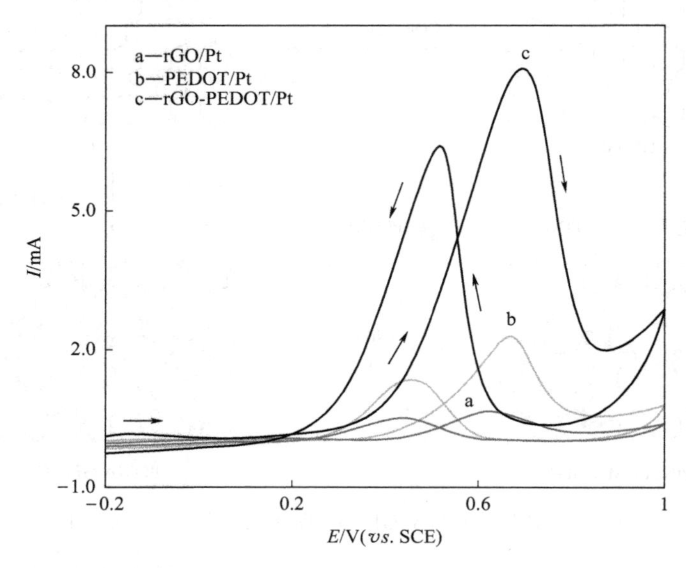

图 4-26　催化剂在 0.5mol/L 甲醇-0.5mol/L H_2SO_4 溶液中的循环伏安曲线

聚乙酰苯胺（PAANI）是聚苯胺的衍生物之一，具有良好的导电性和氧化还原特性。赵彦春等[26]通过在多壁碳纳米管表面进行原位聚合反应，得到聚乙酰苯胺/多壁碳纳米管复合材料 PAANI-MWCNTs。以硼氢化钠还原法将 Pt 纳米粒子负载于 PAANI-MWCNTs 复合载体的表面，制得了 Pt/PAANI-MWCNTs 催化剂。同时还制备了以硫酸-硝酸混酸处理碳纳米管为载体的 Pt/AO-MWCNTs 催化剂，以供比较。图 4-27 为催化剂 Pt/AO-MWCNTs 和 Pt/PAANI-MWCNTs 的扫描电子显微镜图片。可以看到，在 Pt/AO-MWCNTs 催化剂中，Pt 纳米粒子负载于酸氧化处理的多壁碳纳米管载体上，其颗粒很大，且负载非常不均匀。相比之下，在 Pt/PAANI-MWCNTs 催化剂中，由于聚乙酰苯胺附着于碳纳米管的表面，形成较为粗糙的表面形貌，使得载体的表面积得到有效增加，十分有利于 Pt 纳米粒子的沉积。由图中可以观察到，Pt 纳米粒子的粒径较小，且分布均匀。聚乙酰苯胺的引入极大地改善了催化剂纳米金属粒子在碳载体表面的分散性能。聚乙酰苯胺的独特结构十分有利于 Pt 纳米粒子在碳纳米管表面的分散。通过调节聚乙酰苯胺的用量，有可能控制活性位点的数量，进而调节 Pt 纳米粒子在碳纳米管表面的分散度。

紫外-可见光谱显示，聚乙酰苯胺在 330nm 和 650nm 处有两个明显的吸收峰，分别对应于苯环的 π-π^* 和 n-π^* 跃迁。当聚乙酰苯胺附着于多壁碳纳米管的表面形成 PAANI-MWCNTs 复合载体后，其吸收峰出现了蓝移，且峰形宽化。这表明聚合物的 π 轨道与多壁碳纳米管侧壁 π 键发生了相互作用。在这种共轭相互作用中，多壁碳纳米管上的不饱和双键相当于一个给电子基，导致吸收波长的蓝移。以上结果说明，在聚乙酰苯胺与碳纳米管之间存在较强的 π-π 相互作用，它使得聚乙酰苯胺牢固地吸附在多壁碳纳米管的表面。电化学测试结果显示，与酸处理碳纳米管载体负载的 Pt/AO-MWCNTs 催化剂相比，Pt/PAANI-MWCNTs 复合纳米催化剂具有更高的甲醇电催化氧化活性和更好的抗中毒能力及稳定性。

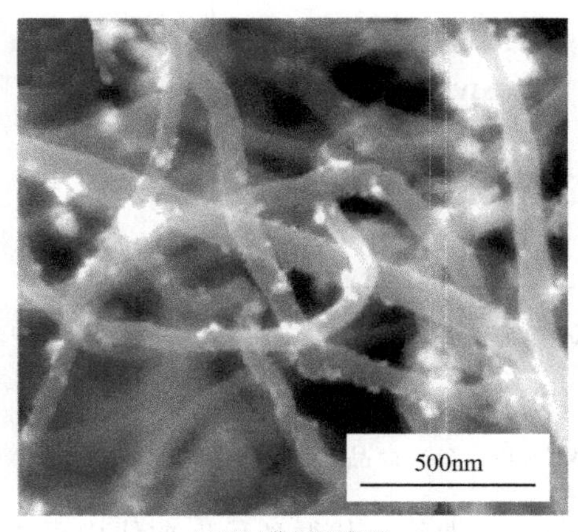

(a) Pt/AO-MWCNTs

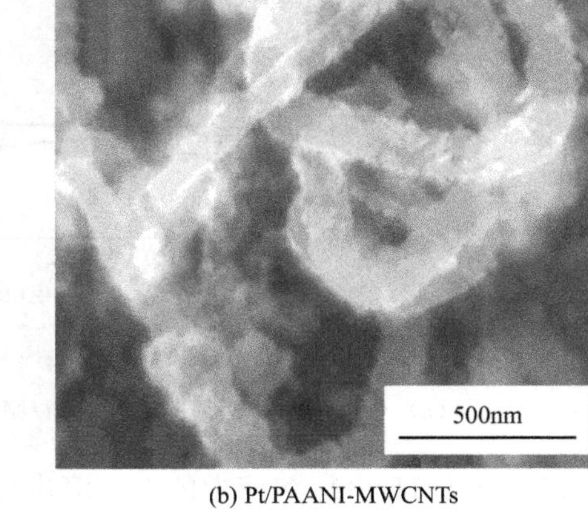

(b) Pt/PAANI-MWCNTs

图 4-27　催化剂的 SEM 图片

与常见的导电高分子（如聚苯胺、聚吡咯、聚咔唑及其取代衍生物等）相比，聚吲哚（PIn）具有良好的光致发光性能、优异的热稳定性、良好的耐腐蚀性、较高的氧化还原活性和较慢的降解速率等，在光电设备、电极材料等领域取得了较多的应用。Wang 等[27] 以聚吲哚功能化的多壁碳纳米管为载体，制备了高性能的甲醇电氧化 Pt 纳米催化剂 Pt/PIn-MWCNTs。在多壁碳纳米管的表面通过吲哚的原位化学聚合，得到 PIn-MWCNTs 复合载体。透射电子显微镜图片显示，Pt 纳米粒子均匀地分散在 PIn-MWCNTs 复合载体的表面，其平均粒径为 3.0nm，无团聚现象。X 射线光电子能谱证实了 Pt 纳米粒子与 PIn-MWCNTs 复合载体之间存在的强电子相互作用以及 Pt—N 键的形成。电化学测试结果表明，与 Pt/MWCNTs 及商品 Pt/C 催化剂相比，Pt/PIn-MWCNTs 催化剂在甲醇氧化反应中显示出较高的电催化活性、耐久性和抗 CO 中毒能力。图 4-28 为催化剂

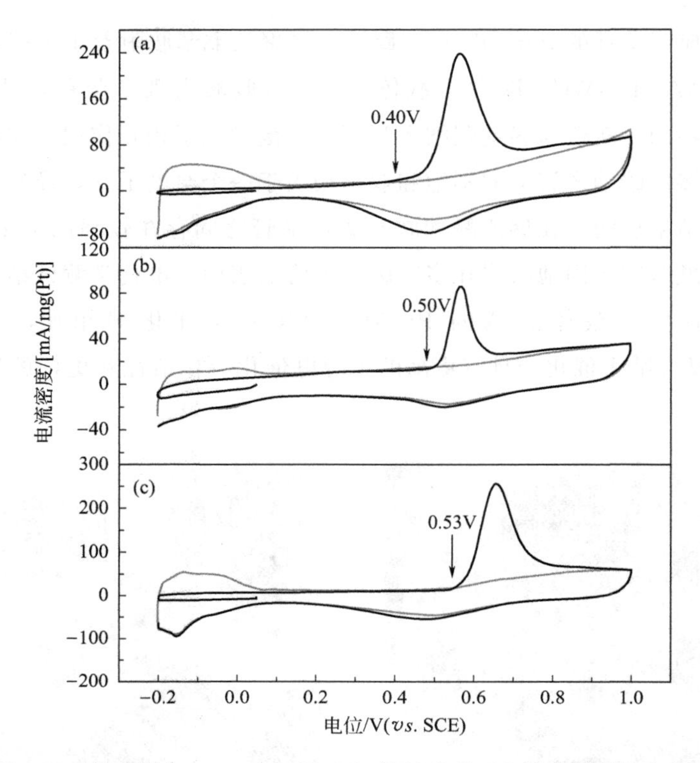

图 4-28　催化剂在 0.5mol/L H_2SO_4 溶液中的 CO 溶出循环伏安曲线

(a) Pt/PIn-MWCNTs；(b) Pt/MWCNTs；(c) 商品 Pt/C 催化剂

在 0.5mol/L H_2SO_4 溶液中的 CO 溶出循环伏安曲线。从循环伏安曲线中可以看到，在催化剂表面吸附的 CO 被氧化之前，氢的吸附/脱附受到完全抑制；而当吸附的 CO 被氧化除去后，氢吸附/脱附峰得以重新出现。Pt/PIn-MWCNTs 催化剂的 CO 氧化起始电位为 0.40V，显著低于 Pt/MWCNTs 催化剂（0.50V）和 Pt/C 催化剂（0.53V），表明 Pt/PIn-MWCNTs 催化剂具有较好的抗 CO 中毒能力。

与酸处理多壁碳纳米管相比，PIn-MWCNTs 复合载体具有独特的结构。其超分子 π-π 重叠可以调节多壁碳纳米管的电子结构。更为重要的是，聚吲哚的含氮官能团可以将 Pt 纳米粒子锚定在 PIn-MWCNTs 复合载体的表面，并且 Pt—N 键的形成极大地提高了 Pt/MWCNTs 催化剂对甲醇氧化反应的电催化活性和长期运行稳定性。

以上研究表明，共轭导电聚合物对电催化剂性能的提升具有显著的促进作用。共轭导电聚合物自身拥有离域的共轭体系，这有利于其通过 π-π 相互作用实现与碳载体的结合。通过单体原位聚合的手段，可以实现共轭导电聚合物在碳载体表面的均匀覆盖，形成结构和性能可控的功能化碳载体。共轭导电聚合物本身具备一定的电子导电性，这使其在电催化剂中的应用更具优势。此外，共轭导电聚合物所含有的官能团又可以与催化剂活性组分发生协同相互作用，改善其催化性能。随着越来越多的共轭导电聚合物被引入电催化剂的制备过程，其导电性和协同效应的优势会得到进一步的加强，对碳载体的结构和性能的优化也会更加显著和有效。

参　考　文　献

[1] Xu Y. T., Lin S. J., Peng X. L., et al. In situ chemical fabrication of polyaniline/multi-walled carbon nanotubes composites as supports of Pt for methanol electrooxidation [J]. Sci. China Chem., 2010, 53 (9): 2006-2014.

[2] Qu B., Xu Y., Deng Y., et al. Polyaniline/carbon black composite as Pt electrocatalyst supports for methanol oxidation: Synthesis and characterization [J]. Journal of Applied Polymer Science, 2010, 118: 2034-2042.

[3] Zhiani M., Rezaei B., Jalili J.. Methanol electro-oxidation on Pt/C modified by polyaniline nanofibers for DMFC applications [J]. Int. J. Hydrogen Energy, 2010, 35: 9298-9305.

[4] He D., Zeng C., Xu C., et al. Polyaniline-functionalized carbon nanotube supported platinum catalysts [J]. Langmuir, 2011, 27: 5582-5588.

[5] Chen S., Wei Z., Qi X. Q., et al. Nanostructured polyaniline-decorated Pt/C@PANI core-shell catalyst with enhanced durability and activity [J]. J. Am. Chem. Soc., 2012, 134: 13252-13255.

[6] Yan R., Sun X., Jin B., et al. Preparation of platinum/polyaniline/multi-walled carbon nanotube nanocomposite with sugarcoated haws structure for electrocatalytic oxidation of methanol [J]. Synthetic Metals, 2019, 250: 146-151.

[7] 王媛，陈维民，朱振玉，等．聚苯胺碳纳米管负载Pd对甲醇氧化性能的研究 [J]. 电源技术，2016，40 (12): 2343-2380.

[8] De A., Adhikary R., Datta J.. Proactive role of carbon nanotube-polyaniline conjugate support for Pt nano-particles toward electro-catalysis of ethanol in fuel cell [J]. Int. J. Hydrogen Energy, 2017, 42: 25316-25325.

[9] 钱慧慧，韩潇，肇研，等．柔性Pd@PANI/rGO纸阳极在甲醇燃料电池中的应用 [J]. 物理化学学报，2017，33 (9): 1822-1827.

[10] Selvaraj V., Alagar M., Kumar K. S.. Synthesis and characterization of metal nanoparticles-decorated PPY-CNT composite and their electrocatalytic oxidation of formic acid and formaldehyde for fuel cell applications [J]. Appl. Catal. B, 2007, 75: 129-138.

[11] Selvaraj V., Alagar M.. Pt and Pt-Ru nanoparticles decorated polypyrrole/multiwalled carbon nanotubes and their catalytic activity towards methanol oxidation [J]. Electrochem. Commun., 2007, 9:

1145-1153.

[12] Zhang S.，Wang H.，Zhang N.，et al. Role of Pt-pyridinic nitrogen sites in methanol oxidation on Pt/polypyrrole-carbon black catalyst [J]. J. Power Sources，2012，197：44-49.

[13] 刘佳佳，邬冰，高颖．聚吡咯-碳载 Pd 催化剂的制备及对甲酸的电催化氧化 [J]. 化学学报，2012，70：1743-1747.

[14] Zhao Y.，Zhan L.，Tian J.，et al. Enhanced electrocatalytic oxidation of methanol on Pd/polypyrrole-graphene in alkaline medium [J]. Electrochim. Acta，2011，56：1967-1972.

[15] Yang S.，Shen C.，Liang Y.，et al. Graphene nanosheets-polypyrrole hybrid material as a highly active catalyst support for formic acid electro-oxidation [J]. Nanoscale，2011，3：3277-3284.

[16] Oh H. S.，Kim K.，Kim H.. Polypyrrole-modified hydrophobic carbon nanotubes as promising electrocatalyst supports in polymer electrolyte membrane fuel cells [J]. Int. J. Hydrogen Energy，2011，36：11564-11571.

[17] Oliveira R. C. P.，Milikić J.，Daş E.，et al. Platinum/polypyrrole-carbon electrocatalysts for direct borohydrideperoxide fuel cells [J]. Appl. Catal. B，2018，238：454-464.

[18] Das E.，Yurtcan A. B.. Effect of carbon ratio in the polypyrrole/carbon composite catalyst support on PEM fuel cell performance [J]. Int. J. Hydrogen Energy，2016，41：13171-13179.

[19] Hyuna K.，Lee J. H.，Yoon C. W.，et al. Improvement in oxygen reduction activity of polypyrrole-coated PtNi alloy catalyst prepared for proton exchange membrane fuel cells [J]. Synthetic Metals，2014，190：48-55.

[20] Fard L. A.，Ojani R.，Raoof J. B.. Electrodeposition of three-dimensional Pd nanoflowers on a PPy@MWCNTs with superior electrocatalytic activity for methanol electrooxidation [J]. Int. J. Hydrogen Energy，2016，41：17987-17994.

[21] 范仁杰，林瑞，黄真，等．新型钴-聚吡咯-碳载 Pt 燃料电池催化剂的制备与表征 [J]. 物理化学学报，2014，30（7）：1259-1266.

[22] Karatepe Ö.，Yıldız Y.，Pamuk H.，et al. Enhanced electrocatalytic activity and durability of highly monodisperse Pt@PPy-PANI nanocomposites as a novel catalyst for the electrooxidation of methanol [J]. RSC Adv.，2016，6：50851-50857.

[23] Fard L. A.，Ojani R.，Raoof J. B.，et al. Poly（pyrrole-co-aniline）hollow nanosphere supported Pd nanoflowers as high-performance catalyst for methanol electrooxidation in alkaline media [J]. Energy，2017，127：419-427.

[24] Ren F.，Wang H.，Zhu M.，et al. Facile fabrication of poly(o-methoxyaniline)-modified graphene hybrid material as a highly active catalyst support for methanol oxidation [J]. RSC Adv.，2014，4：24156-24162.

[25] Dinesh B.，Saraswathi R.. Enhanced performance of Pt and Pt-Ru supported PEDOT-RGO nanocomposite towards methanol oxidation [J]. Int. J. Hydrogen Energy，2016，41：13448-13458.

[26] 赵彦春，兰黄鲜，邓彬彬，等．聚乙酰苯胺修饰碳纳米管载铂催化剂对甲醇电催化氧化 [J]. 物理

化学学报，2010，26 (8)：2255-2260.

[27] Wang R. X.，Fan Y. J.，Wang L.，et al. Pt nanocatalysts on a polyindole-functionalized carbon nanotube composite with high performance for methanol electrooxidation [J]. J. Power Sources，2015，287：341-348.

第5章 有机物热解产物的功能化作用

有机化合物拥有多种多样的组成和结构，当其受热分解时，会形成炭化产物。这些炭化产物一般具有良好的导电性，其组成和结构丰富多样，具有很好的功能化作用。因此，碳载体的功能化作用也可以通过有机化合物的高温热解来实现。有机化合物炭化产物的形成可以有效地改善金属纳米粒子的分散和负载状况，从而提升电催化剂的性能。同时，采用具有特定组成的有机物前驱体，可以得到含氮、硫、磷等元素的炭化产物。它们可以与金属纳米粒子发生强相互作用，改善催化剂的活性和选择性。

5.1 有机分子的热解

空心结构的碳载体具有较大的比表面积和良好的传质性能。Yan 等[1]以葡萄糖为碳源，以介孔氧化硅壳层包裹的实心微球（SCMSSs）为模板，制备了介孔空心碳球（HCSs）载体。其制备过程如图 5-1 所示。首先在 70℃温度下以葡萄糖的水溶液浸渍介孔氧化硅壳层实心微球，然后将浸渍后的产物置于氮气气氛中，于 900℃高温下焙烧 1h，使葡萄糖发生炭化。最后，以 HF 溶液溶解除去介孔氧化硅壳层实心微球模板。将 Pt 纳米粒子负载于 HCSs 载体上，作为酸性介质中的氧还原催化剂。物理测量结果显示，HCSs 载体具有较高的比表面积（$1163m^2/g$）和较大的比孔容（$2.8cm^3/g$）。其介孔结构（直径 9.8nm）有利于 Pt 纳米粒子的均匀分散和稳定负载，有效地改善了催化反应的传质特性。循环伏安测试结果表明，Pt/HCSs 电催化剂的氧还原质量电流密度可达 192.2mA/mg，为 Pt/C（TKK）商品催化剂的 1.7 倍。此外，得益于 HCSs 载体介孔结构的强物理相互作用，Pt/HCSs 催化剂具有较高的电催化稳定性。

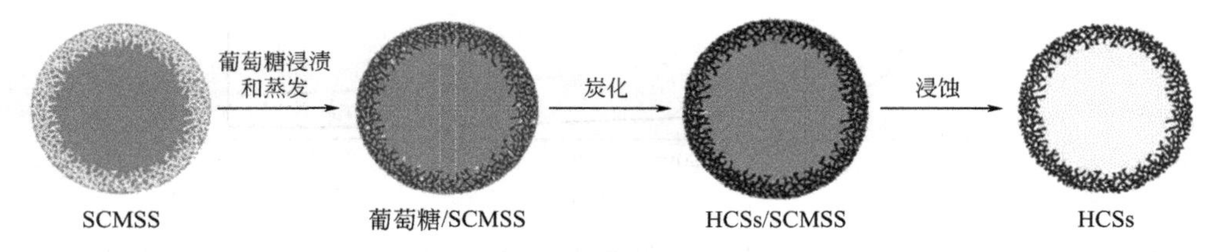

图 5-1 HCSs 载体合成过程的示意图

在碳载体负载金属纳米催化剂的表面形成一层有机物炭化产物保护层，可以改善负载型催化剂的稳定性。Liu 等[2]在石墨烯负载 Pt 纳米催化剂 Pt/Graphene 的表面覆盖一层有机物炭化产物，实现了催化剂的稳定化。以葡萄糖水溶液浸渍 Pt/Graphene 催化剂，将得到的混合物于 80℃干燥后，置于管式炉中。在氮气气氛中，将混合物于 400℃焙烧 2h，得到具有炭化保护层的负载型 Pt 纳米催化剂 Pt/Graphene-C。图 5-2 为 Pt/Graphene 和 Pt/Graphene-C 催化剂在 0.5mol/L H_2SO_4-0.5mol/L CH_3OH 溶液中的计时电流曲线。偏置电位为 1.02V。由图可见，在试验的初始阶段，Pt/Graphene 和 Pt/Graphene-C 催化剂的电流密度都迅速下降，这是由于甲醇氧化反应的中间物种 CO_{ads}、$COOH_{ads}$以及 CHO_{ads}在催化剂的表面快速形成并积累。显然，在整个试验过程中，Pt/Graphene-C 催化剂具有较高的甲醇氧化电流密度。经过 1500s 后，Pt/Graphene-C 催化剂的电流密度仍比 Pt/Graphene 催化剂高约 4 倍。这表明与 Pt/Graphene 催化剂相比，Pt/Graphene-C 催化剂具有较高的稳定性。

氧化铈具有较高的氧含量、良好的机械性能及优异的耐腐蚀性能，是一种常用的催化剂载体。其不足之处在于电子导电性较差，这限制了其在电催化剂领域的应用。因此，需要采取措施增强其导电性。通过有机物的热解，在氧化铈表面沉积一层导电碳材料，可以有效地解决这一问题。Chu 等[3]以 β-环糊精为碳源，通过热解过程制备了具有碳覆盖层的介孔氧化铈材料，并以这种材料为载体制备了具有独特结构的 Pt/C-CeO_2 催化剂，用于甲醇电氧化反应。催化剂的制备过

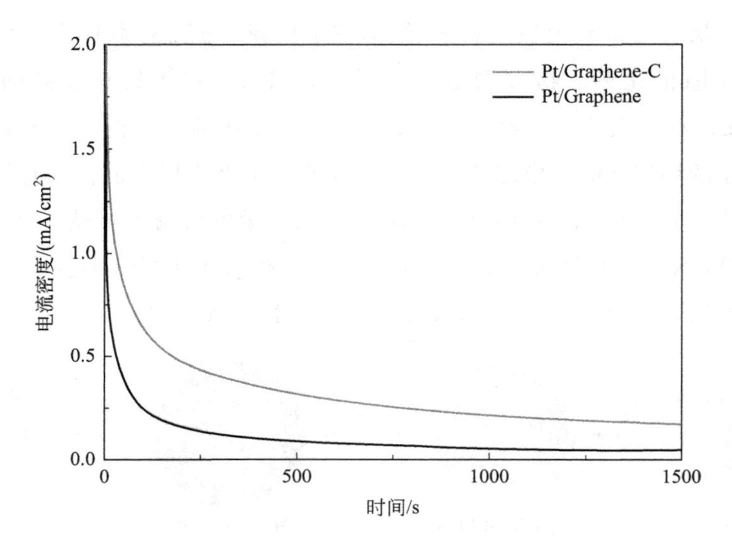

图 5-2 Pt/Graphene 和 Pt/Graphene-C 催化剂在 0.5mol/L H_2SO_4-0.5mol/L CH_3OH 溶液中的计时电流曲线图（偏置电位为 1.02V）

程如图 5-3 所示。于 80℃将制备的介孔氧化铈分散到β-环糊精溶液中，得到β-环糊精修饰的介孔 CeO_2 材料。经过 200℃的软化过程和 400℃氩气保护下的焙烧过程，使β-环糊精发生炭化，得到碳涂覆的介孔氧化铈载体 C-CeO_2。以微波辅助乙二醇还原法在载体上负载 Pt 纳米粒子，制得 Pt/C-CeO_2 催化剂。

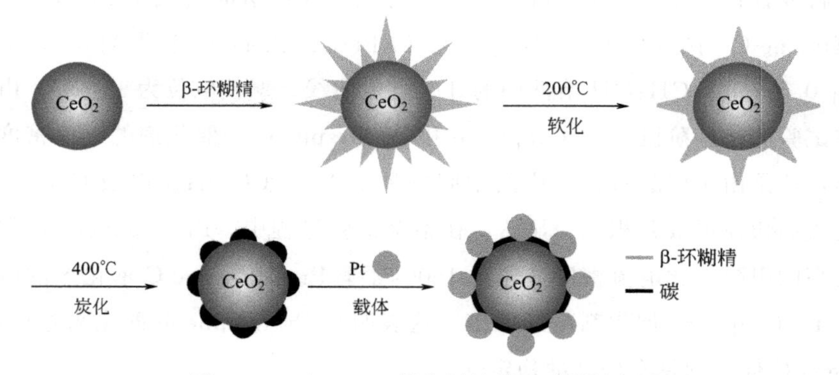

图 5-3 Pt/C-CeO_2 催化剂的制备过程示意图

X 射线衍射分析表明，制得的 CeO_2 具有立方萤石结构，其平均粒径约为 7nm。X 射线光电子能谱显示，在由β-环糊精炭化形成的碳覆盖层中，含氧官能团的含量远高于 XC-72 炭黑，其中 COOR 官能团的含量为 XC-72 炭黑的 3 倍。C-CeO_2 复合载体所含有的大量含氧官能团为 Pt 纳米粒子的沉积提供了大量的锚点，从而有效地促进了高分散 Pt/C-CeO_2 催化剂的合成。此外，得益于表面炭化层的形成，Pt/C-CeO_2 催化剂的导电性得到增强，催化活性显著提升。同时，催化剂的电化学稳定性也得到了有效的改善。加速老化试验表明，经过 1000 次的电位扫描循环，Pt/CeO_2 催化剂大约损失了 45％的初始活性；相比之下，Pt/C-CeO_2 催化剂则仅损失了 38％的初始活性。碳含量为 40％的 Pt/C-CeO_2 催化剂具有最佳的甲醇电催化氧化活性。

二氧化钛具有出色的机械性能，并且在酸性和氧化性环境中表现出良好的稳定性，是催化剂的优良载体。Jiang 等[4]以原位炭化葡萄糖的方法制得了具有极高稳定性的碳铆接微囊体催化剂 Pt/MWCNTs-TiO_2。其制备过程如下。将 Pt/MWCNTs-TiO_2 催化剂和葡萄糖水溶液混合，形成浆状物。将制得的浆状物置于管式炉中，在氩气保护下于 400℃进行炭化处理，使催化剂的表面形成炭化层。

图 5-4 是 Pt/MWCNTs、Pt/MWCNTs-TiO_2（微囊体）和 Pt/MWCNTs-

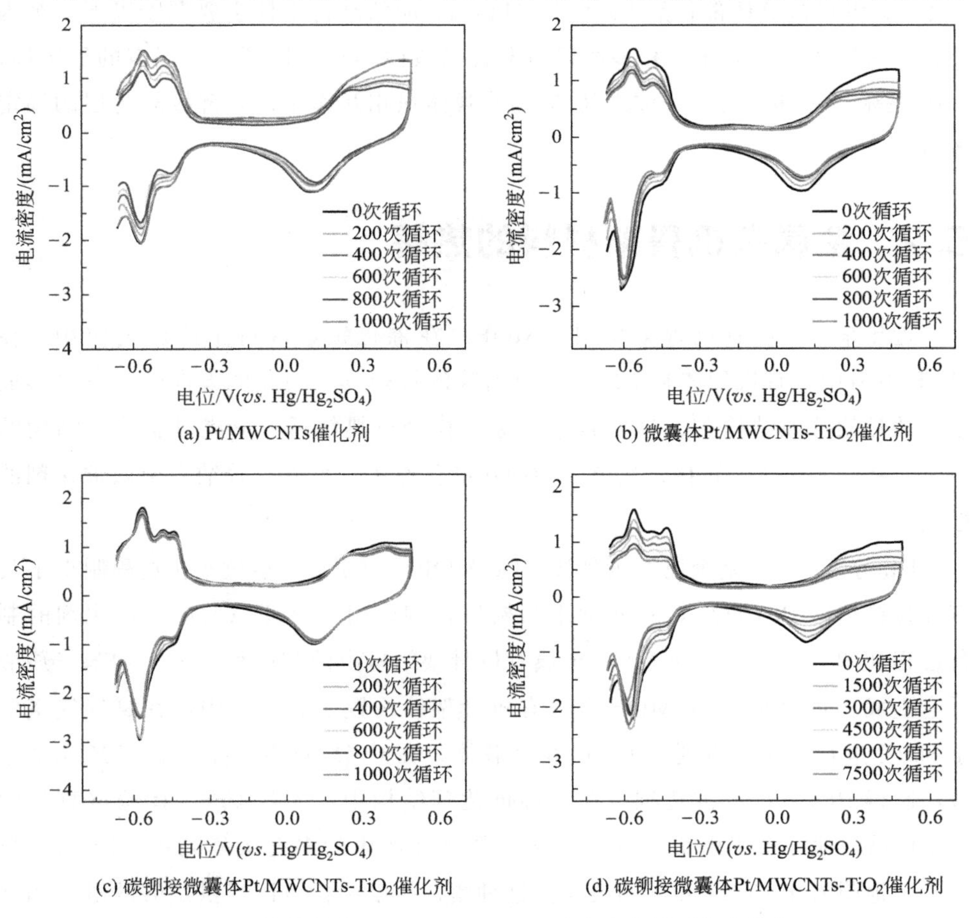

图 5-4 催化剂在 0.5mol/L H_2SO_4 溶液中的循环伏安曲线

TiO_2（碳铆接微囊体）三种催化剂在加速电位扫描试验前后的循环伏安曲线。通过对氢吸附/脱附峰面积的测量和计算，可以求得催化剂的电化学活性表面积。数据显示，经过1000次的电位扫描循环，Pt/MWCNTs催化剂的电化学表面积减小了32%；而在相同条件下，Pt/MWCNTs-TiO_2（微囊体）和Pt/MWCNTs-TiO_2（碳铆接微囊体）催化剂的电化学表面积则分别减小了28%和4%。由此可见，尽管Pt/MWCNTs-TiO_2（微囊体）和Pt/MWCNTs-TiO_2（碳铆接微囊体）催化剂的催化活性相近，但后者的稳定性远高于前者。此外，数据还显示，经过3000次的电位扫描循环测试，碳铆接微囊体催化剂Pt/MWCNTs-TiO_2的电化学表面积仅减小了21%；经过7500次的电位扫描循环测试，其电化学表面积仅减小了47%。结合前面的数据，可以看出，碳铆接微囊体催化剂Pt/MWCNTs-TiO_2的稳定性是Pt/C催化剂的7.5倍，是Pt/TiO_2-C催化剂的3倍。碳铆接微囊体催化剂Pt/MWCNTs-TiO_2的高稳定性主要源于以下三个因素：①锐钛矿型二氧化钛和多壁碳纳米管在酸性和氧化性环境中固有的稳定性；②Pt纳米粒子和微囊体载体之间的金属-载体强相互作用；③铆接炭化层的锚定效应。

5.2 金属有机骨架材料的热解

近年来，金属有机骨架材料（MOF）在催化领域取得了广泛的应用。在MOF材料中，有机配体和金属离子或团簇的排列具有明显的方向性，可以形成不同的骨架孔隙结构[5]。这些骨架孔隙结构经过热解后，形成具有特定结构的炭化产物。利用MOF材料热解产物的功能化作用，可以改善纳米金属催化剂的性能。

Du等[6]以Ce基金属有机骨架（Ce-MOF）为原料，通过炭化过程制得了具有独特构造的Pt-CeO_2-C三元纳米结构催化剂，用于氧还原反应。催化剂的制备过程如图5-5所示。Ce-MOF金属有机骨架结构由硝酸铈和1,3,5-均苯三羧酸反应生成。将生成的Ce-MOF金属有机骨架结构置于管式炉中，在氮气气氛中于800℃进行炭化，得到CeO_2-C复合载体。在CeO_2-C载体上以乙醇还原氯铂酸，制得Pt-CeO_2-C催化剂。在这种催化剂结构中，大量CeO_2团簇（直径约2nm）均匀地分布于由金属有机骨架材料焙烧产生的多孔碳阵列中。Pt纳米粒子紧密地附着于CeO_2和碳的表面。这种紧密接触结构可以提供足够的电子相互作用和电子转移，从而显著地改善催化剂的导电性、催化活性以及氧还原反应的长期耐久性。Pt-CeO_2-C 催化剂较高的氧还原性能归因于 CeO_2 与 Pt 纳米粒子间的相互作用。

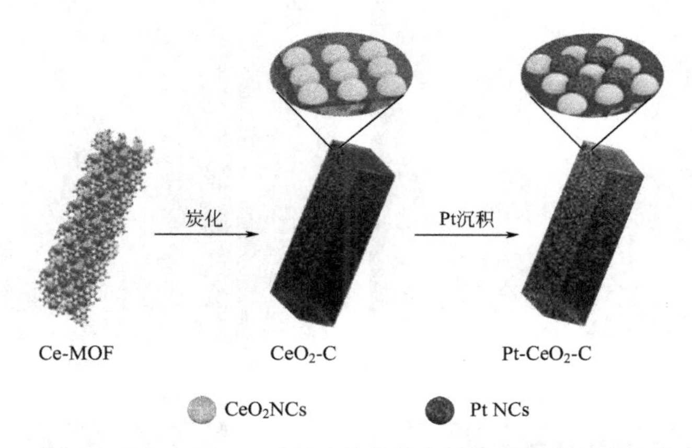

图 5-5 Pt-CeO_2-C 三元纳米结构催化剂的制备过程示意图

近年来，石墨烯作为碳载体在电催化剂中取得了广泛的应用，针对石墨烯的结构与性能的优化研究也取得了长足的进展。Ali 等[7] 以金属有机骨架化合物 MOF-5 为碳源制得多孔碳，与石墨烯共同构建复合载体，用来负载高分散的钯纳米粒子。研究表明，以等比例多孔碳-石墨烯复合材料 rGO_1-C_1 为载体的 Pd/rGO_1-C_1 催化剂对甲酸电氧化反应显示出最优的催化活性。图 5-6(a)～(c) 分别呈现了石墨烯、多孔碳及 Pd/rGO_1-C_1 催化剂的扫描电子显微镜图片。图片显示，石墨烯载体在单独存在时呈紧密堆叠的片层结构，而多孔碳则呈现无规则的海绵状形貌。当两种碳材料构成复合载体后，石墨烯良好的导电性和多孔碳的孔结构被有机地结合起来，使 Pd 纳米粒子得到更有效的分散。试验测得 Pd/rGO_1-C_1 催化剂的质量比活性为 969.76mA/mg，分别为 Pd/rGO 催化剂（639.5mA/mg）的 1.52 倍和 Pd/C 催化剂（368.73mA/mg）的 2.63 倍。计时电流法测试结果表明，Pd/rGO_1-C_1 催化剂的稳定性远高于其他催化剂。这种高活性和高稳定性来源于金属 Pd 与复合载体间的电荷传递协同相互作用。其中多孔碳材料提供高比表面积，石墨烯提供高导电性。它们共同提升了电催化性能。

以直接炭化金属-有机骨架材料得到的多孔碳材料为载体，可以制得高性能的燃料电池催化剂。Khan 等[8] 通过于 900℃ 直接炭化多孔金属-有机骨架材料 MOF-5[$Zn_4O(bdc)_3$，bdc=1,4-苯二甲酸二甲酯]，得到多孔碳载体 PC-900，并以多元醇还原法制得用于直接乙醇燃料电池的 PtM/PC-900 催化剂。其制备过程如下：将金属-有机骨架材料 MOF-5 置于管式炉中，在氩气保护下加热至

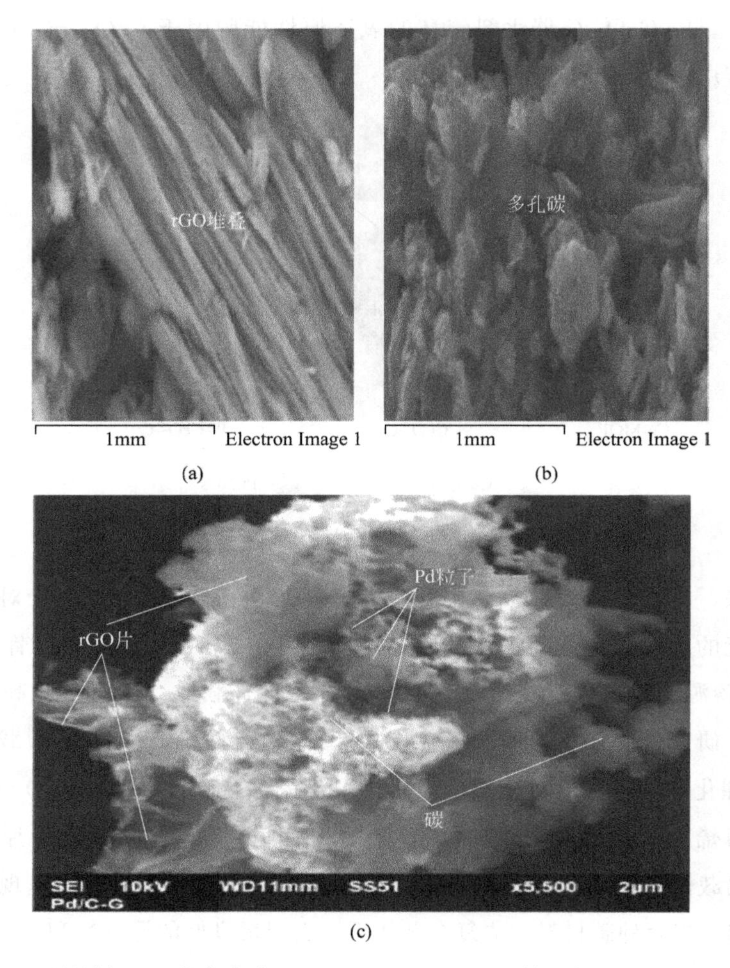

图 5-6 石墨烯（a）和多孔碳（b）以及 Pd/rGO_1-C_1 催化剂（c）的 SEM 图片

550℃，以分解 MOF-5 的聚合物结构。然后升温至 900℃，在氩气气氛中炭化 6h，得到 PC-900 多孔碳材料。将氯铂酸、氯化铁的乙二醇溶液与 PC-900 多孔碳材料充分混合，升温至 180℃进行还原反应，制得 PtM/PC-900 催化剂。以直接乙醇燃料电池的单电池性能测试考察了催化剂的性能。图 5-7 列出了 PtFe/PC-900、PtFe/XC-72 和 Pt/XC-72 三种催化剂的极化曲线以及 PtFe/PC-900 催化剂在温度 90℃时的能量密度曲线。可以看出，PtFe/PC-900、PtFe/XC-72 和 Pt/XC-72 三种催化剂的开路电压分别为 0.694V、0.692V 和 0.682V。作为阴极催化剂，PtFe/PC-900、PtFe/XC-72 和 Pt/XC-72 三种催化剂的电流密度分别为 $450mA/cm^2$、$418mA/cm^2$ 和 $330mA/cm^2$。PtFe/PC-900 催化剂的高电流密度源自 PC-900 多孔碳载体稳定的导电性以及良好的金属纳米粒子分散性。

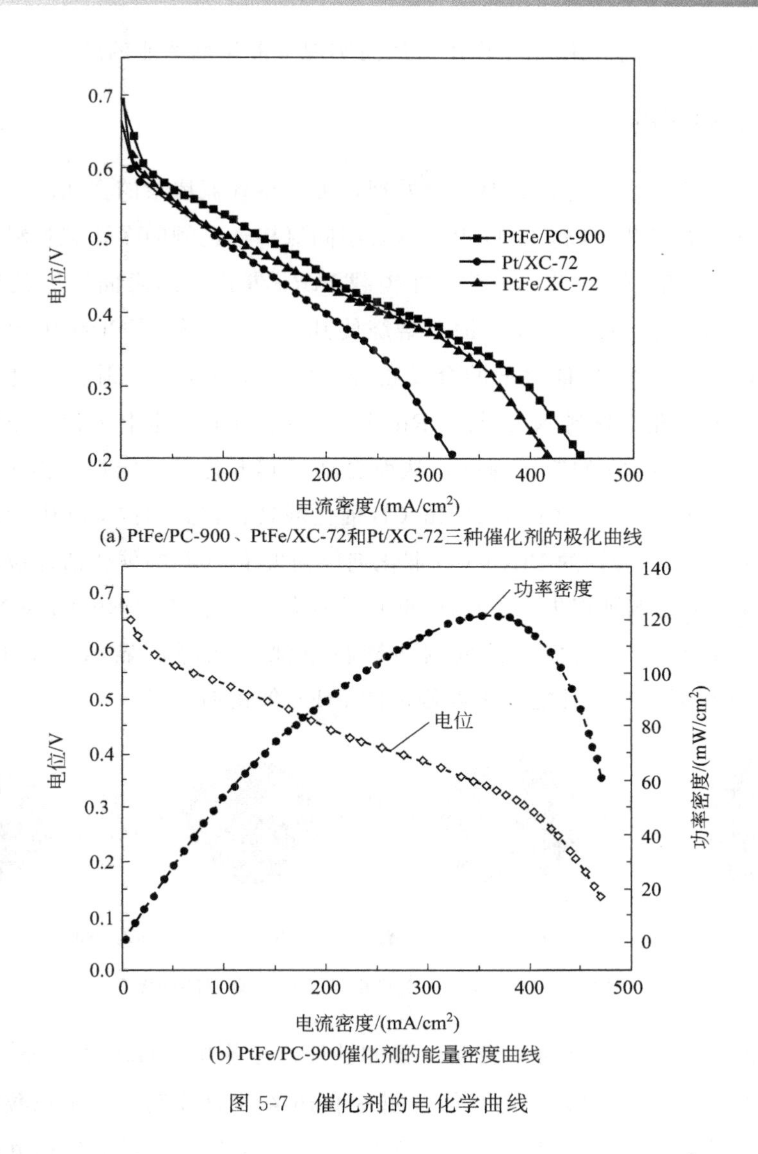

(a) PtFe/PC-900、PtFe/XC-72和Pt/XC-72三种催化剂的极化曲线

(b) PtFe/PC-900催化剂的能量密度曲线

图 5-7　催化剂的电化学曲线

5.3　杂原子的引入

如前所述，通过有机化合物的热解炭化过程，可以得到形态各异的多孔碳材料，实现电催化剂碳载体的功能化。所采用的碳源种类不同，热解产物的功能化效应也会随着改变。研究还表明，通过采用含有氮、硫、磷等杂原子的有机物碳源，经过高温炭化处理，可以得到含有杂原子的多孔碳材料，从而实现了碳载体的掺杂。杂原子的存在改变了碳载体的表面组成和结构，同时也改变了负载型纳

米金属催化剂的金属-载体相互作用，从而实现了催化剂性能的改变。

5.3.1 氮原子的引入

对含氮有机化合物进行高温炭化处理，可以得到氮掺杂的多孔碳材料。采用含氮量不同的有机化合物，可以得到具有不同氮掺杂比例的多孔碳材料。为改善PtRu催化剂的稳定性，Zhang等[9]在碳载PtRu催化剂的表面以原位聚合法合成聚苯胺，然后在900℃氮气保护下焙烧使其炭化，制得了PtRu/CB@N_xC催化剂。PtRu/CB@N_xC催化剂的合成路径如图5-8所示。X射线光电子能谱显示，氮掺杂的多孔碳材料N_xC与PtRu催化剂中的Ru发生电子相互作用，降低了PtRu催化剂中Ru的溶解速率，从而提高了其电化学稳定性。由Ru向氮原子的电子转移使得N_xC修饰的PtRu/CB催化剂具有较高的抗CO中毒能力。稳定性试验后，N_xC修饰的PtRu/CB催化剂仅损失了10%的催化活性位，而未经修饰的PtRu催化剂则损失了50%的催化活性位。这表明PtRu/CB@N_xC催化剂具有极高的电化学稳定性。同时，燃料电池性能测试显示，N_xC保护的PtRu/CB催化剂的放电性能与未经修饰的PtRu催化剂相当。

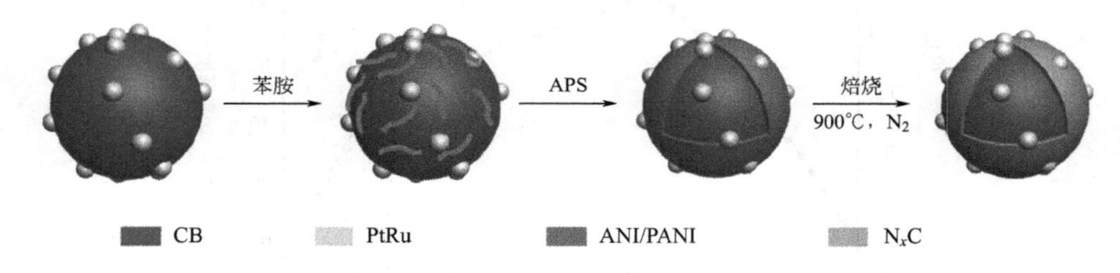

图5-8 PtRu/CB@N_xC电催化剂的合成路线图

聚苯胺的形貌特征会对其炭化产物的性能产生影响。Gavrilov等[10]以含氮的炭化聚苯胺纳米管/纳米片为载体，制备了Pt纳米催化剂。采用硫酸质子化的自组装聚苯胺纳米管，在氮气气氛中于800℃进行炭化处理，得到导电的含氮炭化聚苯胺纳米管/纳米片载体。以多元醇还原法制备了负载型Pt催化剂。以透射电子显微镜观察PtNPs/Carb-nanoPANI催化剂的粒径分布（图5-9）。热重分析结果证实催化剂中Pt的质量含量为20%。X射线衍射分析结果表明，Pt纳米粒子的平均粒径约为9nm。以旋转圆盘电极测试考察了催化剂的氧还原催化活性。结果显示，PtNPs/Carb-nanoPANI催化剂在碱性和酸性溶液中都具有较高的催化活性。通过与商品催化剂Pt/C的对比，可以看出，采用这种具有良好导电性的新型含氮炭化聚苯胺纳米管/纳米片载体，可以极大地改善Pt催化剂的氧还原活性。

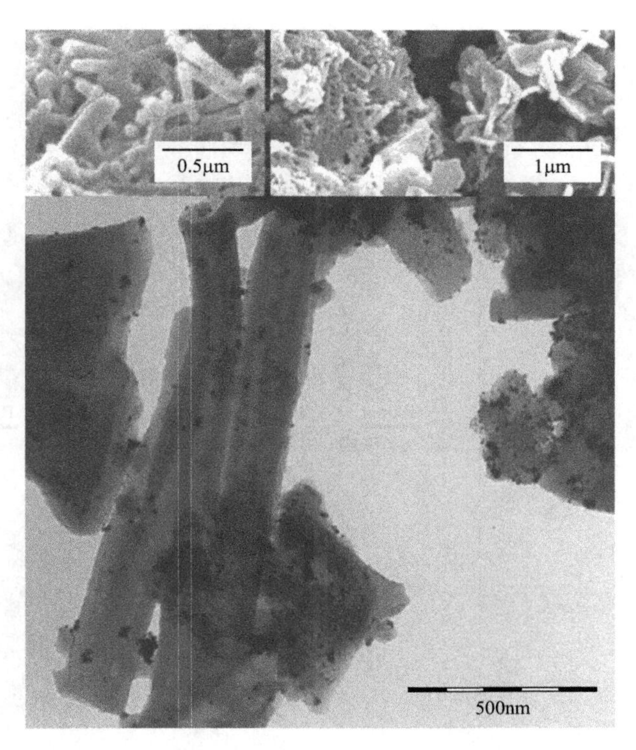

图 5-9　PtNPs/Carb-nanoPANI 电催化剂的 TEM 图片
（上方插图为炭化聚苯胺前驱体的 SEM 图片）

通过在石墨烯表面进行聚苯胺的热解，可以得到氮掺杂的石墨烯载体。王丽等[11]制备了以氮掺杂还原氧化石墨烯为载体的 Pt 催化剂，用于甲醇的电化学氧化反应。通过对聚苯胺修饰的氧化石墨烯 PANI-GO 进行高温热解处理，得到了氮掺杂的还原氧化石墨烯碳材料 N-rGO。以 N-rGO 为载体制备了 Pt/N-rGO 纳米催化剂。图 5-10 为 rGO、N-rGO、Pt/rGO 和 Pt/N-rGO 四种催化剂的透射电子显微镜图片。从图中可以看出，热解还原得到的还原氧化石墨烯呈现半透明的石墨烯片层结构，并存在明显的褶皱；而氮掺杂的还原氧化石墨烯则呈现紧致的结构，透明度较低，且褶皱较少。这是由于在 PANI-GO 复合材料的高温热解过程中，氧化石墨烯的热还原、聚苯胺的热解以及还原氧化石墨烯的氮掺杂过程是同时进行的。聚苯胺的热解产物进入还原氧化石墨烯的片层结构中，形成结构致密的氮掺杂石墨烯载体。在 Pt/rGO 和 Pt/N-rGO 催化剂中，Pt 纳米粒子的粒径相差不大，但在 Pt/N-rGO 催化剂中粒子的分布更为均匀。这是由于掺杂的 N 原子为石墨烯载体提供了数目较多的成核中心。

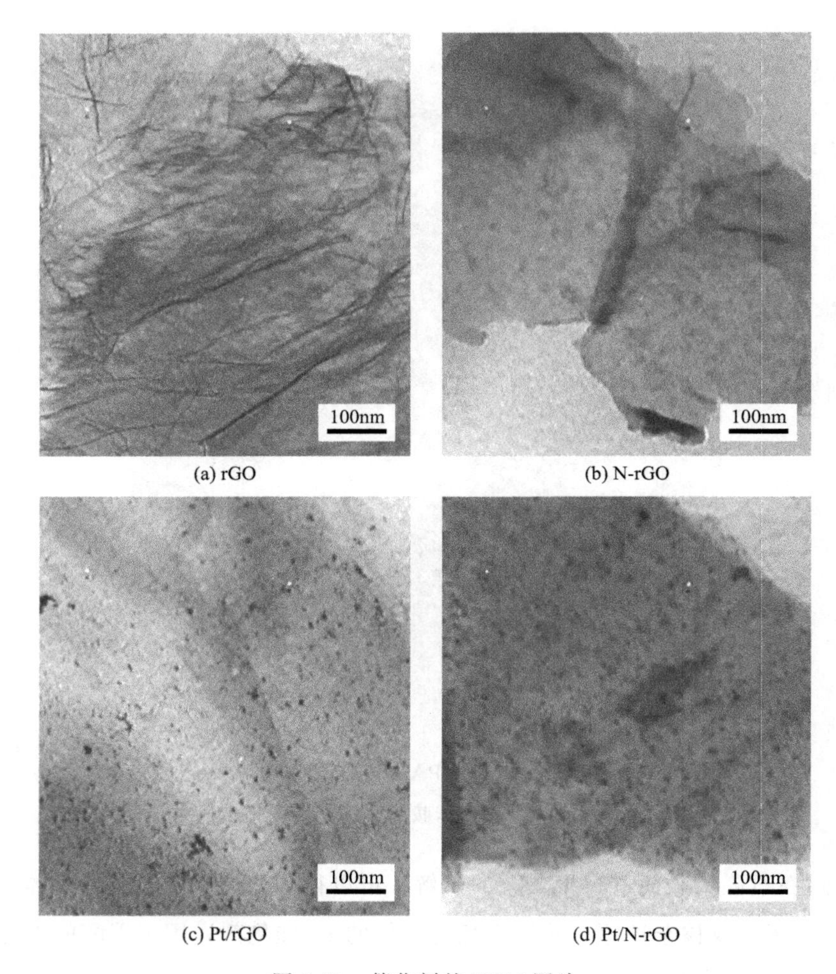

(a) rGO (b) N-rGO (c) Pt/rGO (d) Pt/N-rGO

图 5-10 催化剂的 TEM 图片

催化剂的 CO 溶出试验结果显示，Pt/N-rGO 催化剂的 CO 氧化起始电位和峰电位分别为 0.43V 和 0.56V，显著低于 rGO 催化剂（0.47V 和 0.58V），表明 Pt/N-rGO 催化剂具有较强的抗 CO 中毒能力。催化剂的甲醇氧化循环伏安试验和电位扫描试验显示，Pt/N-rGO 催化剂具有较高的甲醇氧化活性和较好的电化学稳定性。这是由于氮掺杂过程会增加还原氧化石墨烯材料的导电性，并在其表面产生缺陷结构，这有利于 Pt/N-rGO 催化剂中 Pt 纳米粒子的均匀分散。同时，N-rGO 载体的表面 N 原子强化了载体与 Pt 纳米粒子之间的相互作用，从而改善了催化剂的甲醇氧化性能。

聚吡咯是一种含氮导电聚合物，近年来被广泛地应用于电催化领域。对聚吡咯进行炭化处理，可以得到氮掺杂的碳载体。Öztürk 等[12]合成了聚吡咯基多孔

N-掺杂碳纳米管（N-CNTs），用作 Pt 催化剂的载体，以改善聚合物电解质膜燃料电池的阴极氧还原动力学性能。在 N-CNTs 载体的合成过程中，聚吡咯被同时用作氮源和碳源，$FeCl_3$ 溶液被用作氧化剂。吡咯聚合完成后，得到的粉末于 50℃温度下以 5mol/L 氢氧化钾水溶液进行化学活化，活化的时间分别为 12h 和 18h。活化后的粉末置于管式炉中，在氮气保护下于 900℃ 焙烧 2h，得到 N-CNTs载体。以微波辅助乙二醇还原法制备负载型 Pt 催化剂。图 5-11 为 N-CNTs-12载体、N-CNTs-12/Pt 催化剂、N-CNTs-18 载体以及 N-CNTs-18/Pt 催化剂的透射电子显微镜图片。由图中可以看出，聚吡咯颗粒呈球形。即使经过

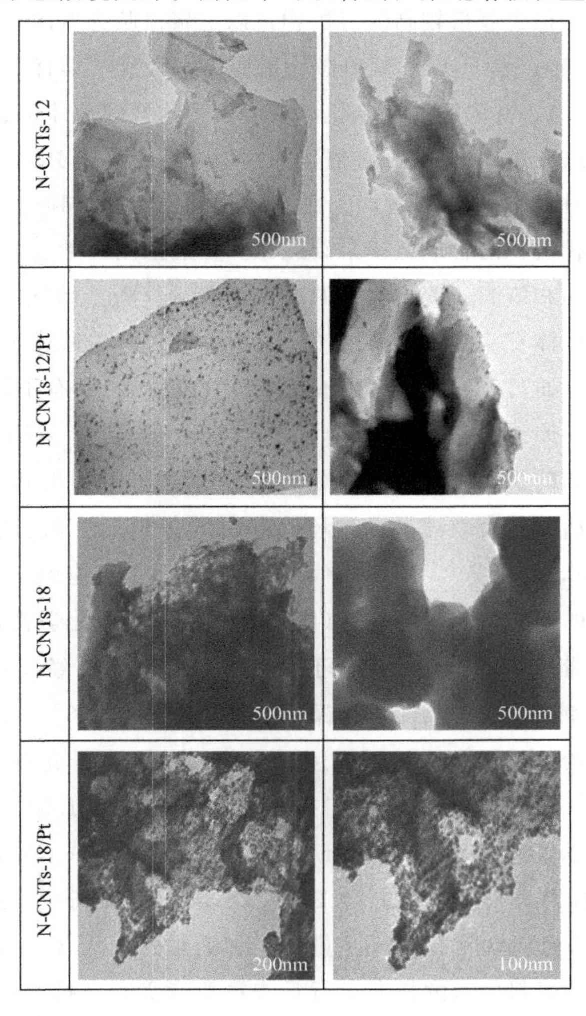

图 5-11　N-CNTs-12 载体、N-CNTs-12/Pt 催化剂、N-CNTs-18 载体及 N-CNTs-18/Pt 催化剂的 TEM 图片

化学活化和炭化过程，N-CNTs载体上的聚吡咯颗粒仍保持了其初始形貌。经过18h活化处理的N-CNTs载体的结构较为紧密。Pt粒子在两种N-CNTs载体表面的分布情况基本相同。测试结果表明，活化时间对合成的聚吡咯基N-CNTs载体的性能有重要影响。18h活化后合成的N-CNTs载体具有较高的比表面积（1607.2m^2/g）和较小的比孔容（0.355cm^3/g）；相比之下，12h活化后合成的N-CNTs载体则具有较小的比表面积（1170.7m^2/g）和较高的比孔容（0.383cm^3/g）。聚合物电解质膜燃料电池的性能测试结果显示，经过12h活化后合成的N-CNTs载体对Pt纳米粒子的催化活性具有较好的促进作用。

三聚氰胺是一种含氮量较高的有机物，以三聚氰胺为氮源，可以得到深度氮掺杂的碳载体。Chen等[13]以三聚氰胺为前驱体，合成了具有不同氮含量的氮掺杂碳纳米管（CN_x），并采用加速老化试验考察了这些碳载体负载的Pt催化剂的电化学稳定性。结果表明，Pt/CN_x催化剂的稳定性远高于Pt/CNTs催化剂，并且随着CN_x载体中氮含量的增加，Pt纳米粒子的稳定性得到进一步增强。

采用化学气相沉积法合成氮掺杂碳载体。分别采用乙烯、二茂铁和三聚氰胺作为碳源、催化剂和氮源。碳纳米管的生长是在氩气和乙烯气流中于850℃进行的；而氮掺杂碳载体CN_x的合成则是在950℃下进行的，通过三聚氰胺的分解实现氮原子的掺杂。通过改变三聚氰胺的用量，可以得到具有不同氮含量的CN_x载体。用乙二醇还原法将Pt纳米粒子负载于CN_x载体上。采用电位扫描循环试验来评价电催化剂的稳定性，其结果如图5-12所示。通过电化学表面积的变化可以判断催化剂活性的衰减情况。循环伏安测试在O_2饱和的硫酸溶液中进行，电位扫描区间为0.6～1.2V。图5-12(a)～(e)呈现了加速老化试验过程中催化剂循环伏安曲线的变化情况，图5-12(f)显示了催化剂电化学表面积的变化情况。可以看出，Pt/C催化剂的耐久性远低于Pt/CNTs催化剂。经过4000次电位扫描循环，Pt/C催化剂的电化学表面积只保留了其初始值的4.6%，而Pt/CNTs催化剂则保留了其初始值的11.2%。同样可以看出，Pt/CN_x催化剂的稳定性远高于Pt/CNTs催化剂。经过4000次电位扫描循环，Pt/CN_x（1.5% N，原子分数）、Pt/CN_x（5.4% N，原子分数）和Pt/CN_x（8.4% N，原子分数）催化剂的电化学表面积分别为其初始值的20.2%、26.6%和42.5%。还可以观察到，Pt/CN_x催化剂的稳定性随载体氮含量的增加而增强。Pt/CN_x催化剂的高稳定性对聚合物电解质燃料电池的长期运行具有重要意义。氮掺杂碳载体对Pt纳米催化剂的稳定性效应可以解释如下。首先，氮原子比碳原子多一个电子。当碳原子被氮原子替换时，Pt纳米粒子与离域π键之间的相互作用被强化了。其次，

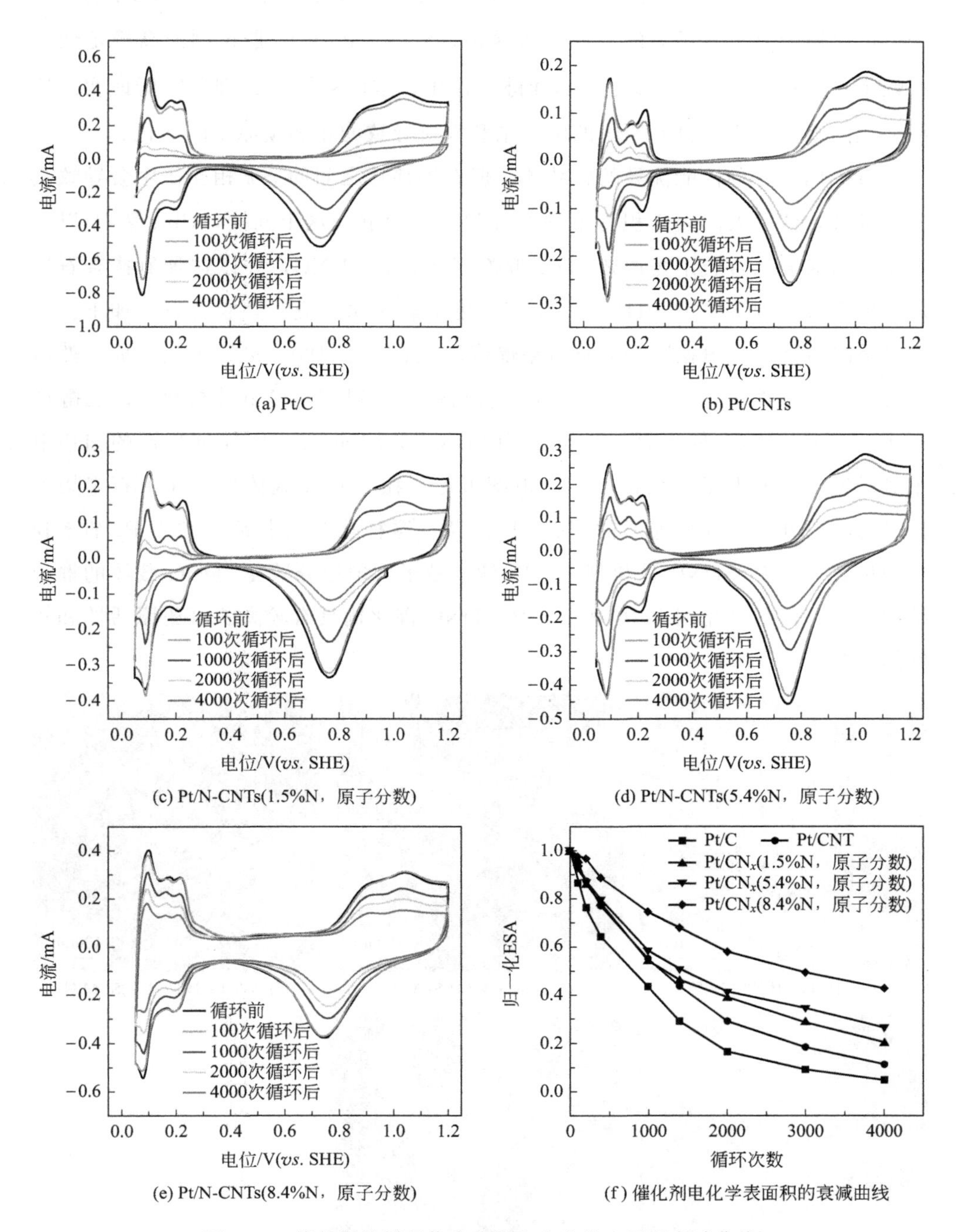

(a) Pt/C　　(b) Pt/CNTs

(c) Pt/N-CNTs(1.5%N，原子分数)　　(d) Pt/N-CNTs(5.4%N，原子分数)

(e) Pt/N-CNTs(8.4%N，原子分数)　　(f) 催化剂电化学表面积的衰减曲线

图 5-12　催化剂的循环伏安曲线和电化学表面积衰减曲线

与 Pt 纳米粒子被其他具有富电子官能团的保护剂所保护的情况类似，Pt 纳米粒子也可以被带有孤电子对的氮原子所保护。此外，Pt/CN_x 催化剂的高稳定性还有赖于 Pt 原子与 CN_x 载体之间的强键合作用，这已被第一原理研究所证实。这种强化的吸附作用源自氮原子的电子亲和性所导致的相邻碳原子的活化。

石墨烯是一种性能优异的碳载体，但石墨烯片之间的 π-π 相互作用会导致其发生堆叠，使巨大的表面积得不到充分利用。为解决这个问题，Chu 等[14] 以三聚氰胺为氮源，合成了氮掺杂 3D 交联石墨烯材料 3DNG，并以这种氮掺杂石墨烯材料为载体制备了 Pt-3DNG 催化剂，用于氧还原反应。其制备方法如下。首先将甲醛溶液、三聚氰胺和氧化石墨烯溶液混合，于 180℃进行水热合成。然后将得到的复合物于 750℃氮气气氛中进行焙烧，得到 3DNG 载体材料。以乙醇还原法制备 Pt-3DNG 催化剂。图 5-13 为 3DNG 载体和 Pt-3DNG 催化剂的扫描电子显微镜和透射电子显微镜图片。由图可见，在 3DNG 载体中存在由石墨烯片构成的随机开孔且互相连通的多孔 3D 框架。这种孔结构非常有利于 Pt 纳米粒子的负载。在 Pt-3DNG 催化剂中，Pt 纳米粒子均匀地分散在 3DNG 载体的框架结构中。与商品催化剂 Pt/C 相比，Pt-3DNG 催化剂具有较高的氧还原活性和较好的耐久性。

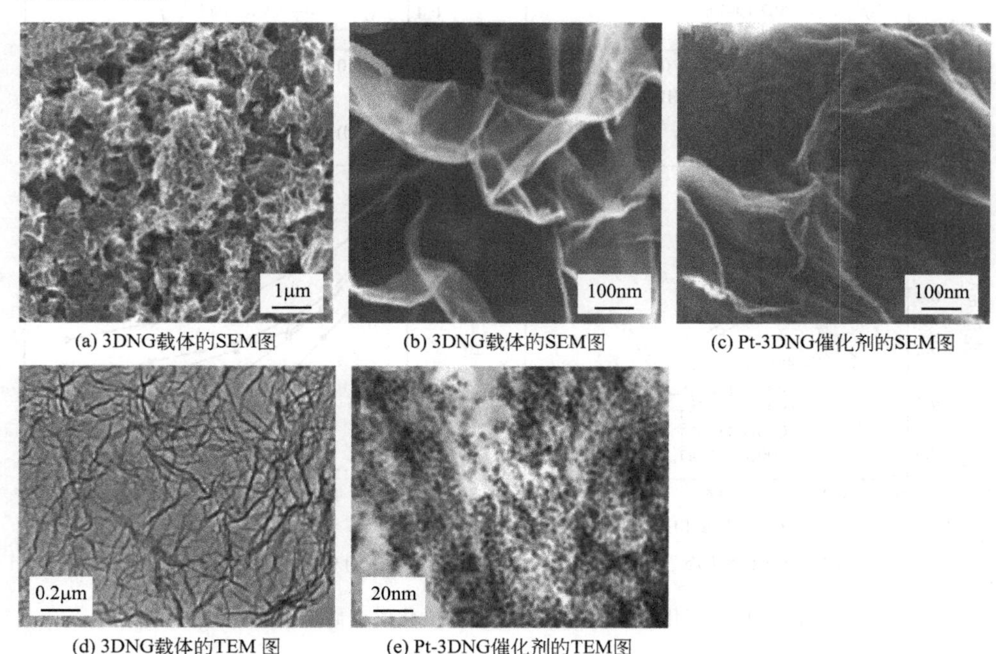

(a) 3DNG载体的SEM图　(b) 3DNG载体的SEM图　(c) Pt-3DNG催化剂的SEM图

(d) 3DNG载体的TEM 图　(e) Pt-3DNG催化剂的TEM图

图 5-13　催化剂的 SEM 和 TEM 图片

聚乙烯吡咯烷酮常被用作纳米金属催化剂合成过程中的保护剂。由于其分子中含有氮原子，研究者们对其进行炭化处理，实现碳载体的氮掺杂。Yang 等[15]利用聚乙烯吡咯烷酮炭化形成的含氮碳覆盖层，实现了 PtRu 电催化剂的稳定化。通过在 0.6～1.0V 电位区间进行的电位扫描循环试验来测试电催化剂的耐久性，结果如图 5-14 所示。经过 600 次电位扫描，CB/PtRu 商品催化剂的氢吸附/脱附峰明显减小。当电位扫描循环次数达到 4200 次时，其电化学表面积仅保留了其初始值的 50%。经 4200 次电位扫描，CB/PBI/PtRu 催化剂损失了约 40%的初始电化学表面积，而 CB/PBI/PtRu/NC 催化剂的电化学表面积则几乎没有损失。与 CB/PtRu 商品催化剂相比，CB/PBI/PtRu 催化剂的耐久性较好，这是由于聚苯并咪唑通过 Pt—N 键作用于 PtRu 粒子，起到了稳定化作用。CB/PBI/PtRu/NC 催化剂的氢吸附/脱附峰在电位扫描循环试验中几乎没有变化，显

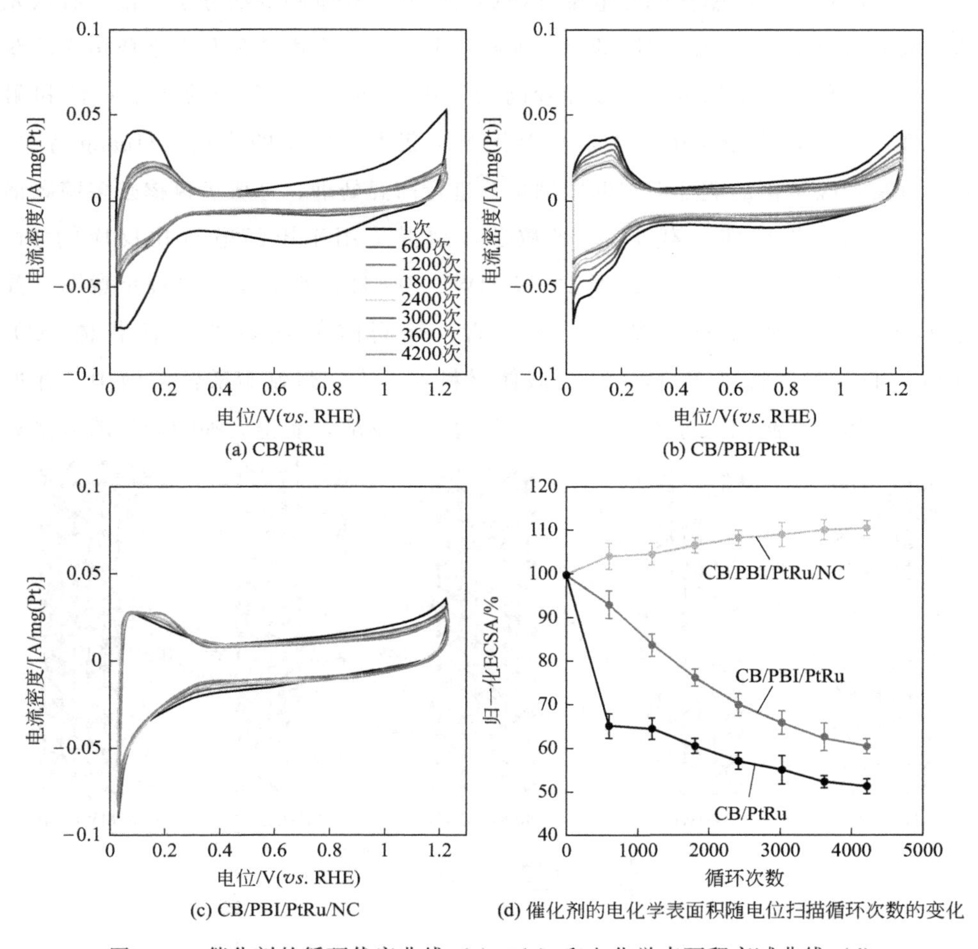

图 5-14　催化剂的循环伏安曲线（a)～(c) 和电化学表面积衰减曲线（d)

示了极高的耐久性。这表明 NC 覆盖层对于提高电催化剂的稳定性极为重要。透射电子显微镜分析显示，耐久性试验后，CB/PtRu 商品催化剂和 CB/PBI/PtRu 催化剂的平均粒径分别为 6.1nm 和 5.5nm；而 CB/PBI/PtRu/NC 催化剂的粒径为 4.1nm，几乎没有变化。这表明 NC 覆盖层阻止了 PtRu 粒子的聚集。同时，耐久性试验还表明，含氮碳覆盖层保护的 PtRu 电催化剂的抗 CO 中毒能力提高了 2 倍，这可以归因于 Ru 溶解速率的降低。这个结论已被 X 射线光电子能谱分析所证实。催化剂中 Ru 组分稳定存在的原因在于由聚乙烯吡咯烷酮炭化过程导致的 Ru 的电子离域，它改变了 Ru 的电子结构，使其难以溶解。含氮碳覆盖层保护的 PtRu 电催化剂的最大功率密度比商品 CB/PtRu 催化剂高约 1.7 倍。

常见的作为氮前驱体的导电聚合物如聚苯胺、聚吡咯等的分子中仅含有六元苯环或五元吡咯环；与之不同的是，聚吲哚分子中含有由苯环和吡咯环构成的双环结构，这种双环结构赋予聚吲哚较高的氧化还原活性、良好的热稳定性和耐腐蚀性。因此，聚吲哚在电化学及催化领域获得了广泛的应用。Huang 等[16]通过对聚吲哚包覆的酸处理多壁碳纳米管进行高温处理，合成了氮掺杂多壁碳纳米管，并以之为载体负载 Pt 纳米粒子，制得了用于甲醇电氧化反应的 Pt/N-MWCNTs 催化剂。图 5-15 是 Pt/N-MWCNTs 催化剂的制备过程示意图。首先以 68% 的浓硝酸处理多壁碳纳米管，得到酸氧化碳纳米管载体 AO-MWCNTs。然后将 AO-MWCNTs 载体材料加入十二烷基硫酸钠溶液中，并加入吲哚单体。逐滴加入过硫酸铵溶液，经过聚合反应，制得聚吲哚修饰的多壁碳

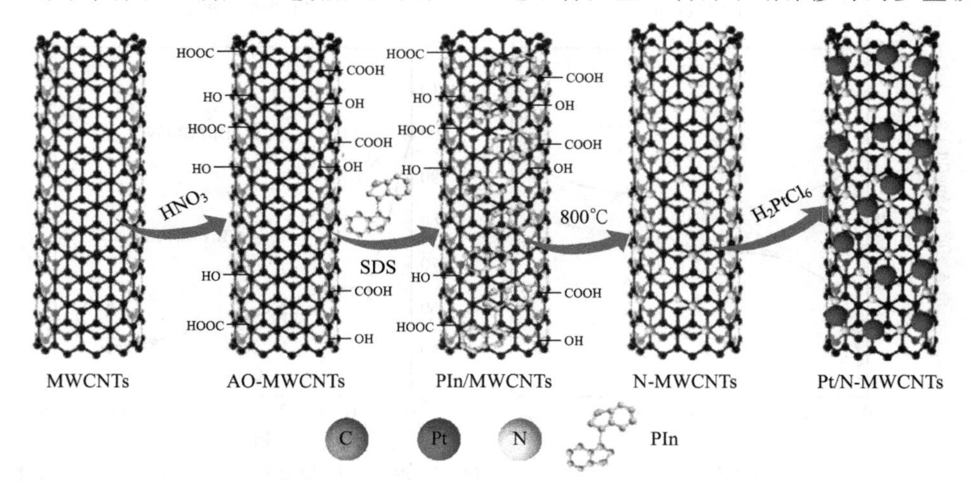

图 5-15　Pt/N-MWCNTs 催化剂的制备过程示意图

纳米管PIn/MWCNTs。将PIn/MWCNTs置于管式炉中，于800℃氩气保护下进行热解反应，得到氮掺杂多壁碳纳米管载体N-MWCNTs。以乙二醇还原法将Pt纳米粒子沉积于N-MWCNTs载体的表面，制得Pt/N-MWCNTs催化剂。

X射线衍射分析表明，Pt/N-MWCNTs催化剂的平均粒径仅为2.11nm，显著小于Pt/AO-MWCNTs催化剂（3.32nm）。透射电子显微镜图片显示，在Pt/N-MWCNTs催化剂中，Pt纳米粒子分散均匀，其晶格间距为0.23nm，对应于Pt（111）晶面的晶格间距。可以看出，通过载体氮掺杂可以有效地控制Pt纳米粒子的尺度和分布。掺杂的氮原子可以提供大量的均匀分布的活性位点，并借助于强电子相互作用锚定Pt纳米粒子。X射线光电子能谱分析显示，与Pt/AO-MWCNTs催化剂相比，Pt/N-MWCNTs催化剂的Pt 4f谱峰的结合能发生了约0.38eV的红移。这可能意味着氮原子掺杂导致多壁碳纳米管的表面发生了电子重排，这也改变了Pt的电子特性。这一现象表明，在掺杂的氮原子和Pt纳米粒子之间存在着强电子相互作用。根据XPS峰面积求得，Pt/N-MWCNTs催化剂的零价Pt含量为79.55%，显著高于Pt/AO-MWCNTs催化剂（73.38%），表面零价金属Pt在Pt/N-MWCNTs催化剂中更具支配地位。较高的Pt（0）含量有助于Pt/N-MWCNTs催化剂甲醇氧化活性的提高。电化学测试结果表明，Pt/N-MWCNTs催化剂具有较大的电化学表面积、较高的甲醇氧化活性和耐久性，以及良好的抗CO中毒能力。这归因于Pt纳米微晶的高分散以及Pt与N-MWCNTs载体之间的强电子相互作用。

邻二氮菲（$C_{12}H_8N_2 \cdot H_2O$）是一种常见的杂环化合物配体，可以与很多金属离子形成稳定的螯合物。Wang等[17]以邻二氮菲为碳源，通过对邻二氮菲修饰的碳载体进行炭化处理，有效地增强了Pt纳米催化剂的活性和耐久性。以炭化处理后的邻二氮菲功能化碳材料（CPF-C）为载体，制备了负载型Pt纳米催化剂，用作甲醇氧化的电催化剂。结果表明，与普通的Pt/C催化剂相比，Pt/CPF-C催化剂中Pt纳米粒子的催化活性得到了显著的改善。这种催化性能提升的主要原因在于稳定化的Pt纳米粒子和氮-功能化CPF-C载体之间的协同效应。

图5-16显示了Pt/CPF-C和Pt/C催化剂的电化学测试结果。根据图5-16（a）中氢吸附/脱附峰面积的数值，可以计算出Pt/CPF-C催化剂的电化学表面积为86.3m^2/g（Pt），远高于Pt/C催化剂的电化学表面积［45.7m^2/g（Pt）］。这是由于CPF-C载体中的氮-功能化结构能够改善Pt纳米粒子成核和生长的动力学过程，使载体表面产生化学活性，有利于Pt与CPF-C之间的相互作用。图

5-16(b) 比较了催化剂的甲醇氧化活性。Pt/CPF-C 催化剂的质量比活性为 0.443A/mg (Pt)，大约是 Pt/C 催化剂质量比活性 [0.207A/mg (Pt)] 的 2 倍。还可以观察到 Pt/CPF-C 催化剂的甲醇氧化起始电位显著低于 Pt/C 催化剂，表明 Pt/CPF-C 催化剂的动力学性能较好，可以在较低电位下催化甲醇氧化反应。以电位扫描循环试验考察了催化剂的长期稳定性，其结果如图 5-16(c) 所示。经过 500 次电位循环扫描，Pt/CPF-C 催化剂损失了 58.8%的甲醇氧化活性，而 Pt/C 催化剂则损失了 64.0%的甲醇氧化活性。显然，Pt/CPF-C 催化剂的活性衰减速率较低。这个现象可以解释如下。Pt/CPF-C 催化剂中的氮-功能化载体使 Pt 纳米粒子不易发生溶解和聚集，从而提高了其电化学稳定性。催化剂的计时电流法试验结果 [图 5-16(d)] 显示，Pt/CPF-C 催化剂抗中毒能力显著强于 Pt/C 催化剂。Pt 纳米粒子和 CPF-C 载体之间的强相互作用改善了 Pt/CPF-C 催化剂的稳定性和耐久性。

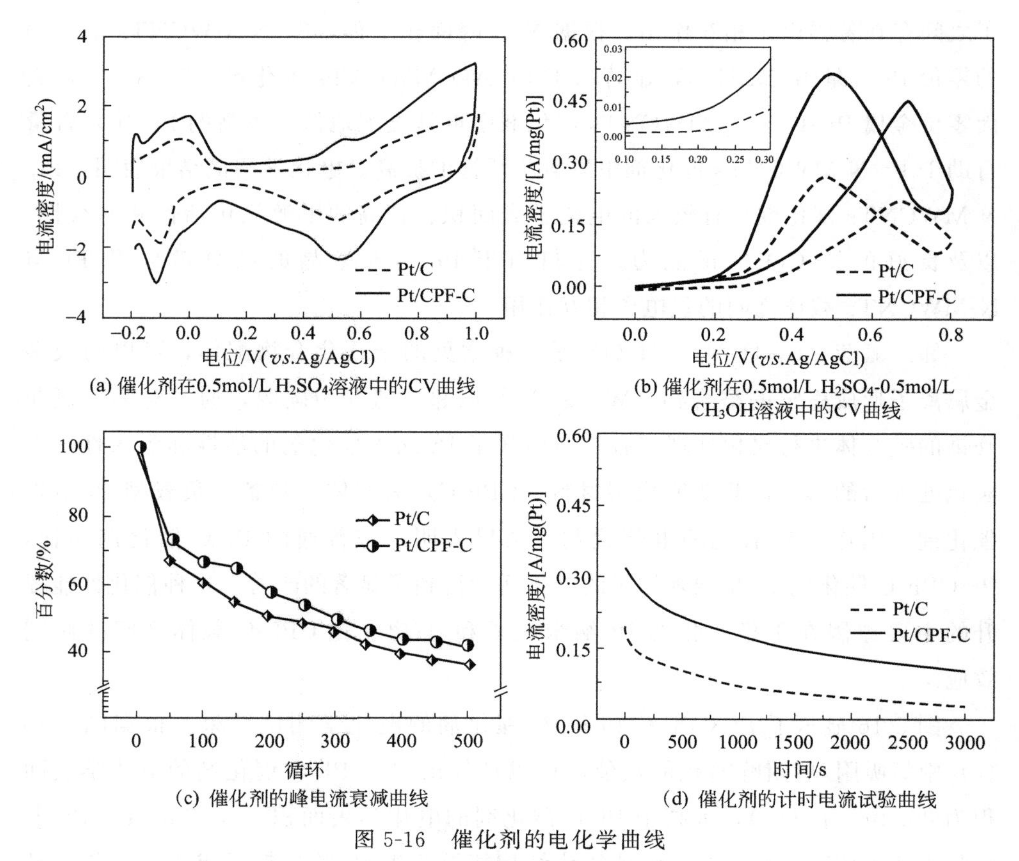

图 5-16 催化剂的电化学曲线

邻二氮菲作为氮源，在负载型 Pd 纳米催化剂中也得到了应用。Yang 等[18]

以邻二氮菲修饰的炭黑为载体，制备了 Pd 纳米催化剂，用于乙二醇的电催化氧化。以邻二氮菲修饰炭黑载体并进行炭化处理，合成了功能化碳载体（PMC），用以固定 Pd 纳米粒子。由于氮掺杂不仅改变了炭黑的物理化学性质和电子性质，而且可以通过协同作用使 Pd 纳米粒子实现稳定化，并产生额外的电子活化作用，Pd/PMC 催化剂在乙二醇氧化反应中具有出色的电化学性能。与常规的 Pd/C 催化剂相比，Pd/PMC 催化剂具有较大的电化学活性表面积，其氧化起始电位比 Pd/C 催化剂低 50mV，氧化电流比 Pd/C 催化剂高 1.77 倍，并且稳定性非常高。图 5-17 为 Pd 纳米催化剂在 0.1mol/L KOH 溶液中的循环伏安曲线。位于−0.5～−0.2V 电位区间的阳极扫描峰归属于 Pd 表面氧化物的形成，而位于电位−0.3V 的阴极扫描峰则归属于这些表面氧化物的还原。通过测量阴极扫描峰的峰面积，可以计算催化剂的电化学活性表面积。结果表明，Pd/CP、Pd/C 和 Pd/PMC 三种催化剂的电化学活性表面积分别为 218.4cm^2/mg（Pd）、418.8cm^2/mg（Pd）和 583.4cm^2/mg（Pd）。可以看出，Pd/CP 催化剂的电化学活性表面积最小，这意味着炭化邻二氮菲（CP）载体的导电性较差。Pd/PMC 催化剂显示出最大的电化学活性表面积，这证实了炭化邻二氮菲修饰的炭黑载体可以提高金属 Pd 的利用率，并改善催化剂的性能。

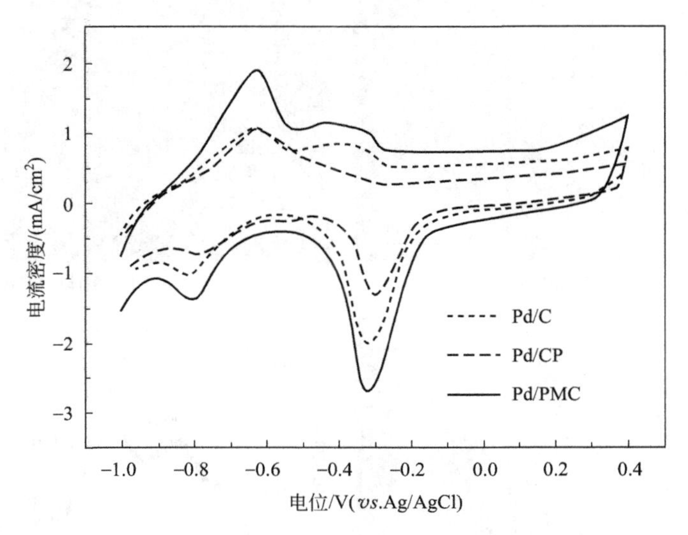

图 5-17　Pd/C、Pd/CP 和 Pd/PMC 催化剂在 N_2 饱和 0.1mol/L KOH 溶液中的循环伏安曲线

离子液体也可以用作氮掺杂碳载体的前驱体。Liu 等[19]以离子液体 1-丁基-3-甲基咪唑二氰胺（BMIMdca）为前驱体，以二氧化硅微球为模板，合成了蜂窝状的氮掺杂多孔碳材料（NPCs）。以 NPCs 材料为载体制备了 Pt 纳米催化剂，

用于碱性介质中甲醇的电化学氧化。催化剂的制备过程如下：以等摩尔数的1-甲基咪唑和 1-溴丁烷制备溴化 1-丁基-3-甲基咪唑（BMIMBr）。在丙酮溶液中将溴化 1-丁基-3-甲基咪唑与 $NaN(CN)_2$ 混合，制得 1-丁基-3-甲基咪唑二氰胺。通过原硅酸四乙酯在乙醇和氨水溶液中的水解来制备 SiO_2 微球。将 SiO_2 微球与1-丁基-3-甲基咪唑二氰胺混合，将得到的混合物在氮气气氛中于 800℃ 炭化。以 10%的 HF 溶液处理得到的黑色粉末，除去 SiO_2 模板，制得 NPCs 多孔复合载体。以乙二醇还原法制备 NPCs 多孔复合载体负载的 Pt 纳米催化剂。图 5-18 显示了 SiO_2 微球和 NPCs 载体材料的扫描电子显微镜图片以及 Pt/NPCs 催化剂的透射电子显微镜图片和 X 射线衍射图谱。扫描电子显微镜图片显示，SiO_2 微球的直径约为 300nm，其尺寸和形貌非常均一。除去二氧化硅模板后得到的 NPCs 复合材料具有规则的孔结构。透射电子显微镜图片显示，Pt 纳米粒子均匀地分散在多孔 NPCs 载体的表面。X 射线衍射分析则显示出具有面心立方结构的 Pt 微晶的（111）、（200）、（220）及（311）晶面的衍射峰。值得注意的是，谱图中还出现了位于 2θ 角度 22.6°的衍射峰，它可以归属于石墨碳的 C（002）晶面衍射峰。这表明在合成 NPCs 载体时，在高温炭化过程中形成了石墨碳结构。

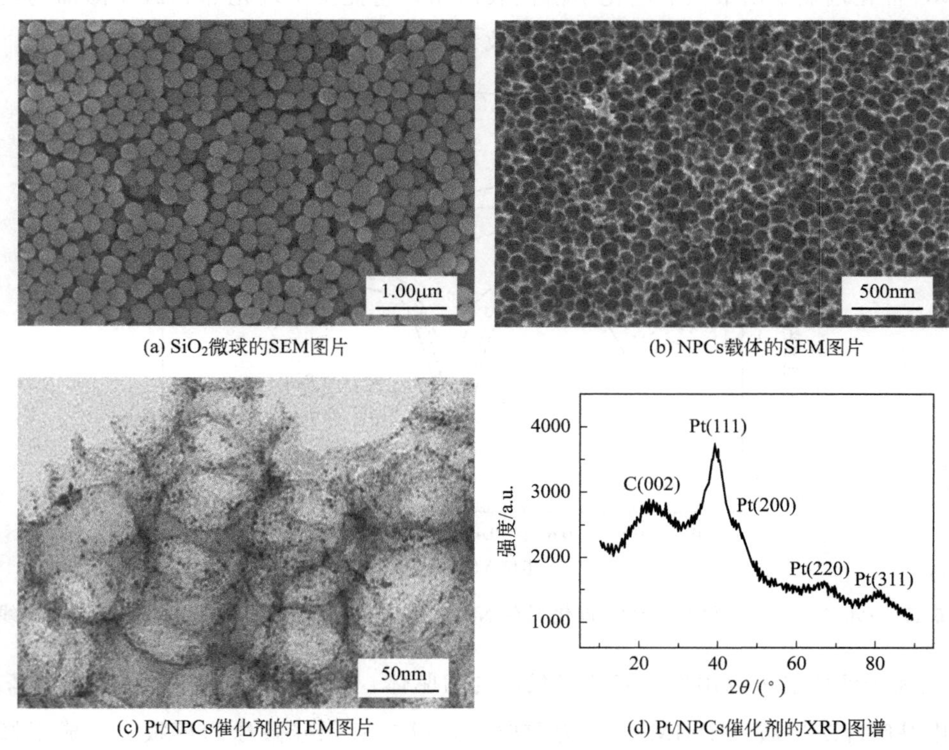

(a) SiO_2微球的SEM图片　(b) NPCs载体的SEM图片

(c) Pt/NPCs催化剂的TEM图片　(d) Pt/NPCs催化剂的XRD图谱

图 5-18　催化剂的表征

NPCs 载体的高比表面积和多孔结构非常有利于 Pt 纳米粒子的均匀分散，它有效地提高了催化剂活性组分的利用率。Pt/NPCs 催化剂在碱性介质中的甲醇氧化活性和稳定性均显著高于 Pt/C 商品催化剂。

水合肼作为一种含氮化合物，可以用作氮源来实现碳载体的功能化。Choi 等[20]制备了具有高活性和高选择性的氮-掺杂 Pt/C 电催化剂，用于氧还原反应。采用低温水相合成方法制备了氮-掺杂 Pt/C 催化剂（Pt/NC）。以水合肼处理 Pt/C 催化剂，可以制备出氮含量可控的 Pt/NC 催化剂。与不含氮的 Pt/C 催化剂相比，Pt/NC 催化剂在氧还原反应中显示出较高的电催化活性和稳定性。研究还发现，Pt/NC 催化剂的氧还原活性高度依赖其氮含量。含氮 2.0%的 Pt/NC 催化剂具有最高的氧还原活性。图 5-19 显示了氮掺杂炭黑及其负载 Pt 催化剂的 X 射线光电子能谱和氮掺杂碳的结构示意图。水合肼处理后的炭黑的 N 1s 谱峰位于 402.0eV，它主要对应于氨物种。该谱峰显示，在水合肼处理后的炭黑载体

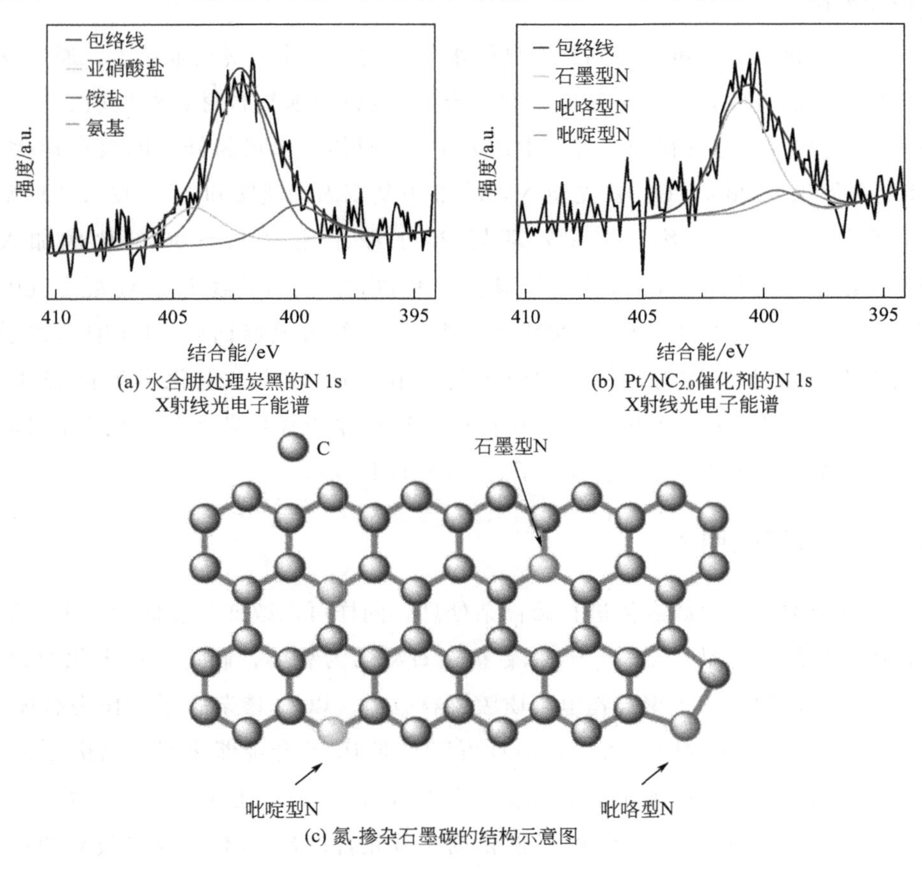

图 5-19　氮掺杂炭黑及其负载铂催化剂的 X 射线光电子能谱和氮掺杂碳的结构示意图

中，氮原子并没有与碳载体形成掺杂。与之形成鲜明对照的是，在 Pt/NC 催化剂的 N 1s X 射线光电子能谱谱图中，可以观察到石墨型氮、吡咯型氮以及吡啶型氮的特征谱峰，其峰位置分别位于结合能 401.0eV、399.8eV 以及 398.3eV 处。这表明在 Pt/NC 催化剂中实现了有效的氮掺杂。增加氮源的加入量可以促进吡咯型和吡啶型活性位的形成。

对碳载体依次采用酸化和氨化处理，再进行热解，可以实现碳载体的氮掺杂。Hiltrop 等[21]于 473K 以硝酸蒸气处理碳纳米管，得到氧化碳纳米管 OCNTs。然后于 673K 以 10% NH_3/He 混合气体处理 OCNTs，得到氮掺杂碳纳米管 NCNTs 载体。以胶体沉积法将 Pd 纳米粒子沉积到 NCNTs 载体的表面，于 473K 经过 10% H_2/He 混合气体还原，制得 Pd/NCNTs 催化剂，用于碱性介质中的乙醇电氧化反应。测试结果显示，Pd/NCNTs 催化剂的乙醇氧化活性远高于 Pd/OCNTs 催化剂，这可以归因于 Pd 纳米粒子与氮掺杂碳纳米管载体之间的强相互作用。

采用超枝化聚合，可以得到具有良好水分散性的胶体金属纳米粒子。通过改变聚合物单体的组成，可以精确地控制聚合物/金属纳米复合材料的性质。于彦存等[22]通过在原位超支化聚合过程中加入 Pd 前驱体，形成氮修饰的聚合物/纳米 Pd 复合催化剂 PdN_x/C。首先使 N,N'-亚甲基双丙烯酰胺和 1-(2-胺乙基）哌嗪在溶液中发生聚合，然后按端氨基与 Pd 的摩尔比为 10～30 的比例加入 H_2PdCl_4 溶液，并加入 Vulcan XC-72 炭黑。将得到的复合物在 H_2/Ar 混合气中于 450℃进行热还原处理，制得 PdN_x/C 催化剂。经过氮修饰后，Pd 纳米粒子在碳载体上分散十分均匀，其平均粒径稳定在 2nm 左右。电化学测试表明，PdN_x/C 催化剂具有较高的甲酸电氧化性能，这得益于氮掺杂所导致的 Pd 纳米粒子的高分散度以及 Pd 与掺杂氮原子之间的协同效应。

5.3.2 硫原子的引入

与氮掺杂类似，对碳载体进行硫掺杂处理，同样可以改变其表面的物理化学性质，达到功能化效果。Xu 等[23]以硫-掺杂石墨烯为载体，制备了稳定化的铂-镍合金纳米催化剂，用于聚合物电解质膜燃料电池。以硫-掺杂石墨烯作为载体，不仅可以提高 Pt 催化剂的耐久性，而且可以改变 Pt 基合金催化剂的晶格参数。将氧化石墨烯与二苯二硫醚混合，在氩气保护下于 1000℃处理 30min。以氢气-氩气还原法制备负载型的 Pt-Ni 纳米催化剂。首先合成硫-掺杂石墨烯负载的铂-镍合金纳米粒子；然后以化学方法进行去合金化处理；最后进行后加热处理。对制得的 Pt-Ni/SG、Pt-Ni/SG-DA 和 Pt-Ni/SG-PHT 催化剂进行了物理表征。图 5-20 是催化剂的透射电子显微镜图片和粒径分布图。可以看出，新制备的 Pt-Ni/SG 催化剂具有较宽的粒径分布区间，其粒径分布范围为 3～10nm。这是由于高温处理会造成 Pt 纳米粒子的烧结。相比之下，去合金纳米催化剂 Pt-Ni/SG-DA 的粒径则小得多，只有 2nm 左右。这是由于过渡金属从颗粒中流失，留下以铂为主的组分。经过第二次加热处理，从粒径分布图中可以看出，Pt-Ni/SG-PHT 催化剂又经历了粒径生长过程，其粒径分布范围为 2～7nm。由于第二次加热处理的温度较低，其粒径增长幅度较小。

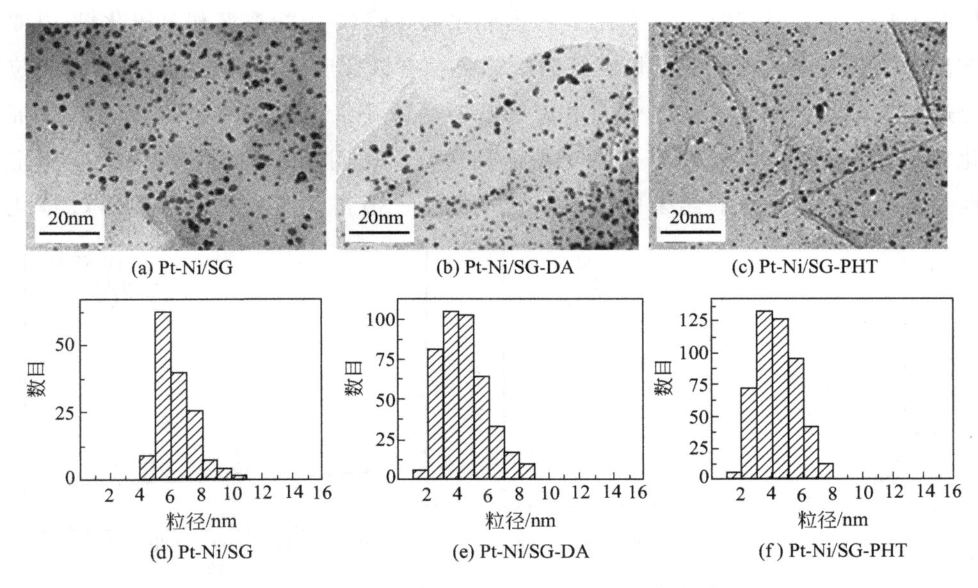

图 5-20　催化剂的 TEM 图片和粒径分布图

半电池电化学测试结果表明，Pt-Ni/SG-PHT 催化剂具有优越的性能。经过 1500 次电位扫描循环后，其电化学活性表面积和质量比活性分别损失了 27%和 28%；而同样条件下，商品 Pt/C 催化剂的电化学活性表面积和质量比活性则分别损失了 59%和 69%。由此可以看出，纳米金属粒子和硫-掺杂石墨烯之间的强相互作用产生于催化剂的后加热处理过程。Pt-Ni/SG-PHT 是一种具有高稳定性的氧还原电催化剂。

将两种元素共掺杂于碳载体中，可以得到不同于单一元素掺杂的功能化效果。Zhang 等[24]将钯纳米粒子负载于氮和硫共掺杂的石墨烯载体上，制得了高活性的甲酸和甲醇氧化电催化剂。在共掺杂过程中，以 1,3,4-噻重氮-2,5-二硫酚（$C_2H_2N_2S_3$，TDDT）作为 N 和 S 的前驱体。将氧化石墨烯和 TDDT 的混合物在氩气保护下于700℃进行加热处理，使N和S原子进入碳的骨架中，同时使氧化石墨烯得以还原。由此得到的功能化石墨烯材料NS-G可以提供充足的具有锚定作用的活性位，使Pd纳米粒子得以均匀地生长。Pd/NS-G催化剂结构独特，具有以下优点：①具有较大的比表面积，有利于电解质的进入；②具有较小的电荷转移电阻，电子传递速率快；③具有大量的高催化活性的Pd活性位；④具有丰富的羟基物种（由N和S原子产生），有利于CO类毒性中间产物的氧化。这些优点都有助于提升催化剂的动力学活性。Pd/NS-G催化剂的电催化性能显著优于以Vulcan XC-72R炭黑为载体的Pd/C催化剂和以未掺杂石墨烯为载体的Pd/G催化剂。图5-21分别显示了催化剂在硫酸-甲酸溶液和氢氧化钠-甲醇溶液中的计时电流曲线和活性衰减曲线。由于电极反应的中间产物在Pd活性位上逐渐积累，计时电流曲线中的电流密度不断减小。可以观察到，Pd/NS-G催化剂的电流密度衰减速率明显小于其他催化剂，表明其具有较高的电化学稳定性。电位扫描循环试验结果也验证了这一结论。值得注意的是，Pd/NS-G催化

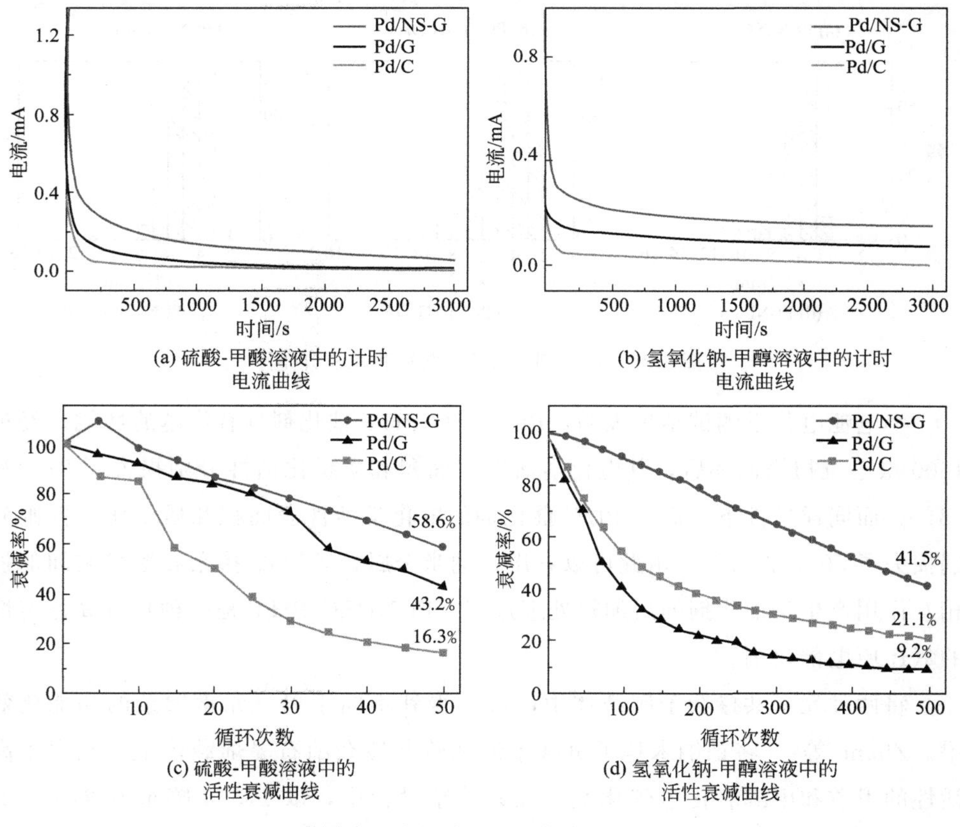

图5-21 不同溶液中的计时电流曲线和活性衰减曲线

剂在酸性介质中经过50次电位扫描循环后，其初始活性仅损失了41.4%；在碱性介质中经过500次电位扫描循环后，其初始活性仅损失了58.5%。与之形成鲜明对照的是，Pd/G催化剂在经过50次（酸性介质）和500次（碱性介质）电位扫描循环后，其初始活性分别损失了56.8%和90.8%。Pd/C催化剂在经过50次（酸性介质）和500次（碱性介质）电位扫描循环后，其初始活性分别损失了83.7%和78.9%。通过比较可以看出，Pd/NS-G催化剂在甲酸和甲醇的电化学氧化反应中具有极高的耐久性。

5.3.3　磷原子的引入

磷与氮同属ⅤA族元素，具有相似的外层电子结构。近年来，磷掺杂碳载体被用于电催化剂载体的功能化。Pereira等[25]以磷-掺杂炭黑为载体，制备了PtRu纳米催化剂，用于甲醇的电氧化反应。在氩气气氛中，于800℃温度下以H_3PO_4处理Vulcan XC-72炭黑，制得磷-掺杂炭黑载体。以乙二醇还原法将PtRu纳米粒子负载于磷-掺杂炭黑载体上。图5-22为Pt/C、Pt/P-C、PtRu/C及PtRu/P-C电催化剂的透射电子显微镜图片。可以看到，在Pt/C催化剂中，Pt纳米粒子的分布较为均匀，其平均粒径为4.2nm；在Pt/P-C催化剂中，Pt纳米粒子的分布同样较为均匀，而平均粒径则只有3.8nm。类似的情况也出现在PtRu/C和PtRu/P-C催化剂上。PtRu/C催化剂的平均粒径为3.7nm，而PtRu/P-C催化剂的平均粒径则只有2.9nm。可见，磷原子的引入有效地改善了碳载体的分散性能。拉曼光谱显示，与未掺杂的Vulcan XC-72炭黑相比，磷-掺杂炭黑的d-带和g-带强度明显不同。X射线衍射分析显示，Pt的面心立方结构相与Ru的无定形相共存于PtRu/C催化剂中；而在PtRu/P-C催化剂中，则存在PtRu合金相和Ru的六方紧密堆积相。电化学测试表明，以磷-掺杂炭黑作为PtRu纳米催化剂的载体，可以改善催化剂的甲醇氧化活性。这种活性的改善归因于催化剂平均粒径的减小和由金属-载体相互作用所导致的Pt、Ru活性物种的增加。

随着石墨烯在电催化剂领域应用的不断增加，对其表面进行磷原子掺杂成为一种有效的功能化改性手段。An等[26]以磷-掺杂石墨烯为载体，制备了用于甲醇氧化反应的Pt纳米电催化剂。将氧化石墨烯与磷酸混合，在氢气/氩气气氛中于800℃焙烧2h，得到磷-掺杂石墨烯载体（PG）。以微波辅助乙二醇还原法将Pt纳米粒子负载于磷-掺杂石墨烯载体上，制得Pt/PG催化剂。磷-掺杂显著地增加了石墨烯的缺陷位，这有利于Pt纳米粒子的均匀负载，同时还减小了催化

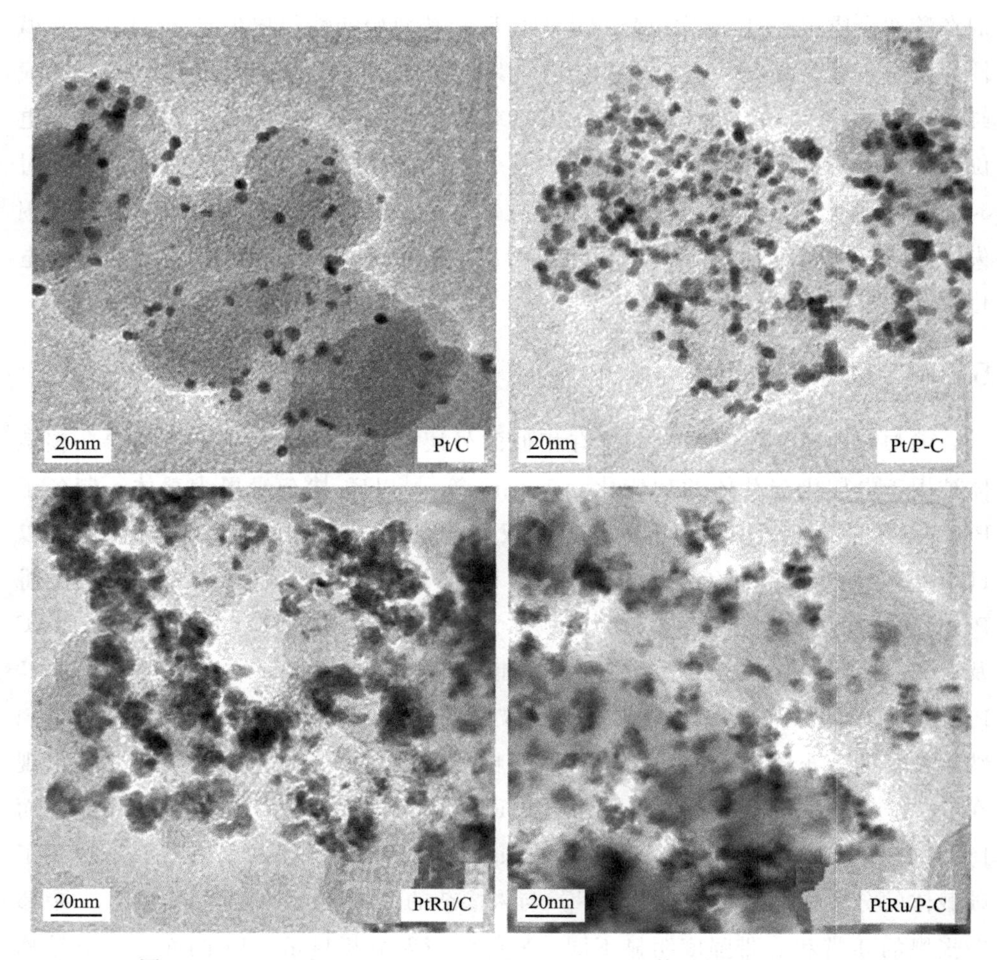

图 5-22 Pt/C、Pt/P-C、PtRu/C 及 PtRu/P-C 电催化剂的 TEM 图片

剂的平均粒径。电化学测试结果表明，Pt/PG 催化剂的甲醇电氧化活性是未掺杂石墨烯负载的催化剂 Pt/G 的 2.4 倍。此外，Pt/PG 催化剂还具有良好的电化学稳定性和显著的抗 CO 中毒能力。采用电位扫描循环试验考察了 Pt/G、Pt/PG 和 Pt/C 三种电催化剂的电化学稳定性，结果如图 5-23 所示。图中显示，在加速老化试验过程中，Pt/G 和 Pt/C 催化剂的氢吸附/脱附峰的峰面积显著减小，而 Pt/PG 催化剂则稳定得多。电化学表面积数据显示，经过 1000 次的电位扫描循环试验，Pt/PG 催化剂仍保持了 87％的初始活性。相比之下，Pt/G 和 Pt/C 催化剂则仅保持了 65％和 60％的初始活性。Pt/PG 催化剂的高稳定性可以归因于磷-掺杂石墨烯与 Pt 纳米粒子之间的强相互作用。这种强相互作用改变了 Pt 的 d 轨道能级，进而弱化了电极反应中间产物在催化剂表面的吸附。此外，

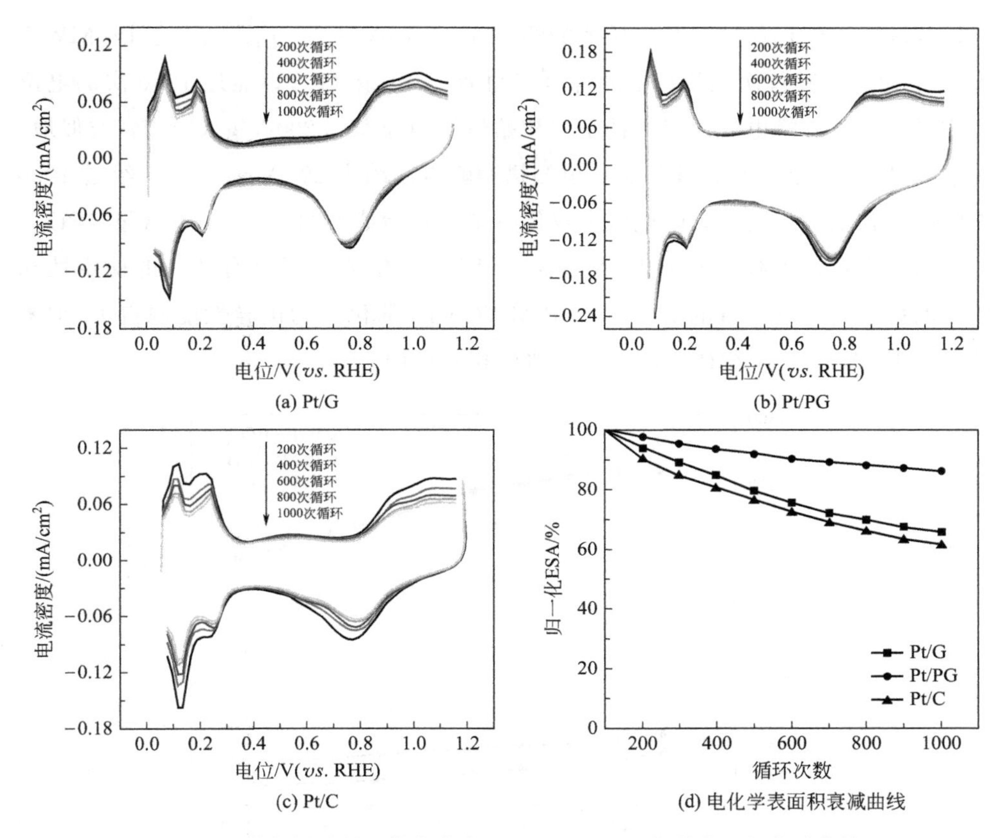

图 5-23　催化剂的循环伏安曲线（a）～（c）和电化学表面积衰减曲线

磷-掺杂石墨烯载体上较多的缺陷位强化了载体对 Pt 纳米粒子的锚定作用，从而显著改善了其电化学稳定性。

除磷酸外，有机含磷化合物也被用于磷-掺杂碳载体的合成。Liu 等[27]以三苯基膦为磷源，通过热解手段合成了磷-掺杂多壁碳纳米管 P-MWCNTs。将 Pt 纳米粒子负载于磷-掺杂碳纳米管上，制备了 Pt/P-MWCNTs 催化剂，用作直接甲醇燃料电池的阳极催化剂。试验表明，与普通的 Pt/MWCNTs 催化剂相比，Pt/P-MWCNTs 催化剂在酸性介质中具有较高的电催化活性和良好的长期运行稳定性。其高催化性能来源于 Pt 纳米粒子的高分散、高利用率以及 Pt 纳米粒子对甲醇氧化反应催化活性的改善。磷-掺杂多壁碳纳米管的合成可以通过甲苯和三苯基膦的热解来实现[28]。热解过程在氩气保护下进行，温度为 1000℃。

以电位扫描循环试验考察电催化剂的稳定性。催化剂的甲醇氧化峰电流随电位扫描循环次数的变化情况如图 5-24 所示。结果显示，对于 Pt/P-MWCNTs 催化剂，其首次电位扫描的峰电流为 1066A/g（Pt）；经过 1000 次的电位扫描循环后，其峰电流值仍保持了其初始值的约91%［970A/g（Pt）］。而对于Pt/MWCNTs催化剂，其首次电位扫描的峰电流约为340A/g（Pt）；经过1000次的电位扫描循环后，其峰电流值仅保持了其初始值的约59%［200A/g（Pt）］。类似地，对于商品Pt/C催化剂，其首次电位扫描的峰电流约为291A/g（Pt）；经过1000次的电位扫描循环后，其峰电流值仅保持了其初始值的约41%［119A/g（Pt）］。以上结果表明，负载于P-MWCNTs载体上的Pt纳米粒子具有超高的稳定性和较好的抗中间产物中毒的能力。Pt/P-MWCNTs催化剂的优异性能源自Pt纳米粒子和P-MWCNTs载体之间的界面协同相互作用。

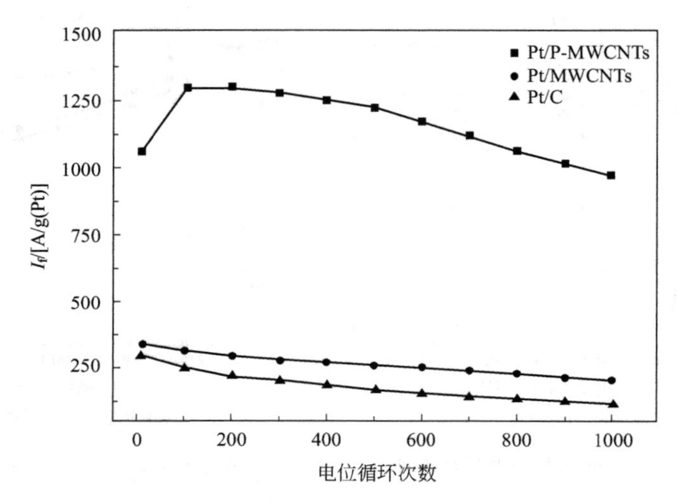

图5-24　电位扫描循环试验中甲醇氧化峰电流的变化

在碳载体表面同时引入磷和氮，实现磷-氮双掺杂，可以有效地提升电催化剂的活性。Chen等[29]以磷-氮双掺杂石墨烯N-P-G为载体，制备了Pd/N-P-G纳米催化剂，用于碱性介质中的甲醇电氧化反应。以Hummers法制备氧化石墨烯。将氧化石墨烯与磷酸溶液混合，于150℃进行水热处理，得到复合物。在氩气保护下，将复合物于500℃进行焙烧，得到磷掺杂石墨烯材料P-G。将氧化石墨烯与氨水混合，于200℃进行反应，可以制得氮掺杂石墨烯材料N-G。将以上两个步骤结合起来，可以制得磷和氮双掺杂的石墨烯材料N-P-G。具体步骤如下。首先制备N-G材料，然后将磷掺杂到N-G材料中，制得N-P-G材料。以N-P-G材料为载体，采用硼氢化钾还原法分别制备了Pd/G、Pd/N-G、Pd/P-G和Pd/N-P-G催化剂。在Pd/N-P-G催化剂中，Pd纳米粒子均匀地分布在呈二维片状结构的N-P-G载体上，其平均粒径约为4.59nm。

电化学测试结果表明，Pd/N-P-G、Pd/P-G、Pd/N-G和Pd/G四种催化剂的电化学表面积分别为133.5m^2/g、48.7m^2/g、33.8m^2/g和15.8m^2/g。可见，Pd/N-P-G催化剂中氮和磷的共掺杂协同作用极大地促进了Pd纳米粒子的均匀分散。Pd/N-P-G催化剂的甲醇氧化峰电流密度为108.6mA/cm^2，显著高于Pd/P-G(51.2mA/cm^2)、Pd/N-G(35.0mA/cm^2)和Pd/G(12.7mA/cm^2)。这表明以氮-磷共掺杂碳的载体制得的Pd催化剂的活性显著高于以氮或磷单独掺杂的碳载体制得的Pd催化剂。这是由于氮-磷共掺杂可以在碳载体表面产生更多用于锚定Pd纳米粒子的缺陷位，从而大幅提高了Pd纳米粒子的利用率。此外，氮-磷共掺杂还显著改善了Pd催化剂的抗中毒能力。

X射线光电子能谱显示，磷或氮原子的掺杂可以调节石墨烯的电子结构，并增大Pd的电子密度；同时，还可以增强载体材料和金属催化剂之间的相互作用。因此，在Pd/P-G和Pd/N-P-G催化剂中，以金属形式存在的Pd的含量较高。这使得Pd 3d轨道的结合能下降，从而减小了中间产物的吸附能。吸附能的减小有利于催化剂表面残留碳质副产物（如CO等）的除去。更为重要的是，在Pd/N-P-G催化剂中，由于氮和磷的协同效应，使P—C键的占比有所提高。这意味着较多的磷原子参与到碳原子的共轭π键体系中，由此会导致较多的结构扭曲和缺陷位，有利于Pd纳米粒子的锚定和分散。

总结上述研究结果可以看出，通过有机化合物的热解炭化过程，可以有效地改善碳载体的结构和组成，使电催化剂的活性组分得到更充分的利用。有机化合物的组成和结构多种多样，其热解产物的空间结构、炭化程度及导电性等也存在差异。这些因素直接影响到电催化剂的分散性、传质性能和导电性。同时，以含有杂原子的有机化合物为前驱体，还可以实现碳载体的掺杂。通过控制有机化合物前驱体的种类、含量及热解条件，可以实现杂原子的定量引入。碳载体的掺杂可以极大地改善催化剂活性金属组分的分散状况；同时，引入的杂原子可以与负载的纳米金属粒子发生协同相互作用，显著提升其催化活性、抗中毒能力及电化学稳定性。基于有机化合物组成和结构的多样性，载体的热解功能化在电催化剂的制备和性能改进中将会发挥更加重要的作用。

参考文献

[1] Yan Z., Xie J., Zong S., et al. Small-sized Pt particles on mesoporous hollow carbon spheres for highly stable oxygen reduction reaction [J]. Electrochim. Acta, 2013, 109: 256-261.

[2] Liu X., Duan J., Chen H., et al. A carbon riveted Pt/Graphene catalyst with high stability for direct methanol fuel cell [J]. Microelectronic Engineering, 2013, 110: 354-357.

[3] Chu Y. Y. , Wang Z. B. , Jiang Z. Z. , et al. A Novel structural design of a Pt/C-CeO_2 catalyst with improved performance for methanol electro-oxidation by β-cyclodextrin carbonization [J]. Adv. Mater. , 2011, 23: 3100-3104.

[4] Jiang Z. Z. , Wang Z. B. , Chu Y. Y. , et al. Carbon riveted microcapsule Pt/MWCNTs-TiO_2 catalyst prepared by in situ carbonized glucose with ultrahigh stability for proton exchange membrane fuel cell [J]. Energy Environ. Sci. , 2011, 4: 2558-2566.

[5] Furukawa H. , Cordova K. E. , O'Keeffe M. , et al. The chemistry and applications of metal-organic frameworks [J]. Science, 2013, 341: 1230444.

[6] Du C. , Gao X. , Cheng C. , et al. Metal organic framework for the fabrication of mutually interacted Pt-CeO_2-C ternary nanostructure: advanced electrocatalyst for oxygen reduction reaction [J]. Electrochim. Acta, 2018, 266: 348-356.

[7] Ali H. , Zaman S. , Majeed I. , et al. Porous carbon/rGO composite: an ideal support material of highly efficient palladium electrocatalysts for the formic acid oxidation reaction [J]. ChemElectroChem, 2017, 4: 1-9.

[8] Khan I. A. , Badshah A. , Haider N. , et al. Porous carbon as electrode material in direct ethanol fuel cells (DEFCs) synthesized by the direct carbonization of MOF-5 [J]. J. Solid State Electrochem. , 2014, 18: 1545-1555.

[9] Zhang Q. , Yang Z. , Ling Y. , et al. Improvement in stability of PtRu electrocatalyst by carbonization of in-situ polymerized polyaniline [J]. Int. J. Hydrogen Energy, 2018, 43: 12730-12738.

[10] Gavrilov N. , Dašić-Tomić M. , Pašti I. , et al. Carbonized polyaniline nanotubes/nanosheets-supported Pt nanoparticles: Synthesis, characterization and electrocatalysis [J]. Materials Letters, 2011, 65: 962-965.

[11] 王丽，马俊红．氮掺杂还原氧化石墨烯负载铂催化剂的制备及甲醇电氧化性能 [J]. 物理化学学报, 2014, 30 (7): 1267-1273.

[12] Öztürk A. , Yurtcan A. B. . Synthesis of polypyrrole (PPy) based porous N-doped carbon nanotubes (N-CNTs) as catalyst support for PEM fuel cells [J]. Int. J. Hydrogen Energy, 2018, 43: 18559-18571.

[13] Chen Y. , Wang J. , Liu H. , et al. Enhanced stability of Pt electrocatalysts by nitrogen doping in CNTs for PEM fuel cells [J]. Electrochem. Commun. , 2009, 11: 2071-2076.

[14] Chu F. , Li X. , Yuan W. , et al. Nitrogen-doped three-dimensional graphene-supported platinum catalysts for polymer electrolyte membrane fuel cells application [J]. Functional Materials Letters, 2018, 11 (1): 1850015.

[15] Yang Z. , Cai W. , Zhang Q. , et al. Stabilization of PtRu electrocatalyst by nitrogen doped carbon layer derived from carbonization of poly (vinyl pyrrolidone) [J]. Int. J. Hydrogen Energy, 2017, 42: 12583-12592.

[16] Huang K. , Zhong J. , Huang J. , et al. Fine platinum nanoparticles supported on polyindole-derived

nitrogendoped carbon nanotubes for efficiently catalyzing methanol electrooxidation [J]. Appl. Surf. Sci., 2020, 501: 144260.

[17] Wang W., Yang Y., Wang F., et al. Carbonized phenanthroline functionalized carbon as an alternative support: A strategy to intensify Pt activity and durability for methanol oxidation [J]. RSC Adv., 2015, 5: 17216-17222.

[18] Yang Y., Wang W., Liu Y., et al. Pd nanoparticles supported on phenanthroline modified carbon as high active electrocatalyst for ethylene glycol oxidation [J]. Electrochim. Acta, 2015, 154: 1-8.

[19] Liu Y., Zhang Y., Zhai C., et al. Nitrogen-doped porous carbons supported Pt nanoparticles for methanol oxidation in alkaline medium [J]. Mater. Lett., 2016, 166: 16-18.

[20] Choi S. I., Lee S. U., Choi R., et al. Nitrogen-doped Pt/C electrocatalysts with enhanced activity and stability toward the oxygen reduction reaction [J]. ChemPlusChem, 2013, 78: 1252-1257.

[21] Hiltrop D., Masa J., Maljusch A., et al. Pd deposited on functionalized carbon nanotubes for the electrooxidation of ethanol in alkaline media [J]. Electrochem. Commun., 2016, 63: 30-33.

[22] 于彦存，王显，葛君杰，等．超支化聚合物氮修饰Pd催化剂促进甲酸电催化氧化 [J]. 高等学校化学学报，2019，40 (7)：1433-1438.

[23] Xu C., Hoque M. A., Chiu G., et al. Stabilization of platinum-nickel alloy nanoparticles with a sulfur-doped graphene support in polymer electrolyte membrane fuel cells [J]. RSC Adv., 2016, 6: 112226-112231.

[24] Zhang X., Zhu J., Tiwary C. S., et al. Palladium nanoparticles supported on nitrogen and sulfur dual-doped graphene as highly active electrocatalysts for formic acid and methanol oxidation [J]. ACS Appl. Mater. Interfaces, 2016, 8: 10858-10865.

[25] Pereira V. S., da Silva J. C. M., Neto A. O., et al. PtRu Nanoparticles supported on phosphorous-doped carbon as electrocatalysts for methanol electro-oxidation [J]. Electrocatalysis, 2017, 8 (3): 245-251.

[26] An M., Du C., Du L., et al. Phosphorus-doped graphene support to enhance electrocatalysis of methanol oxidation reaction on platinum nanoparticles [J]. Chem. Phys. Lett., 2017, 687: 1-8.

[27] Liu Z., Shi Q., Peng F., et al. Pt supported on phosphorus-doped carbon nanotube as an anode catalyst for direct methanol fuel cells [J]. Electrochem. Commun., 2012, 16: 73-76.

[28] Liu Z. W., Peng F., Wang H. J., et al. Phosphorus-doped graphite layers with high electrocatalytic activity for the O_2 reduction in an alkaline medium [J]. Angew. Chem., 2011, 123: 3315-3319.

[29] Chen D., He Z., Pei S., et al. Pd nanoparticles supported on N and P dual-doped graphene as an excellent composite catalyst for methanol electro-oxidation [J]. J. Alloy. Compd., 2019, 785: 781-788.

第6章 无机材料的功能化作用

有机化合物拥有复杂的分子结构和特征官能团，可以对催化剂的活性组分产生形式多样的功能化作用。无机材料的组成和结构相对规整，其功能化作用主要通过表面结构、表面作用力以及表面原子的协同效应来实现。利用无机材料（如杂多酸、多孔氧化硅等）的空间效应、静电效应以及它们与纳米金属粒子之间的协同相互作用，可以改善纳米金属催化剂的催化活性和稳定性。

6.1 杂多酸自组装结构的功能化作用

杂多酸是由杂原子（如 P、Si、Fe、Co 等）和多原子（如 Mo、W、V、Nb、Ta 等）按一定的结构通过氧原子配位桥联组成的一类含氧多酸。杂多酸不但具有酸性，而且具有氧化还原性，这使得这一类化合物在催化领域有着重要的应用价值。利用杂多酸在固体物质表面能够自发地形成自组装结构的特性，可以方便地实现催化剂的表面修饰和改性。

具有 Keggin 结构的杂多酸被广泛地应用于电催化领域，其通式可以用 $[XM_{12}O_{40}]^{x-8}$ 表示[1]。其结构如图 6-1 所示。化合物的中心是杂原子 X（X＝Si、

P等，其氧化态为x)，在它的周围以四面体的形式附着了4个氧原子。M是多原子，通常为Mo或W。含杂原子的中心四面体被12个MO_6八面体所包围。除12个末端氧原子外，所有的氧原子都被共享。Ferrell等[1]以$H_3PMo_{12}O_{40}$和$H_3PW_{12}O_{40}$修饰直接甲醇燃料电池的阳极Pt/C催化剂。燃料电池测试结果表明，HPW-Pt和HPMo-Pt催化剂都显示出高催化性能。电化学阻抗模型显示，在电极催化层中引入杂多酸，可以有效地降低催化层中的电荷传递阻力。杂多酸具有协同催化作用。

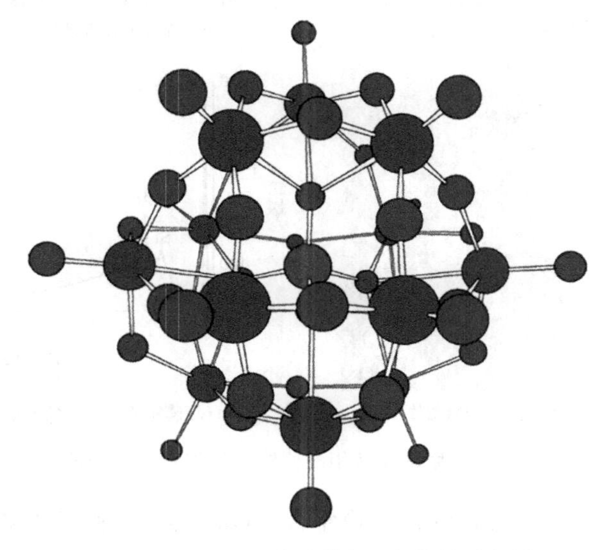

图6-1　Keggin杂多酸阴离子的结构示意图

以杂多酸修饰纳米碳材料的表面，可以改善其表面的分散性和协同性。Pan等[2]利用磷钼酸与碳材料之间的化学吸附，实现了碳纳米管的杂多酸修饰。以磷钼酸修饰的碳纳米管为载体，采用电化学沉积法制备了Pt和Pt-Ru纳米电催化剂，用于甲醇的电催化氧化。图6-2展示了磷钼酸修饰前后碳纳米管载体的形貌。图中清晰地显示，经过磷钼酸修饰后，在碳纳米管表面形成了一层膜状物质。能谱检测结果也证实了磷钼酸的存在。基于碳纳米管独特的电性能以及杂多酸出色的氧化还原性能和高质子导电性，以磷钼酸修饰碳纳米管为载体制得的Pt和Pt-Ru催化剂具有优异的催化性能。与未引入杂多酸的催化剂相比，其交换电流密度提高了1.4倍，比活性提高了1.5倍，并且其循环放电稳定性也得到了大幅度的提升。

Keggin型杂多酸阴离子能够以不可逆的方式吸附在碳材料和金属的表面，形成结构化的薄层。利用这些杂多酸阴离子的静电排斥作用，可以阻止催化剂纳

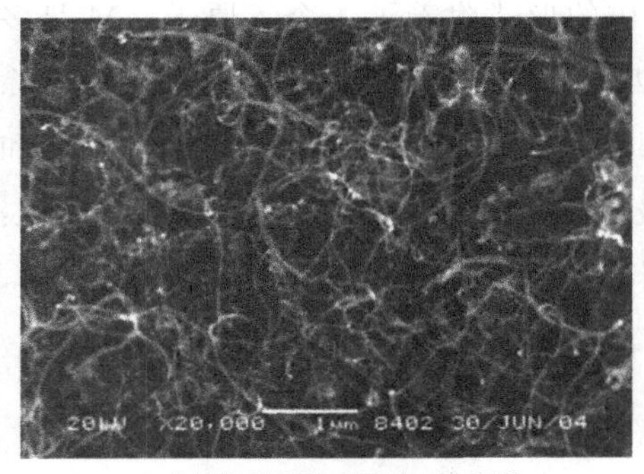

(a) 未修饰的碳纳米管的SEM图片

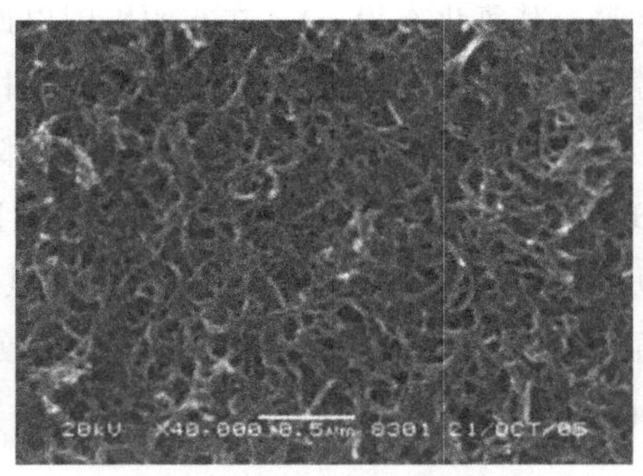

(b) 磷钼酸修饰碳纳米管的SEM图片

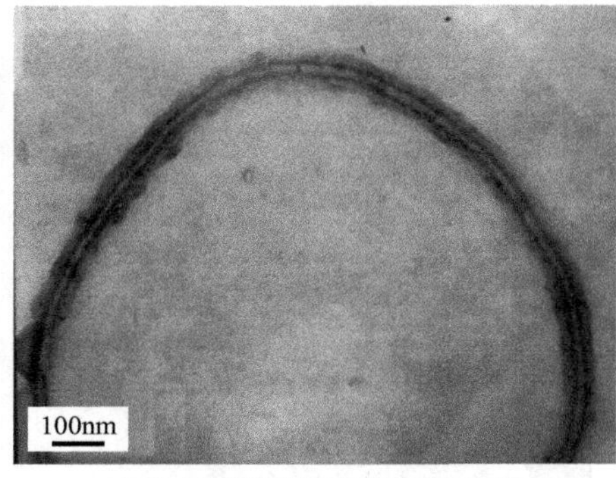

(c) 磷钼酸修饰碳纳米管的TEM图片

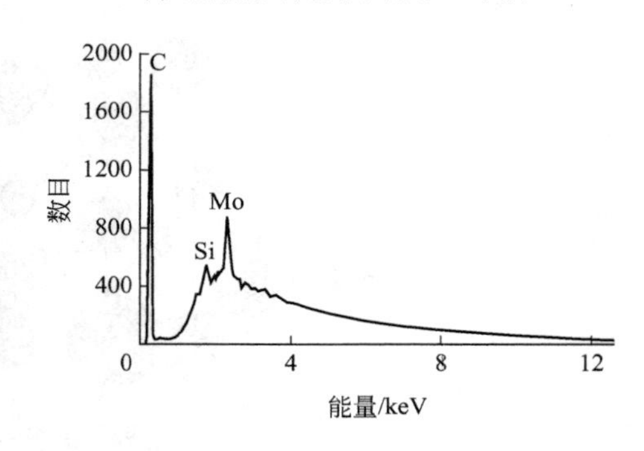

(d) 磷钼酸修饰碳纳米管的EDS谱图

图 6-2　未修饰及磷钼酸修饰的碳纳米管的表征

米金属粒子的团聚，提高其电化学稳定性。Guo 等[3,4]利用杂多酸（如磷钼酸 $H_3PMo_{12}O_{40}$，PMo_{12}）在固体物质表面形成自组装单分子层的特性，制备了杂多酸稳定化的 Pt 和 Pt-Ru 纳米电催化剂。图 6-3 为 Pt-CNTs 和 Pt-PMo_{12}-CNTs 催化剂的扫描电子显微镜图片和 EDS 谱图。可以看出，与 Pt-CNTs 催化剂相比，Pt-PMo_{12}-CNTs 催化剂的相互缠绕程度较轻，这得益于杂多酸自组装层的静电排斥作用。EDS 谱图进一步确认了磷钼酸的存在。电化学测试结果表明，与 Pt-CNTs 催化剂相比，本方法制得的 Pt-PMo_{12}-CNTs 催化剂在甲醇氧化反应中显示出优异的电催化活性、较高的电化学稳定性以及良好的抗中毒能力。在 Pt-Ru-PMo_{12}-MWCNTs 催化剂中，杂多酸自组装薄层有效地抑制了 Pt、Ru 纳米粒子以及碳纳米管的团聚。同时，杂多酸还起到“桥梁”的作用，可以促进金属纳米粒子在碳纳米管表面的附着。杂多酸的引入改善了催化剂的抗中毒能力，并提高了催化剂的长期循环运行稳定性。

磷钼酸在催化剂表面形成的自组装结构对催化剂的性能有显著的影响。以磷钼酸修饰用于甲醇电化学氧化反应的 PtRu 催化剂：通过在催化剂制备的不同阶

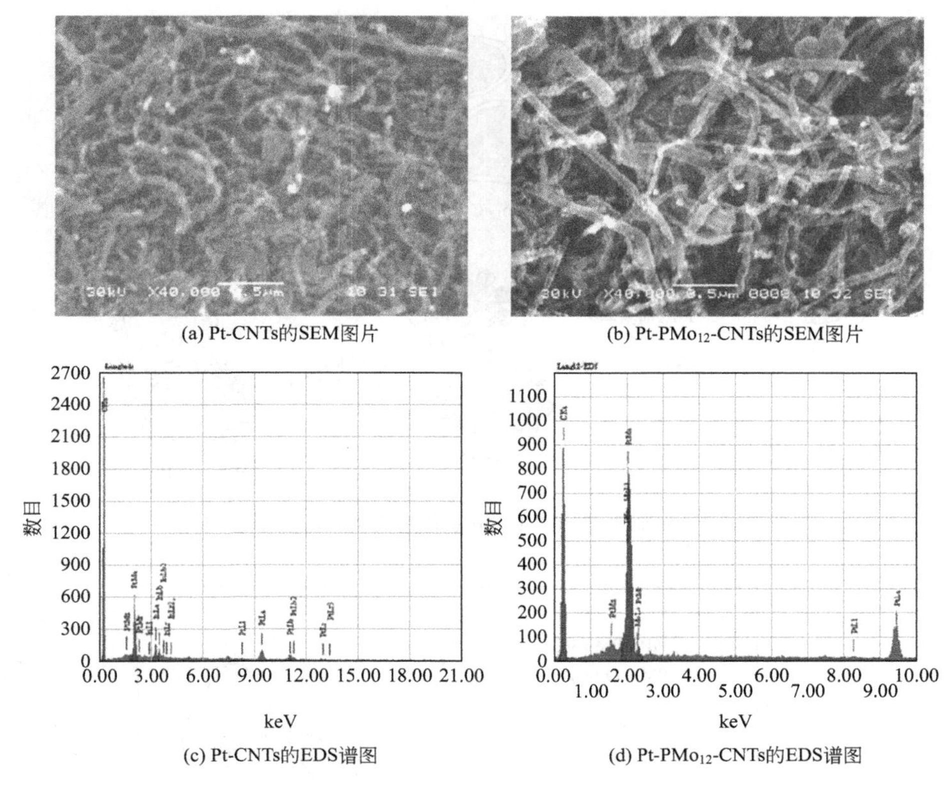

(a) Pt-CNTs的SEM图片　(b) Pt-PMo_{12}-CNTs的SEM图片

(c) Pt-CNTs的EDS谱图　(d) Pt-PMo_{12}-CNTs的EDS谱图

图 6-3　催化剂的表征

段引入磷钼酸自组装层，制备了 PtRu/PMo_{12}/C 和 PMo_{12}/PtRu/C 催化剂，如图 6-4 所示[5]。电化学测试表明，PMo_{12}/PtRu/C 催化剂具有较高的催化活性和抗中毒能力，而 PtRu/PMo_{12}/C 催化剂的活性则相对较差，如图 6-5 所示。这可能是由于在 PMo_{12}/PtRu/C 催化剂中，PtRu 纳米粒子与碳载体直接接触，有利于甲醇电化学氧化过程中电子的传递。X 射线光电子能谱显示，催化剂表面的磷钼酸自组装层可以在一定程度上抑制金属氧化物/水合氧化物的形成，从而改善 PtRu 纳米催化剂的稳定性。

磷钼酸的引入可以改善纳米金属粒子在碳载体上的分散状况。Li 等[6]以磷钼酸修饰的石墨烯纳米片为载体，制备了 PtRu 纳米催化剂，用于甲醇电氧化反应。图 6-6 为催化剂的透射电子显微镜图片。图中显示，在 PtRu/PMo_{12}-Graphene 催化剂中，PtRu 纳米粒子密集地分布在石墨烯纳米片的表面，其平均粒径为 2.0nm，分散十分均匀，不存在颗粒团聚现象。相比之下，在未经磷钼酸修饰的 PtRu/Graphene 催化剂中，可以观察到 PtRu 大颗粒的存在，表明在制备

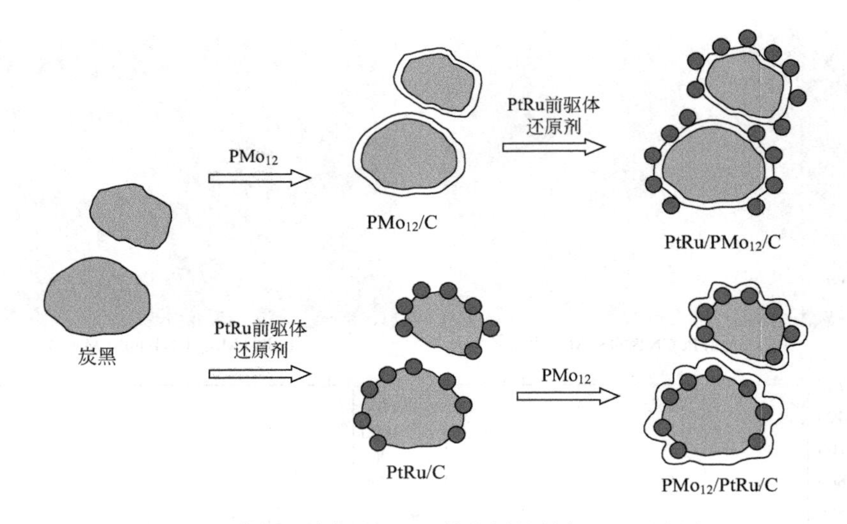

图 6-4 磷钼酸修饰 PtRu 电催化剂的制备过程示意图

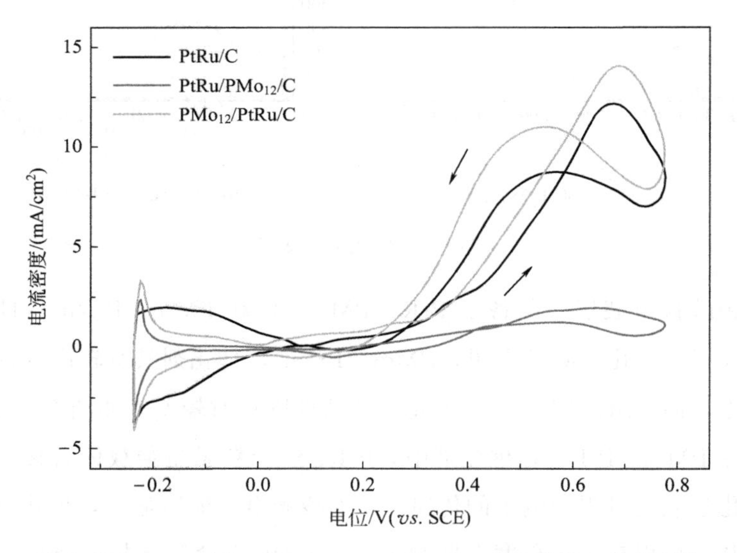

图 6-5 催化剂在 0.5mol/L H_2SO_4-0.5mol/L CH_3OH 溶液中的循环伏安曲线

过程中发生了颗粒团聚。PtRu/Graphene 催化剂的平均粒径为 2.5nm。PtRu/PMo_{12}-Graphene 催化剂中 PtRu 纳米粒子的高分散性可以归因于石墨烯纳米片载体和金属表面带负电荷的磷钼酸层之间的静电排斥作用。甲醇电氧化试验表明，PtRu/PMo_{12}-Graphene 催化剂的正向扫描峰电流密度达 2028mA/(cm^2 · mg)，为 PtRu/Graphene 催化剂［1346mA/(cm^2 · mg)］的 1.5 倍。长期稳定性试验表明，经过 200 次的电位扫描循环试验，PtRu/PMo_{12}-Graphene 催化剂的电流密度损失仅为 10.1%；而 PtRu/Graphene 催化剂的电流密度损失则高达 18%。磷钼酸的存在改善了电催化剂的稳定性。Guo 等[7]通过引入磷钼酸，提高了碳纳米管负载 Pt 催化剂在酸性溶液中的催化活性和抗 CO 中毒能力。以乙二醇还原法制备了 Pt/MWCNTs 催化剂，并将其与磷钼酸进行物理混合，得到 Pt/MWCNTs＋HPMo 催化剂。结果表明，磷钼酸可以有效地提高 Pt/MWCNTs 催化剂的活性和抗 CO 中毒能力。以循环伏安法考察磷钼酸的质量百分比对催化剂性能的影响，发现当磷钼酸含量为 30%时，催化剂的性能最佳。Wang 等[8]以环保绿色的恒电位电沉积法合成了石墨烯负载磷钼酸-Pt 催化剂（简写为 PMo_{12}-Pt/rGO）。电化学测试结果表明，PMo_{12}-Pt/rGO 催化剂具有较高的催化活性、良好的电化学稳定性和抗 CO 中毒能力。这归因于催化剂组分之间的协同效应、石墨烯优异的导电性以及磷钼酸出色的氧化还原性能。

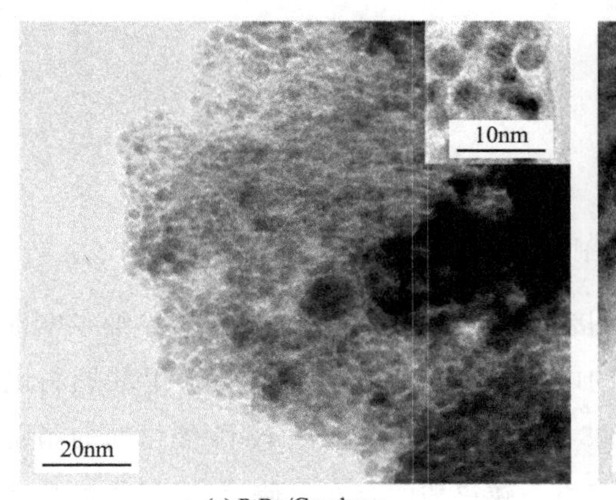

(a) PtRu/Graphene

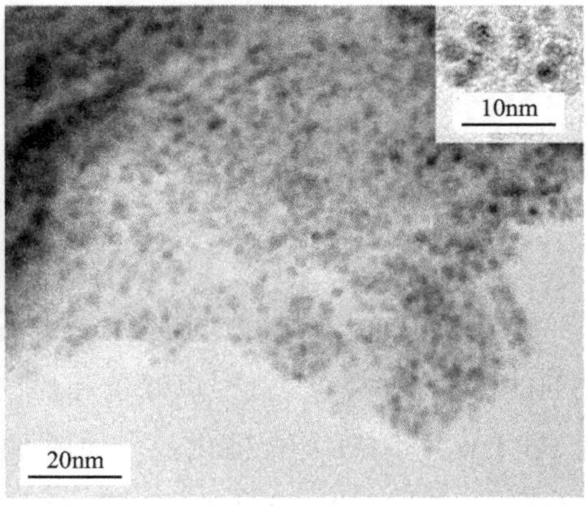

(b) PtRu/PMo_{12}-Graphene

图 6-6　催化剂的 TEM 图片

磷钼酸对纳米金属粒子分散性的改善在碳纳米管负载金属催化剂上表现得更为明显。Jin 等[9]以磷钼酸修饰的多壁碳纳米管为载体，采用乙二醇还原法制备了 PtRu 和 Pt 纳米催化剂，用于直接甲醇燃料电池。透射电子显微镜图片（图 6-7）显示，PtRu 和 Pt 纳米粒子在磷钼酸修饰的碳纳米管表面实现了高密度均匀分布。其中 PMo/PtRu/MWCNTs 催化剂的平均粒径为 1.8nm，PMo/Pt/MWCNTs 催化剂的平均粒径为 2.4nm。相比之下，未采用磷钼酸修饰的催化剂 PtRu/MWCNTs 和 Pt/MWCNTs 的平均粒径则分别为 3.5nm 和 8nm。电化学测试结果表明，磷钼酸修饰的催化剂 PMo/PtRu/MWCNTs 和 PMo/Pt/MWCNTs 的电化学表面积较大，并且对甲醇电氧化反应具有较高的催化活性和良好的抗 CO 中毒能力。

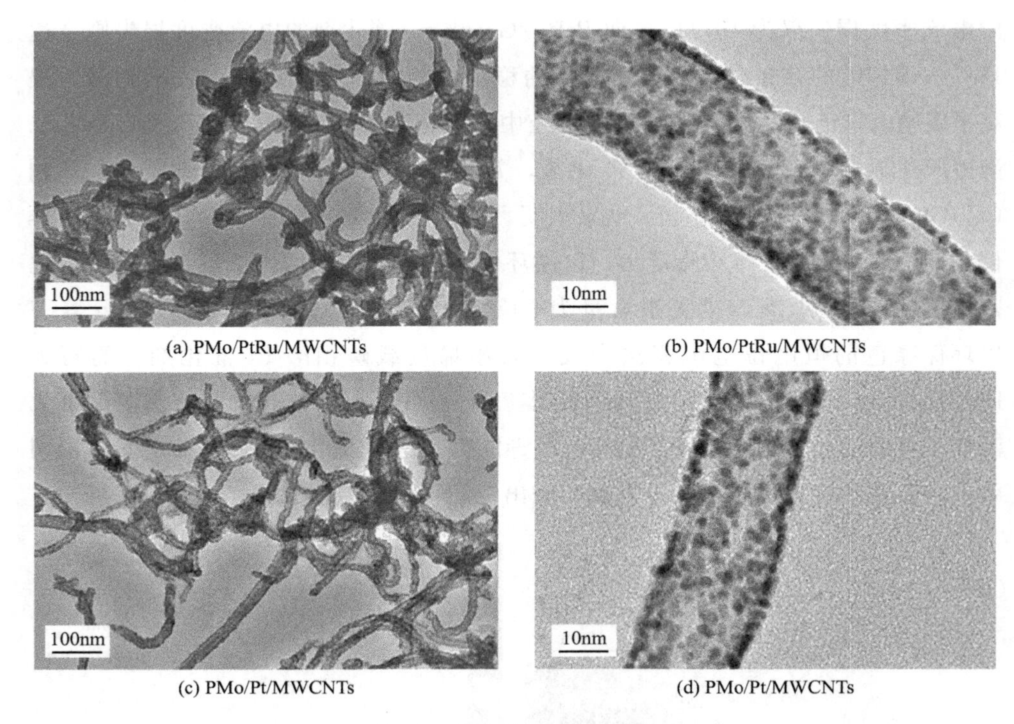

(a) PMo/PtRu/MWCNTs (b) PMo/PtRu/MWCNTs

(c) PMo/Pt/MWCNTs (d) PMo/Pt/MWCNTs

图 6-7 催化剂的 TEM 图片

磷钨酸的结构和性能与磷钼酸较为接近，也被广泛地用于改善金属纳米电催化剂的性能。Zhang 等[10]以绿色环保的电化学共沉积法制备了直接甲酸燃料电池 $Pd/PW_{12}/rGO$ 复合催化剂。如图 6-8 所示，在 $Pd/PW_{12}/rGO$ 催化剂的制备过程中，氧化石墨烯和 $PdCl_4^{2-}$ 同时被还原。磷钨酸的存在促使 Pd 以较小的粒径沉积下来，形成均匀分布的纳米催化剂粒子。电化学测试结果表明，与 Pd/rGO 和 Pd/C 催化剂相比，$Pd/PW_{12}/rGO$ 催化剂显示出更高的甲酸电氧化活性。在0.2V *vs*. Ag/AgCl 电位下，$Pd/PW_{12}/rGO$ 催化剂的质量比活性达到 5.98mA/cm^2（Pd），是 Pd/rGO 催化剂［2.49mA/cm^2（Pd)］的 2.4 倍。此外，与 Pd/rGO 和 Pd/C 催化剂相比，$Pd/PW_{12}/rGO$ 催化剂在甲酸电氧化反应中还表现出较高的稳定性和较出色的抗 CO 中毒能力。$Pd/PW_{12}/rGO$ 催化剂的优异性能可能得益于以下几个因素：①磷钨酸修饰碳载体所具有的良好分散性；②组分协同效应；③磷钨酸所具有的高质子导电性；④磷钨酸出色的氧化还原性能。

通过紫外辐射还原过程，可以制备出磷钨酸功能化的石墨烯纳米片材料 PW_{12}-GNs[11]。其中磷钨酸直接沉积在石墨烯表面，作为还原剂和阴离子稳定剂。采用原位电沉积的手段将 Pt 纳米粒子负载于 PW_{12}-GNs 复合载体的表面，

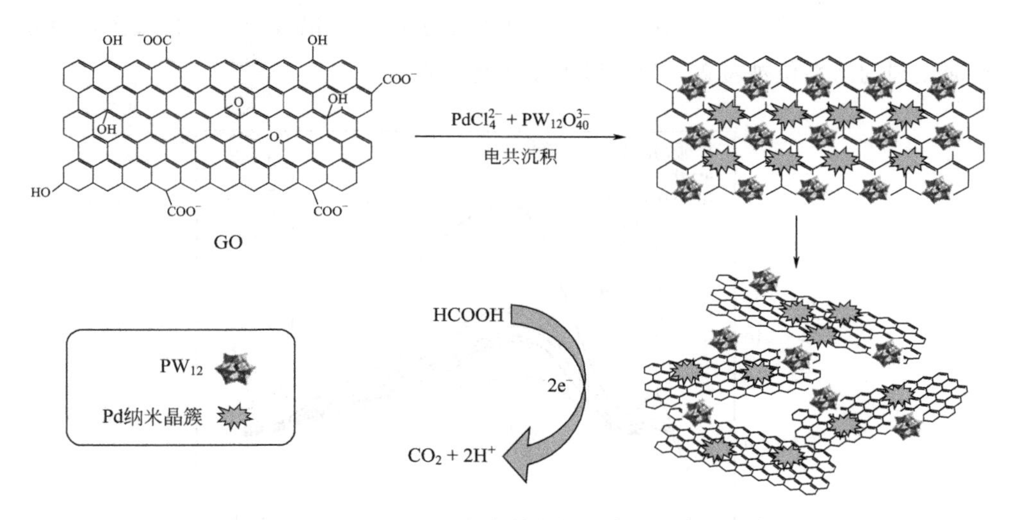

图 6-8　Pd/PW$_{12}$/rGO 复合催化剂的合成和应用示意图

得到 Pt/(PW$_{12}$-GNs) 催化剂。电化学测试表明，Pt/(PW$_{12}$-GNs) 催化剂在甲醇电氧化过程中具有很高的催化活性（电流密度 $j=353$mA/mg）和较好的抗 CO 中毒能力。

活性炭具有较大的比表面积，经过磷钨酸修饰后，其对纳米金属粒子的分散能力得到了有效增强。陆亮等[12]制备了磷钨酸修饰活性炭负载的 Pd 催化剂 Pd-PWA/C，并考察了其对甲酸电氧化反应的催化性能。电化学测试结果显示，Pd-PWA/C 催化剂对甲酸氧化的电催化活性和稳定性均远优于 Pd/C 催化剂，这是由于 Pd 与 PWA/C 载体之间的强相互作用既能有效降低 CO 在催化剂上的吸附强度和吸附量，又能降低甲酸分解的速率，从而减弱 CO 的毒化作用。

在电解液中引入磷钨酸，也会改善电催化剂的催化活性。杨改秀等[13]考察了磷钨酸对 Pd/C 催化剂上甲酸电氧化反应的促进作用。图 6-9 为 Pd/C 催化剂在含不同浓度磷钨酸的 0.5mol/L HCOOH-0.5mol/L H_2SO_4 溶液中的线性扫描伏安曲线。可以看出，甲酸氧化电流峰的位置不随着磷钨酸浓度的变化而改变，但甲酸氧化的峰电流密度却随磷钨酸浓度的变化而显著变化。当磷钨酸浓度为 0.15mg/mL 时，甲酸氧化峰电流密度最大，此时催化剂具有最高的活性。磷钨酸对甲酸电氧化反应的促进作用可以用甲酸氧化机理来解释。甲酸在 Pd/C 催化剂上的氧化反应是通过直接氧化的途径实现的。甲酸经过脱氢和氧化过程直接生成二氧化碳和水。磷钨酸对甲酸的脱氢反应具有催化作用。随着电解液中磷钨酸浓度的增加，其催化脱氢作用不断增强，致使甲酸氧化反应的速率不断增大。当电解液中磷钨酸的浓度过大时，吸附在催化剂表面的磷钨酸分子数目过多，会导致催化剂的活性位被覆盖，反而降低了催化活性。

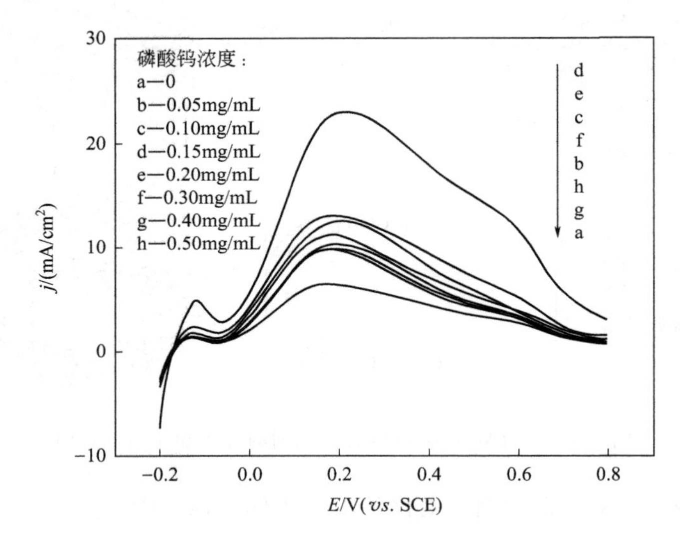

图 6-9 Pd/C 催化剂在 0.5mol/L HCOOH-0.5mol/L H_2SO_4 溶液中的线性扫描伏安曲线

载体的磷钨酸修饰在多种负载型单金属和双金属催化剂中都得到了应用。Lu 等[14]制备了磷钨酸修饰碳纳米管负载的 Pt 和 Pt 基双金属纳米催化剂，用于甲醇的电化学氧化反应。采用超声吸附法将 3～4nm 厚的磷钨酸层沉积于多壁碳纳米管的表面，将得到的 PW/MWCNTs 复合物用作直接甲醇燃料电池阳极催化剂的载体。以多元醇热还原法制备 PtIr/PW/MWCNTs、PtRu/PW/MWCNTs 以及 Pt/PW/MWCNTs 复合催化剂。由于磷钨酸的存在，PtIr、PtRu 和 Pt 纳米粒子以较小的粒径均匀地分散在多壁碳纳米管的表面。磷钨酸的引入极大地增加了 Pt 和 Pt 基双金属催化剂的电化学活性表面积及甲醇氧化活性。除此之外，与未采用磷钨酸修饰的催化剂相比，PW/MWCNTs 复合物负载的 Pt 和 Pt 基催化剂表现出良好的运行稳定性、较高的 CO 耐受性以及出色的电池放电性能。直接甲醇燃料电池性能研究表明，Pt 基阳极催化剂的性能取决于催化剂本身的粒径、分散度以及 Pt 基金属的组成。Chojak 等[15]研制了一种磷钨酸结合水合氧化钌稳定化 Pt 纳米催化剂，用于甲醇的电化学氧化。通过控制条件，使水合氧化钌自发地沉积到 Pt 纳米粒子的表面，形成水合氧化钌保护的 Pt 纳米粒子胶体溶液。这些胶体粒子可以自发地吸附在碳载体上，形成极薄的自组装层。通过连接带正电的水合氧化钌覆盖的 Pt 纳米粒子和带负电的磷钨酸阴离子，可以在电极表面构建多层网络结构。将碳电极在磷钨酸溶液和水合氧化钌保护的 Pt 纳米粒子胶体悬浮液中重复交替地处理，使其表面多层网络结构的厚度逐层增加，形成稳定的三维集合体。循环伏安和计时电流法的测试结果显示，这种多层网络结构催化剂可以在较低电位下实现甲醇的电化学氧化。磷钨酸与水合氧化钌覆盖 Pt 纳米粒子的结合显著地提高了电催化活性。其原因在于 $PW_{12}O_{40}^{3-}$ 阴离子对 Pt 纳米粒子具有活化作用，并且磷钨酸阴离子的存在改变了催化层的形貌结构。

为考察杂多酸与氧化物在电催化剂中的协同作用，分别以氧化钨和磷钨酸对 PtRu 纳米催化剂进行修饰，制备了 $PtRuWO_x/C$ 和 $PtRuPW_{12}/C$ 催化剂[16]。图 6-10 是 PtRu/C、$PtRuWO_x/C$ 和 $PtRuPW_{12}/C$ 三种催化剂在 0.5mol/L H_2SO_4-0.5mol/L CH_3OH 溶液中的循环伏安曲线。可以看到，$PtRuWO_x/C$ 和 $PtRuPW_{12}/C$ 的催化活性均高于 PtRu/C，其中 $PtRuWO_x/C$ 显示出最高的甲醇氧化活性。$PtRuWO_x/C$ 和 $PtRuPW_{12}/C$ 催化剂的甲醇氧化峰电位和起始电位均低于 PtRu/C 催化剂，表明经过修饰后的 PtRu 催化剂具有较低的过电位和较好的动力学性能。这可以归因于氧化钨和磷钨酸的协同作用。图 6-11 为 PtRu/C、$PtRuWO_x/C$ 和 $PtRuPW_{12}/C$ 三种催化剂在 0.5mol/L H_2SO_4-0.5mol/L CH_3OH 溶液中的计时电流曲线。在试验过程中，PtRu/C、$PtRuWO_x/C$ 和 $PtRuPW_{12}/C$ 三种催化剂的电流密度衰减比率分别为 75.7%、72.6%和 47.3%。$PtRuPW_{12}/C$ 催化剂表现出极高的电化学稳定性，这表明催化剂表面的自组装磷钨酸覆盖层可以有效地减轻甲醇氧化过程中催化剂的毒化作用。

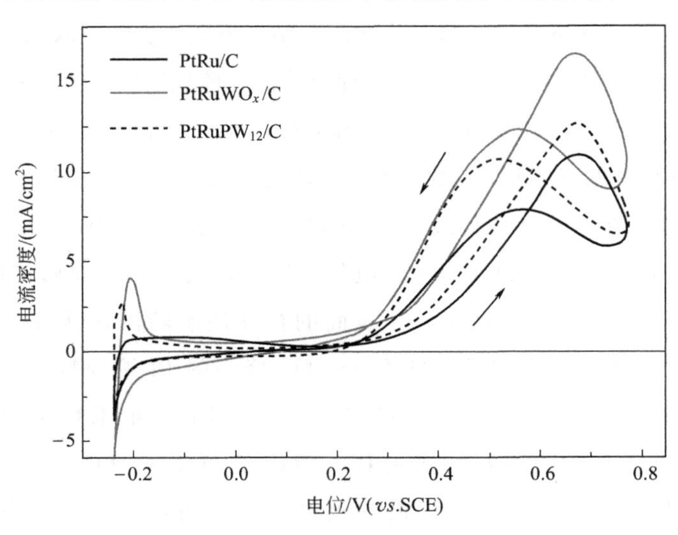

图 6-10　催化剂在 0.5mol/L H_2SO_4-0.5mol/L CH_3OH 溶液中的循环伏安曲线

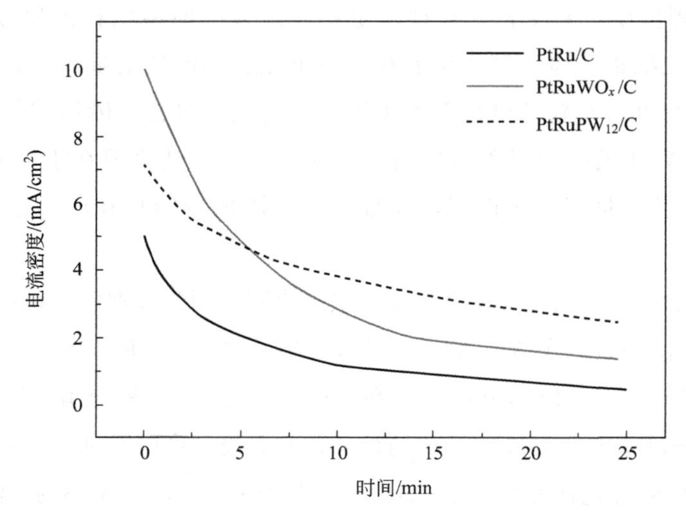

图 6-11　催化剂在 0.5mol/L H_2SO_4-0.5mol/L CH_3OH 溶液中的计时电流曲线

不同的杂多酸对电催化剂的修饰效果也不相同。Chojak 等[17]分别采用两种 Keggin 型杂多酸，即 $H_3PMo_{12}O_{40}$ 和 $H_3PW_{12}O_{40}$ 来修饰 Pt 纳米粒子，并考察了杂多酸的两种竞争性效应——活化和阻塞活性位对电催化氧还原反应的影响。Pt 表面杂多酸单层的存在部分地抑制了界面上 PtOH/PtO 氧化物的形成。试验观察到磷钼酸和磷钨酸都会借助其角上的氧原子与 Pt 表面发生相互作用。研究发现，Pt 表面大面积水合杂多酸单层的存在并不阻碍氧气进入 Pt 的催化活性位。以旋转圆盘伏安法测试并比较了 $H_3PMo_{12}O_{40}$ 和 $H_3PW_{12}O_{40}$ 修饰的 Pt 纳米粒子对酸性介质中氧还原反应的催化性能。结果清楚地表明，以 $H_3PW_{12}O_{40}$ 修饰 Pt 纳米粒子，可以显著地提高其对氧还原反应的电催化活性；而以 $H_3PMo_{12}O_{40}$ 修饰则无此效果。图 6-12 为在氧饱和 0.5mol/L H_2SO_4 溶液中测得的旋转圆盘电极伏安曲线。催化剂的氧还原电流密度最终都接近极限值 6mA/cm^2，$H_3PW_{12}O_{40}$ 修饰的 Pt 纳米粒子在 0.65V 取得最大值；同时还观察到，$H_3PW_{12}O_{40}$ 修饰的 Pt 纳米粒子显示出最正的氧还原反应半波电位。换句话说，与未加修饰的 Pt 纳米粒子相比，$H_3PW_{12}O_{40}$ 在 Pt 纳米粒子表面的存在使旋转圆盘伏安法的半波电位正向移动了至少 30mV。相反，$H_3PMo_{12}O_{40}$ 修饰的 Pt 纳米粒子则表现出相对较差的催化性能。$H_3PMo_{12}O_{40}$ 和 $H_3PW_{12}O_{40}$ 修饰 Pt 纳米粒子的性能差异可以用它们在 Pt 表面的吸附特性来解释。相比于 $H_3PW_{12}O_{40}$，$H_3PMo_{12}O_{40}$ 具有一定的氧化性，因此它在 Pt 表面的吸附可能是强烈的化学吸附，而非物理吸附。

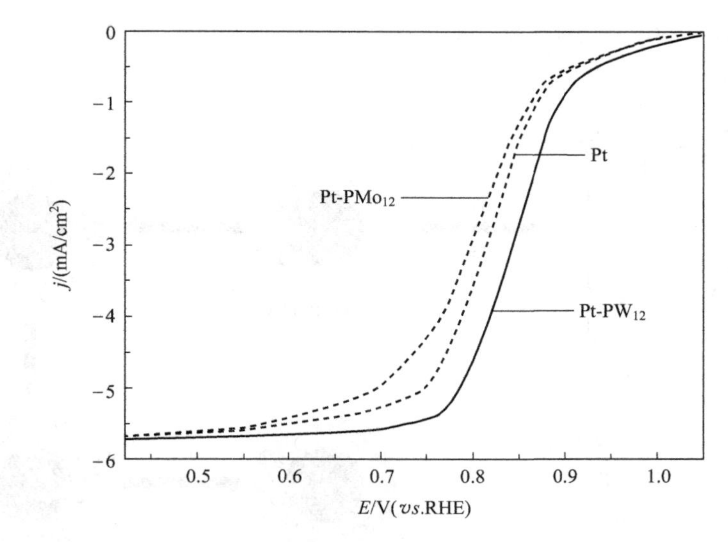

图 6-12　氧饱和 0.5mol/L H_2SO_4 溶液中的旋转圆盘电极伏安曲线图

采用两种杂多酸组合修饰碳载体，其修饰效果优于单一杂多酸。Tian 等[18]以磷钼酸和磷钨酸的混合物修饰 Vulcan XC-72 炭黑，通过浸渍法得到 PWA-PMA-C 复合载体，然后采用液相还原法将 Pd 纳米粒子负载于其上，制得 Pd/PWA-PMA-C 催化剂，用于甲酸电氧化反应。Pd/PWA-PMA-C 催化剂的制备过程如图 6-13 所示。由图可见，Pd 纳米粒子在载体上分散均匀，其粒径分布范围为 3.36～4.46nm。研究发现，催化剂中磷钨酸和磷钼酸的比率对催化剂的甲酸氧化催化活性有重要影响。电化学测试表明，当磷钨酸和磷钼酸的摩尔比为 2∶1时，Pd/PWA-PMA-C 催化剂的活性可达 Pd/C 催化剂的 2.17 倍。试验数据显示，Pd/W2M1-C 催化剂的 CO 氧化峰电位比 Pd/C 催化剂负移了 41mV，Pd/W2M1-C 催化剂的稳定性比 Pd/C 催化剂高 104 倍。甲酸在 Pd/W2M1-C 催化剂上的分解数量仅为 Pd/C 催化剂的 17.6%，表明 Pd/W2M1-C 催化剂对甲酸分解具有有效地抑制作用。此外，电化学阻抗谱测试表明，Pd/W2M1-C 催化剂具有较高的甲酸氧化电荷转移动力学性能。Pd/W2M1-C 催化剂出色的电催化活性和稳定性可以归因于磷钨酸和磷钼酸修饰产生的协同效应。

硅钨酸是另一种广泛应用于催化领域的杂多酸。Zhang 等[19]以微波辅助还原法制备了 Pt@$H_4SiW_{12}O_{40}$/石墨烯（简写为 Pt@SiW_{12}/GN）催化剂，用于甲醇的电催化氧化。在这种催化剂中，作为稳定剂的硅钨酸将 Pt 纳米粒子固定在石墨烯载体上，阻止其发生团聚。试验表明，硅钨酸促进了 Pt 纳米粒子的均匀分布。与未经修饰的 Pt/GN 催化剂相比，Pt@SiW_{12}/GN 催化剂显示出高催化

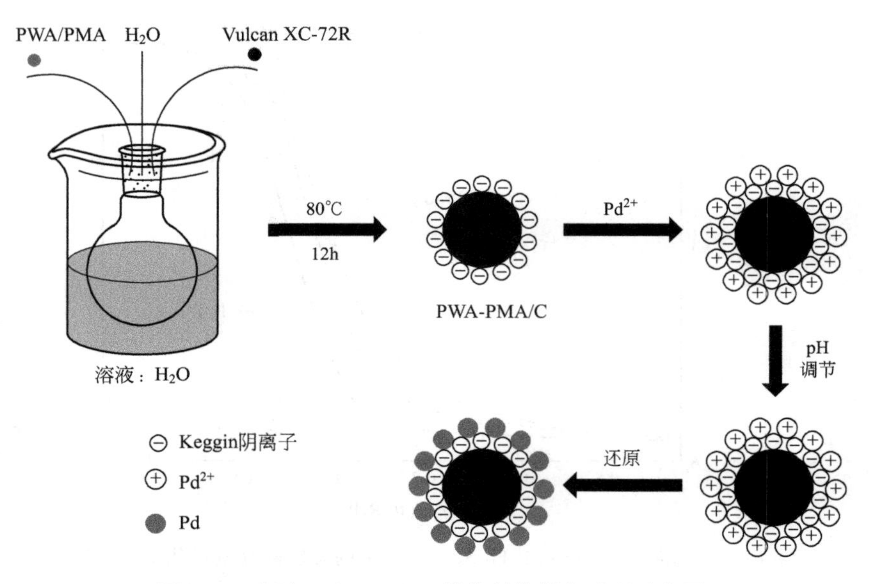

图 6-13 Pd/PWA-PMA-C 催化剂的制备过程示意图

活性、高稳定性和强耐 CO 能力。Pt@SiW_{12}/GN 催化剂的高性能源于石墨烯表面高分散 Pt 纳米粒子的协同效应和硅钨酸的强氧化能力。这些因素促进了 Pt 表面毒性物种的去除。图 6-14 反映了电位循环扫描试验对 Pt/GN 和 Pt@SiW_{12}/GN 催化剂性能的影响。可以看出，在电位扫描试验过程中，Pt/GN 催化剂循环伏安曲线的形状和峰电位都没有变化；但随着电位扫描循环次数的增多，其峰电流密度明显降低。相比之下，对于 Pt@SiW_{12}/GN 催化剂，在 50 次电位扫描循环试验过程中，其电流密度只发生了轻微的下降。电位扫描试验后，Pt@SiW_{12}/GN 催化剂仍保持了其初始活性的 66.5%，而 Pt/GN 催化剂则只保持了其初始性能的 16.3%。硅钨酸的存在显著提升了催化剂的甲醇氧化电催化效率和电位扫描循环稳定性。

作为一种有效的修饰助剂，硅钨酸在双金属电催化剂中也得到了应用。Maiyalagan 等[20]以纳米碳纤维为载体，制备了硅钨酸修饰的 Pt-Ru 纳米催化剂，用于甲醇的电化学氧化。将硅钨酸修饰的以纳米碳纤维为载体的 Pt-Ru-STA/CNF 催化剂与硅钨酸修饰的以 Vulcan XC-72 炭黑为载体的 Pt-Ru-STA/C 催化剂以及商品催化剂 Pt-Ru/C 进行性能比较。图 6-15 为 Pt-Ru-STA/CNF、Pt-Ru-STA/C 和 Pt-Ru/C 三种催化剂在 0.5mol/L H_2SO_4-1mol/L CH_3OH 溶液中的循环伏安曲线。可以观察到，在甲醇电氧化过程中，出现了两个不可逆电流峰，它们可以分别归属于位于电位 0.8V 的甲醇电氧化正向扫描峰和位于电位

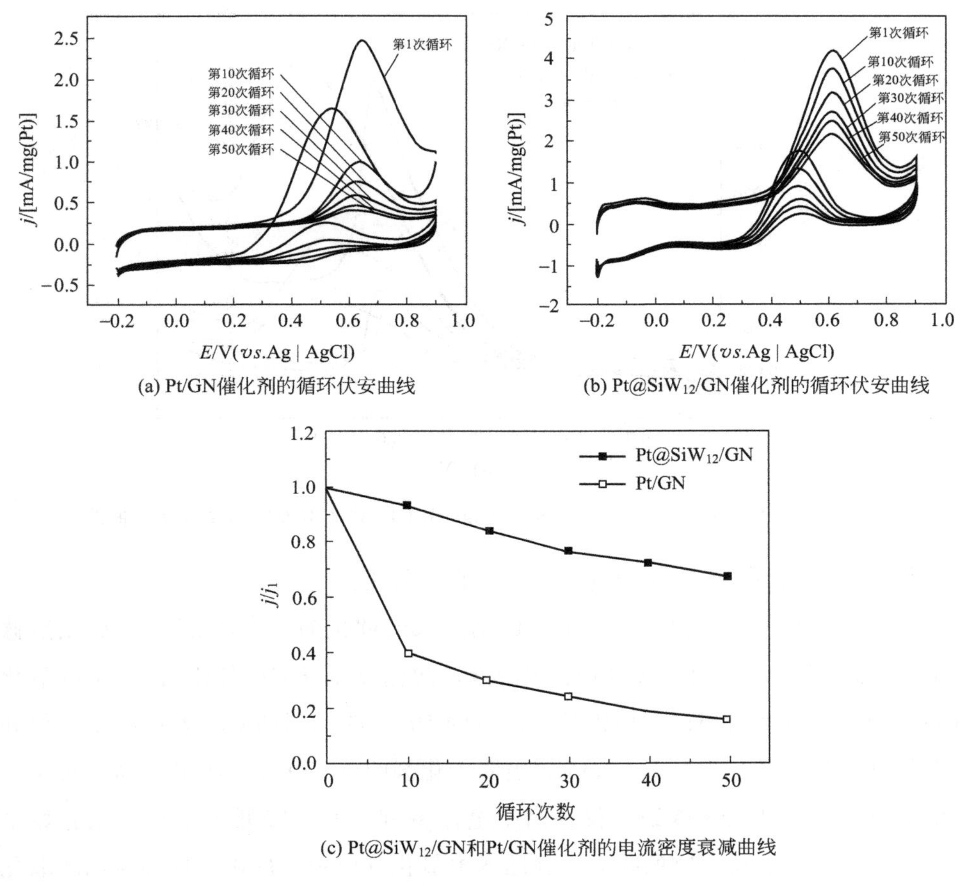

(a) Pt/GN催化剂的循环伏安曲线　(b) $Pt@SiW_{12}/GN$催化剂的循环伏安曲线

(c) $Pt@SiW_{12}/GN$和Pt/GN催化剂的电流密度衰减曲线

图 6-14　催化剂的电化学曲线

0.6V 的对应于残留物种氧化的反向扫描峰。催化剂的甲醇氧化活性遵循以下次序：Pt-Ru/STA-CNF＞Pt-Ru/STA-C＞Pt-Ru/C。Pt-Ru/STA-CNF 催化剂具有较好的催化性能，这得益于 Pt-Ru 纳米粒子的高度分散和对 CO 中间产物的较强氧化能力。Mason 等[21]考察了硅钨酸修饰炭黑载体对 Pt 纳米催化剂在氧还原反应中的活性和耐久性的影响。经过在 0.6～1.0V 电位区间的电位扫描循环试验，Pt/C 催化剂的活性损失是 Pt/SiW_{12}-C 催化剂的 1.4 倍。杨改秀等[22]研究了硅钨酸修饰碳载 Pd 催化剂对甲酸氧化的电催化性能。结果表明，硅钨酸不但能提高 Pd/C 催化剂对甲酸氧化的电催化活性，而且能增加电催化稳定性。这种促进作用与硅钨酸的浓度有关。当硅钨酸浓度为 0.40g/L 时，促进作用最明显。当硅钨酸浓度过大时，会吸附在 Pd/C 催化剂上，覆盖了部分 Pd 活性位。另外，硅钨酸在 Pd/C 催化剂上的吸附降低了 CO 的吸附量，改善了 Pd/C 催化剂对甲

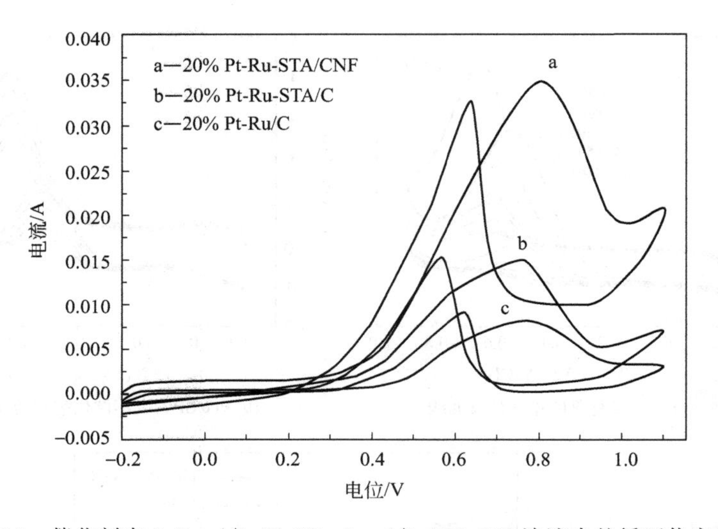

图 6-15　催化剂在 0.5mol/L H_2SO_4-1mol/L CH_3OH 溶液中的循环伏安曲线

酸氧化的电催化稳定性，也促进了甲酸的直接氧化。

与硅钨酸类似，硅钼酸也被用于修饰纳米电催化剂。李莉等[23]以硅钼酸修饰 Pt/C 催化剂，考察了其对 CO、甲醇及乙醇电氧化反应的催化活性。CO 氧化试验表明，与修饰前相比，硅钼酸修饰后的 Pt/C 催化剂的 CO 氧化起始电位和峰电位分别降低了 80mV 和 60mV，表明催化剂的抗 CO 性能明显提高。对于甲醇电氧化反应，硅钼酸修饰不仅提高了电流密度，而且降低了甲醇氧化起始电位，促进了中间氧化产物的除去；在乙醇电氧化反应中，硅钼酸修饰对乙醇氧化起始电位无影响，但增大了电流密度。

6.2 杂多酸-聚合物功能化作用

为了更好地利用杂多酸的特殊物理化学性质，实现对电催化剂性能的有效改进，近年来，研究者们经过不断探索，发现可以利用电荷效应增强杂多酸对催化剂的修饰效果。将杂多酸与带相反电荷的离子型聚合物结合，可以实现催化剂表面的多功能化修饰，从而极大地改善纳米电催化剂的活性和稳定性。

在 Keggin 型杂多酸中，磷钨酸是一种应用最为广泛的杂多酸。然而，其水溶性限制了其在燃料电池催化剂中的应用。Wang 等[24]利用带正电荷的离子型聚合物 PDDA 的静电作用，将水溶性的磷钨酸固定于多壁碳纳米管的表面，制得了具有出色氧还原活性的 Pd/HPW-PDDA-MWCNTs 燃料电池催化剂。首先以聚合物PDDA对多壁碳纳米管进行功能化处理，然后借助于其所带的正电荷与带负电荷的磷钨酸之间的静电相互作用，使磷钨酸通过自组装过程固定于多壁碳纳米管的表面，最后使Pd纳米粒子还原并沉积于其上。图6-16为Pd载量为20%的Pd/HPW-PDDA-MWCNTs和Pd/AO-MWCNTs催化剂的透射电子显微镜图片。由图可见，在Pd/HPW-PDDA-MWCNTs催化剂中，Pd纳米粒子均匀地分散在磷钨酸自组装PDDA-MWCNTs载体上。多数粒子为球状，平均粒径约为2nm，并且没有观察到团聚现象。相比之下，在Pd/AO-MWCNTs催化剂

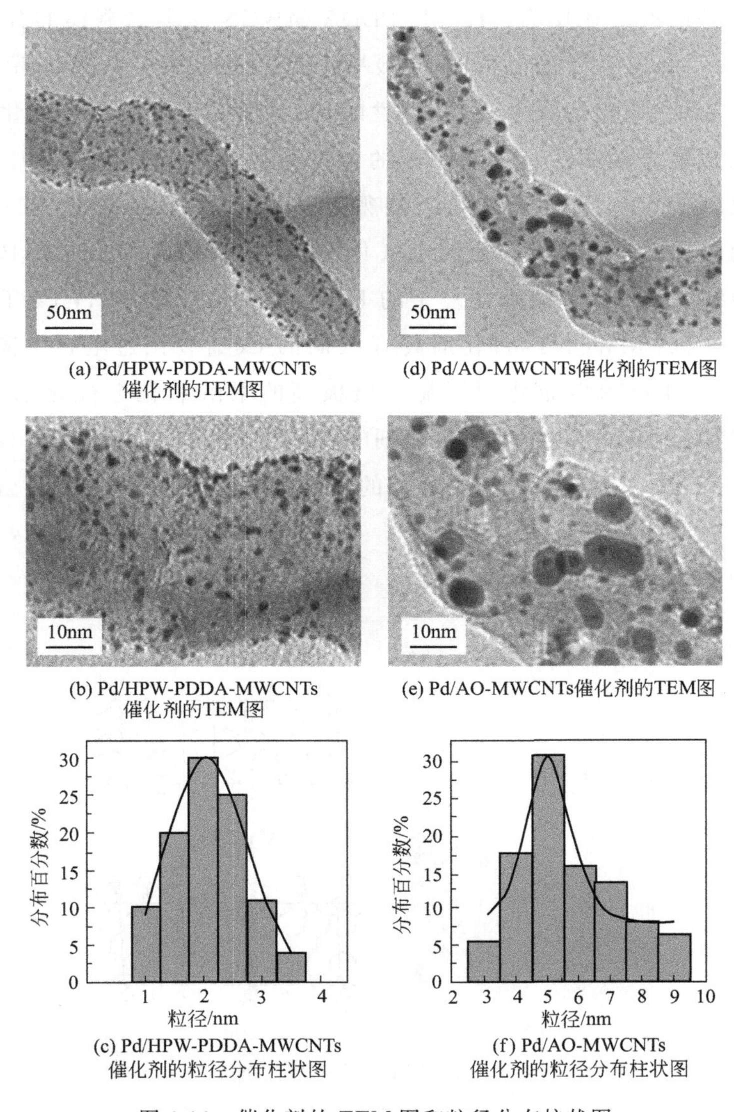

(a) Pd/HPW-PDDA-MWCNTs催化剂的TEM图
(d) Pd/AO-MWCNTs催化剂的TEM图
(b) Pd/HPW-PDDA-MWCNTs催化剂的TEM图
(e) Pd/AO-MWCNTs催化剂的TEM图
(c) Pd/HPW-PDDA-MWCNTs催化剂的粒径分布柱状图
(f) Pd/AO-MWCNTs催化剂的粒径分布柱状图

图6-16　催化剂的TEM图和粒径分布柱状图

中，Pd 纳米粒子的分散极不均匀，存在大量的颗粒团聚。Pd/AO-MWCNTs 催化剂的平均粒径为 5nm。可以看出，磷钨酸的自组装结合显著地降低了催化剂粒径，促进了 Pd 纳米粒子在多壁碳纳米管上的分散。电化学测试表明，在酸性介质中，Pd/HPW-PDDA-MWCNTs 催化剂的氧还原活性与常见的 Pt/C 催化剂相当，具有较好的应用前景。

与磷钨酸相似，磷钼酸也可以借助于离子型聚合物 PDDA 实现对多壁碳纳米管载体的修饰。Cui 等[25] 制备了 Pd/HPMo-PDDA-MWCNTs 催化剂，用于燃料电池中的甲酸氧化反应。HPMo-PDDA-MWCNTs 复合载体的合成过程如图 6-17 所示。借助于带正电荷的 PDDA 功能化多壁碳纳米管和带负电荷的 $PMo_{12}O_{40}^{3-}$ 之间的自组装效应，使水溶性的磷钼酸固定于 PDDA 功能化多壁碳纳米管上，形成复合载体。其中磷钼酸的含量约为 21%。以氢气还原 $PdCl_2$ 与 HPMo-PDDA-MWCNTs 的混合物，制得 Pd/HPMo-PDDA-MWCNTs 催化剂，其中 Pd 的载量为 20%。甲酸起始氧化电位测试表明，与碳载 Pd 催化剂（Pd/C）和酸处理多壁碳纳米管复杂的 Pd 催化剂（Pd/AO-MWCNTs）相比，Pd/HPMo-PDDA-MWCNTs 催化剂具有较低的 CO_{ad} 氧化过电位。同时，Pd/HPMo-PDDA-MWCNTs 催化剂还显示出极高的甲酸氧化电催化活性和稳定性。Pd/HPMo-PDDA-MWCNTs 催化剂的高催化活性主要来源于 Pd 纳米粒子的高分散以及 Pd 与固定于 PDDA 修饰的多壁碳纳米管上的磷钼酸之间的协同

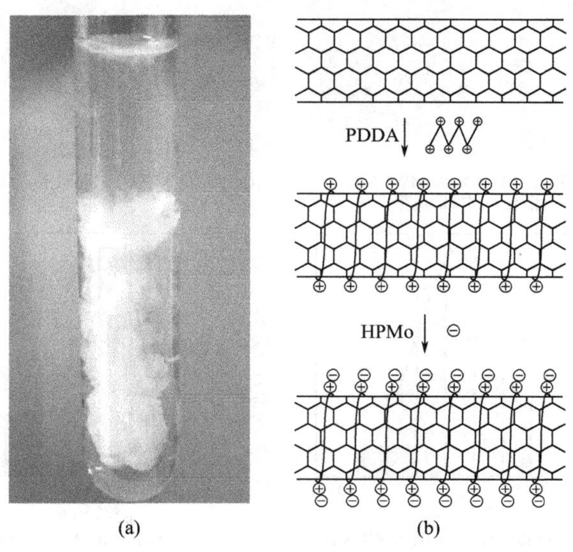

图 6-17　PDDA 与磷钼酸混合形成的沉淀物（a）和 HPMo-PDDA-MWCNTs 复合载体的合成示意图（b）

相互作用。磷钼酸不仅促进了中间物种（如 CO）的电化学氧化，减轻了催化剂的中毒，而且凭借其极高的质子导电性，促进了甲酸氧化过程中的质子转移。

基于优越的电催化性能，杂多酸可以被用于修饰不同种类的碳材料，制备复合碳载体。Ma 等[26]利用石墨烯和杂多酸的协同作用，强化了 Pd 对于甲酸电氧化反应的电催化作用。采用层叠（LBL）静电组装的方法，将 PDDA 功能化的石墨烯与磷钼酸结合，构建复合载体。通过原位电沉积的手段将 Pd 纳米粒子沉积于复合载体上，制得 Pd/(PDDA-GNs/PMo_{12})$_n$ 薄层催化剂，用于甲酸的电化学氧化反应。Pd/(PDDA-GNs/PMo_{12})$_n$ 催化剂的制备过程如图 6-18 所示。循环伏安法、计时电流法以及 CO 溶出伏安法的测试结果表明，Pd/(PDDA-GNs/PMo_{12})$_n$ 薄层催化剂具有较高的催化活性、较好的电化学稳定性以及出色的抗 CO 中毒能力。值得注意的是，用本方法制得的 Pd/(PDDA-GNs/PMo_{12})$_n$ 催化剂的甲酸电氧化活性是商品 Pd/C 催化剂的 4.1 倍。这表明在薄层催化剂中，PDDA 功能化石墨烯具有出色的导电性，而磷钼酸的引入有效地促进了中间物种 CO 向 CO_2 的转化。PDDA 功能化石墨烯与磷钼酸之间的协同作用显著地提高了 Pd 纳米粒子的甲酸氧化电催化活性和稳定性。

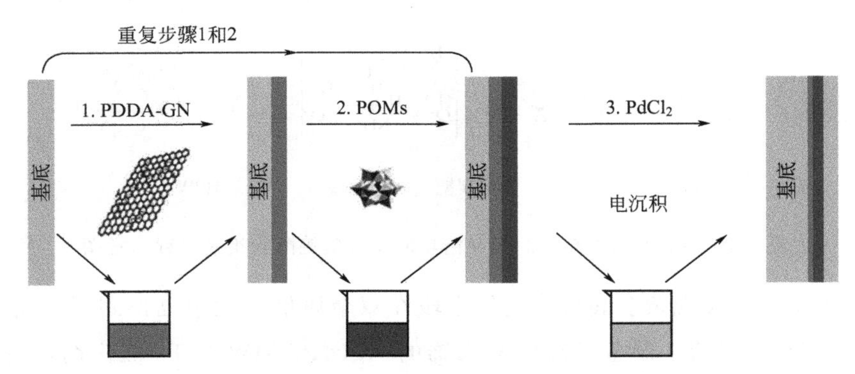

图 6-18 Pd/(PDDA-GNs/PMo_{12})$_n$ 薄层催化剂的合成示意图

壳聚糖是一种天然的低成本阳离子聚合物，在电催化领域有着广阔的应用前景。Wang 等[27]利用自组装效应制备了磷钨酸修饰的 Pt/C 燃料电池纳米催化剂。借助带负电荷的磷钨酸和附着于 Pt/C 纳米粒子表面的带正电荷的壳聚糖官能团之间的静电相互作用，将水溶性的磷钨酸固定在 Pt/C 纳米催化剂上。Pt/C 纳米粒子的壳聚糖功能化及磷钨酸自组装过程如图 6-19 所示。壳聚糖是一种天然多聚糖，氨基的存在使壳聚糖成为一种阳离子聚合物电解质。带负电荷的磷钨酸通过静电引力与带正电荷的壳聚糖功能化 Pt/C 纳米粒子发生自组装，形成复合结构。以壳聚糖溶液处理后，Pt/C 催化剂的 zeta 电位由负值转为正值，这表明 Pt/C 催化剂被带正电荷的壳聚糖聚合物电解质所修饰。磷钨酸的 Keggin 结构单元包含三个负电荷。在水溶液中，这三个负电荷被三个质子中和，以酸性羟基的形式存在于结构单元的外部。因此，磷钨酸分子在水溶液中带负电荷，可以通过静电引力自组装于壳聚糖功能化 Pt/C 纳米粒子的表面。试验结果表明，固定于壳聚糖功能化 Pt/C 纳米粒子上的磷钨酸非常稳定。与普通的 Pt/C 催化剂相比，用本方法制得的 Pt/C-chitosan-HPW 催化剂对金属组分的利用效率更高。Pt/C-chitosan-HPW 催化剂对甲醇氧化反应和氧还原反应都显示出非常高的电化学活性，这主要归因于磷钨酸和 Pt/C 纳米粒子之间的协同相互作用。磷钨酸的存在导致 Pt 催化剂的 d 能带中心下移，并且促进了甲醇氧化过程中 CO_{ads} 毒性物种的氧化除去。

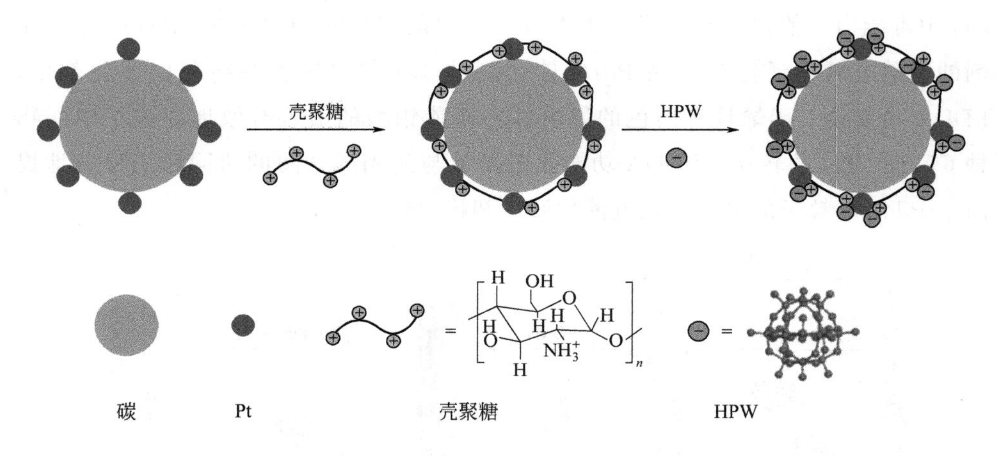

图 6-19　Pt/C 纳米粒子的壳聚糖功能化及磷钨酸自组装过程示意图

借助聚合物实现杂多酸功能化的手段在双金属催化剂中也得到了应用。Yu 等[28]采用化学浸渍法制备了磷钨酸修饰的 Ag@Pt/MWCNTs 催化剂，用于氧还原反应。图 6-20 为 Ag@Pt/MWCNTs-HPW 纳米催化剂的合成过程示意图。首先以壳聚糖的乙酸溶液对 Ag@Pt/MWCNTs 纳米粒子进行功能化处理，然后以磷钨酸溶液浸渍壳聚糖功能化的 Ag@Pt/MWCNTs。物理表征手段，如 X 射线粉末衍射、高分辨透射电子显微镜、扫描电子显微镜以及 X 射线光电子能谱等的测试结果表明，磷钨酸分子进入到 Ag@Pt/MWCNTs 结构的内部，形成了均一的结构。催化剂的平均粒径约为 4.0nm。电化学测试结果显示，磷钨酸可以改善电催化剂的活性。磷钨酸含量为 25% 的催化剂显示出最佳的催化活性，其电化学活性表面积高达 $83.62m^2/g$，氧还原反应的半波电位为 0.851V。这种高催化活性源自 Pt 的高效利用和表面磷钨酸层的保护作用。磷钨酸和 Ag@Pt 的协同效应提高了电子转移速率，从而改善了氧还原反应的催化效率。

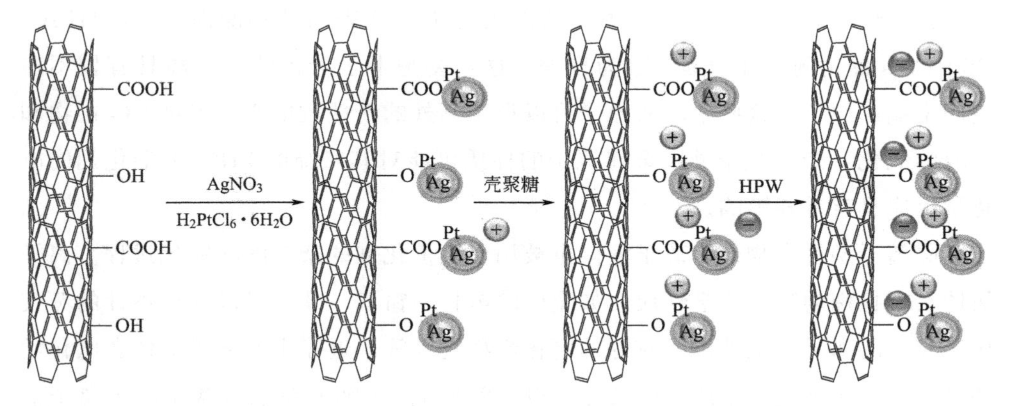

图 6-20　Ag@Pt/MWCNTs-HPW 纳米催化剂的合成示意图

借助壳聚糖可以促进不同种类杂多酸对碳载体的修饰。Cui 等[29] 以不同种类杂多酸-壳聚糖功能化的碳纳米管为载体，制备了用于燃料电池甲醇氧化反应的 PtRu 催化剂。分别采用磷钼酸和磷钨酸与壳聚糖结合，实现杂多酸在碳纳米管上的自组装。碳纳米管的功能化处理过程如图 6-21 所示。通过这种非共价功能化的方法，在不破坏碳纳米管表面石墨结构的前提下，引入同质的表面官能团。与普通的以酸处理碳纳米管为载体的 PtRu/AO-CNTs 催化剂相比，HPAs-CS-CNTs 复合载体负载的 PtRu 纳米粒子分布更加均匀，并且粒径更小。与 PtRu/AO-CNTs 催化剂相比，PtRu/HPAs-CS-CNTs 催化剂的 CO_{ad} 氧化起始电位

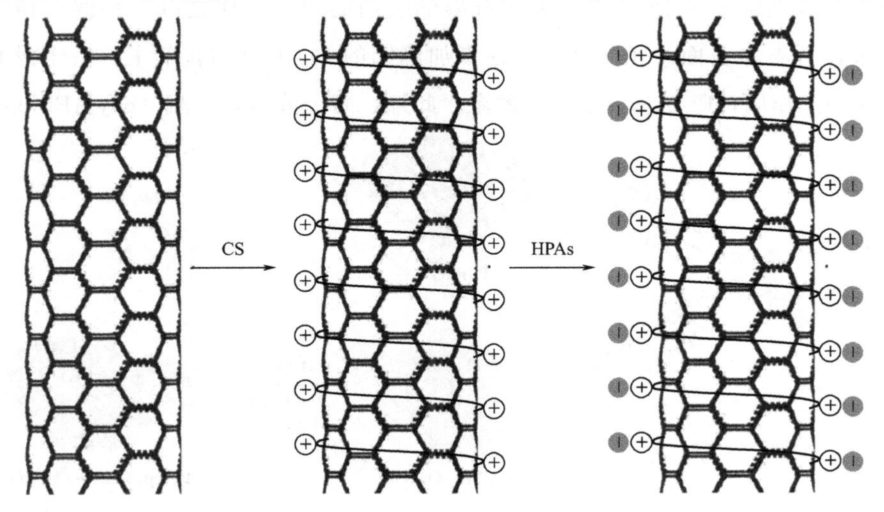

图 6-21　以壳聚糖和杂多酸对碳纳米管进行功能化处理示意图

和峰电位显著负移，表明杂多酸促进了 CO 毒物的电氧化。研究还发现，与 PtRu/HPW-CS-CNTs 催化剂相比，PtRu/HPMo-CS-CNTs 催化剂的甲醇氧化电催化活性更高，并且抗 CO 中毒的能力更强。这表明磷钼酸对 PtRu/HPAs-CS-CNTs 催化剂活性的提升更为显著。这主要是由于含钼的杂多酸具有较不稳定的末端氧原子。这些末端氧原子可以提供额外的活性氧中心，促进 CO 毒物和甲醇的氧化。杂多酸中外围金属原子的性质可能对其修饰的 PtRu 电催化剂的电化学反应具有重要影响。

除离子型聚合物外，离子液体也被用于电催化剂的杂多酸功能化过程。离子液体具有特殊的物理化学性质，如宽广的电化学窗口、几乎可以忽略不计的蒸气压、较高的离子导电性以及较好的电化学稳定性等。近年来，离子液体在电化学和分析化学领域受到了广泛的关注。Shi 等[30]将 Pt 纳米粒子负载于吡啶离子液体杂多酸功能化石墨烯上，合成了具有较高甲醇电氧化活性的三组分复合催化剂。$Pt/(epy)_3PMo_{12}O_{40}/rGO$ 催化剂的合成过程如图 6-22 所示。epyBr 和 $H_3PMo_{12}O_{40}$ 是水溶性物质，然而得到的离子液体杂多酸 $(epy)_3PMo_{12}O_{40}$ 是非水溶性物质。在合成反应进行之前，将 $(epy)_3PMo_{12}O_{40}$ 溶解于 *N*,*N*-二甲基甲酰胺（DMF）中，形成 epy^+ 阳离子和 $PMo_{12}O_{40}^{3-}$ 阴离子，在石墨烯的表面吸附并形成自组装单层。在石墨烯上有一些缺陷和官能团，如羟基、羰基、羧基等，它们赋予石墨烯表面一定的活性。在加热回流过程中，存在于带负电荷的 $PMo_{12}O_{40}^{3-}$ 和 Pt 纳米粒子或带正电荷的 epy^+ 和 Pt 纳米粒子之间的静电排斥相互作用有效地阻止了 Pt 纳米粒子在石墨烯表面的团聚，使之以较小的粒径均匀地分布在石墨烯表面。相比之下，在未加修饰的 Pt/rGO 催化剂上，由于没有静电排斥相互作用，Pt 纳米粒子极易团聚。此外，离子液体杂多酸 $(epy)_3PMo_{12}O_{40}$

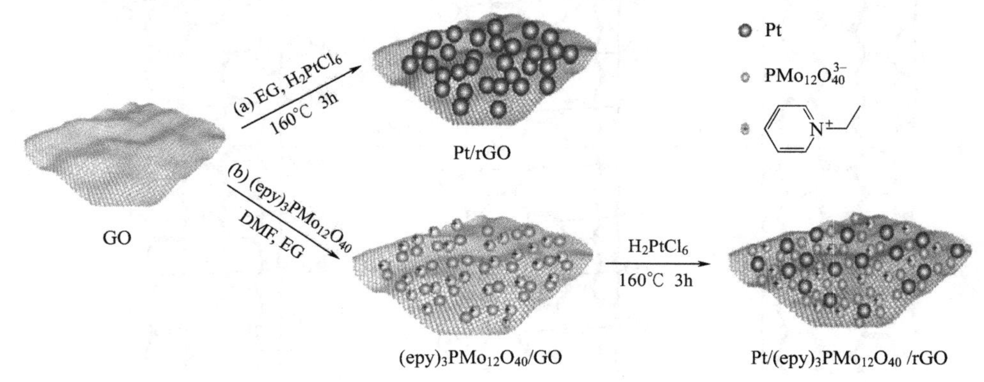

图 6-22　Pt/rGO 和 $Pt/(epy)_3PMo_{12}O_{40}/rGO$ 催化剂的合成过程示意图

还有效地改善了催化剂的抗CO中毒能力，并增强了材料的导电性。本方法制得的$Pt/(epy)_3PMo_{12}O_{40}/rGO$催化剂的甲醇氧化活性是商品Pt/C催化剂的10倍，是Pt/rGO催化剂的7倍，是Pt/epyBr/rGO催化剂的4倍，是$Pt/H_3PMo_{12}O_{40}/rGO$催化剂的2倍。这进一步证实，离子液体杂多酸$(epy)_3PMo_{12}O_{40}$对Pt纳米催化剂活性的提升具有显著的促进作用。

6.3 多孔氧化硅的功能化作用

负载于碳载体表面的电催化剂纳米金属粒子有发生溶解、迁移和聚集的趋势。多孔氧化硅材料具有较大的比表面积和较好的耐腐蚀性。在电催化剂表面构筑多孔氧化硅保护层，是提高其电化学稳定性、延长其使用寿命的一种有效手段。Takenaka等[31]在碳纳米管负载的Pt纳米粒子表面构建了一个多孔氧化硅层，以改善催化剂的稳定性。这种氧化硅覆盖层是通过在碳纳米管及Pt水合氧化物上进行3-氨丙基-三乙氧基硅烷（APTES）和四乙氧基硅烷（TEOS）的连续热解而形成的。电位扫描加速老化试验显示，制得的$SiO_2/Pt/CNTs$催化剂具有极高的稳定性。图6-23为催化剂在0.5mol/L H_2SO_4溶液中的循环伏安曲线。催化剂活性的改变可以通过电化学表面积的变化反映出来，而电化学表面积的变化则可以由氢的吸附/脱附峰的峰面积来判断。可以看出，随着电位扫描循环次数的增多，Pt/CNTs催化剂的电化学表面积显著降低；而$SiO_2/Pt/CNTs$催化剂的电化学表面积则基本不变。这是由于$SiO_2/Pt/CNTs$催化剂表面的多孔氧化硅层阻止了Pt纳米粒子在碳载体表面的溶解、迁移和聚集。研究还发现，这种覆盖于碳纳米管负载纳米金属粒子上的氧化硅层可以改善金属粒子的抗高温烧结能力[32]。

将$SiO_2/Pt/CNTs$催化剂用于质子交换膜燃料电池的阴极，可以有效地提升阴极催化剂的耐久性[33]。在Pt金属前驱体的存在下，通过在碳纳米管上连续热解3-氨丙基-三乙氧基硅烷和四乙氧基硅烷，并在氢气气氛中还原，制得$SiO_2/Pt/CNTs$催化剂。在质子交换膜燃料电池单电池中，尽管$SiO_2/Pt/CNTs$催化剂的Pt表面被氧化硅层均匀覆盖，其氧还原活性仍与Pt/CNTs催化剂接近。这表明以氧化硅层覆盖Pt/CNTs催化剂并不会显著地降低其催化活性。电位扫描试验表明，$SiO_2/Pt/CNTs$催化剂的稳定性显著高于Pt/CNTs催化剂。图6-24为电位扫描循环试验后催化剂的透射电子显微镜图片。可见经过1300次电位扫描循环，Pt/CNTs催化剂发生了严重的颗粒团聚现象，其粒径为3～

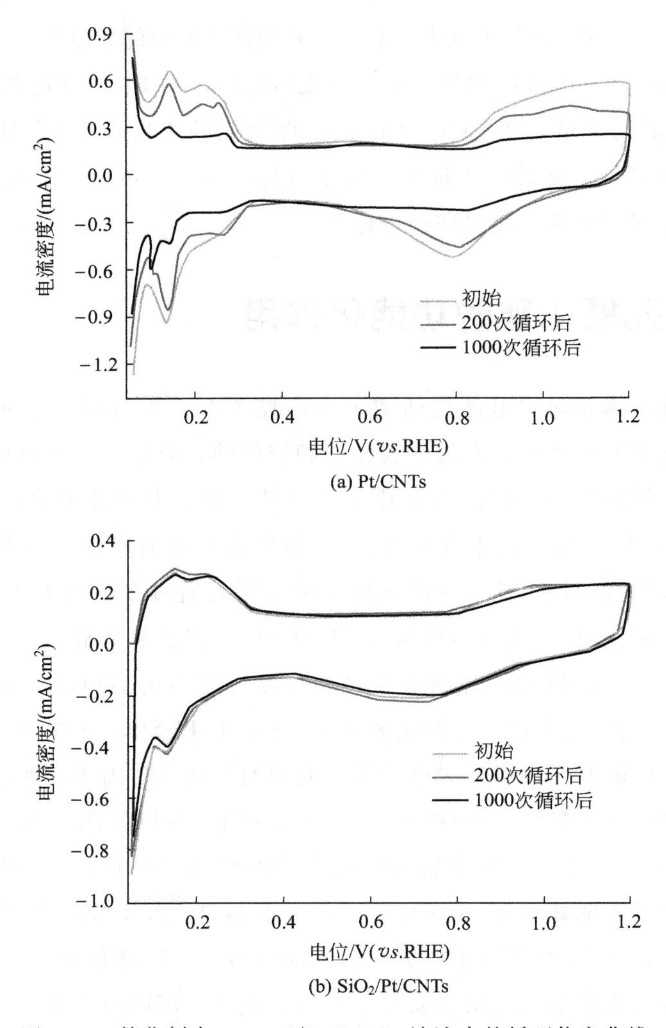

(a) Pt/CNTs

(b) SiO_2/Pt/CNTs

图 6-23　催化剂在 0.5mol/L H_2SO_4 溶液中的循环伏安曲线

20nm。相比之下，SiO_2/Pt/CNTs 催化剂由于有氧化硅层的保护，其颗粒团聚现象并不明显。由此可见，Pt 金属粒子表面氧化硅层的覆盖阻止了电位扫描循环过程中 Pt 粒子的生长。值得注意的是，电位扫描循环试验后，Pt 金属粒子并不存在于氧化硅覆盖层的外表面，而是存在于氧化硅覆盖层内部。这个结果有力地说明，在 SiO_2/Pt/CNTs 催化剂中，氧化硅层将 Pt 金属粒子包裹起来，从而有效地阻止了溶解的 Pt 离子向氧化硅层外部的扩散以及 Pt 金属粒子在载体上的团聚。

氧化硅覆盖层的厚度和密度对碳纳米管负载 Pt 金属粒子催化剂的性能有重要的影响[34]。在 SiO_2/Pt/CNTs 催化剂的制备过程中，通过改变氧化硅前驱体

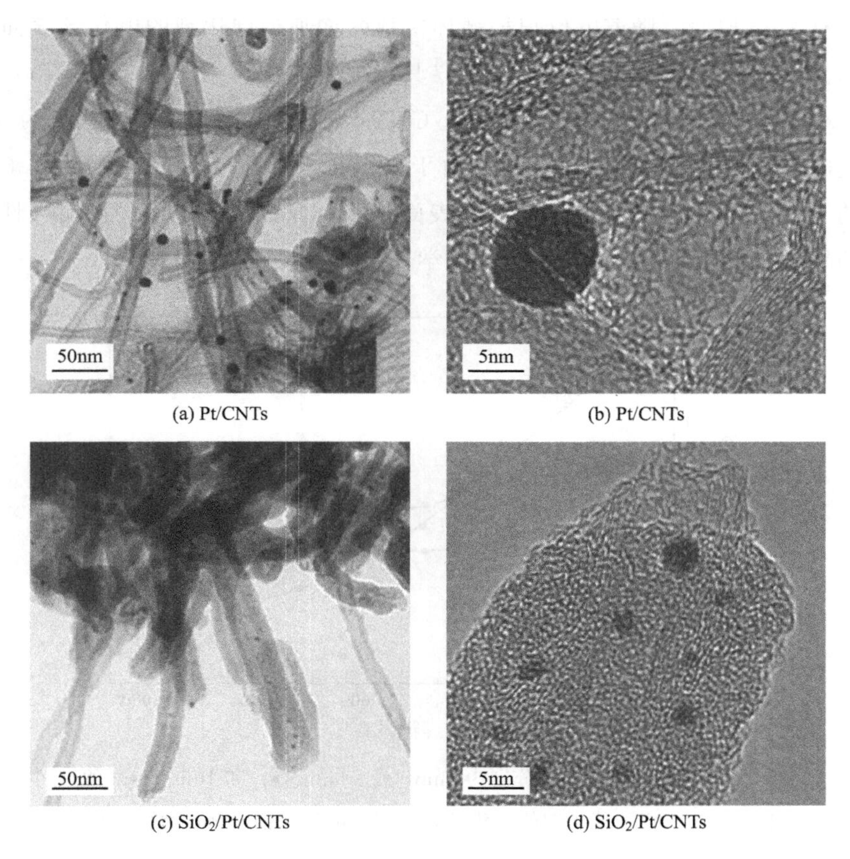

(a) Pt/CNTs　(b) Pt/CNTs

(c) SiO_2/Pt/CNTs　(d) SiO_2/Pt/CNTs

图 6-24　电位扫描循环试验后催化剂的透射电子显微镜图片

的浓度，可以控制催化剂氧化硅层的厚度。通过改变催化剂的处理温度和调节氧化硅前驱体水解的 pH 值，可以改变 SiO_2/Pt/CNTs 催化剂氧化硅层的密度。结果表明，适当厚度（如 6nm）及高密度的氧化硅层覆盖的 Pt/CNTs 催化剂具有较高的电化学活性表面积和出色的耐久性。SiO_2/Pt/CNTs 催化剂的致密氧化硅层可以阻止 Pt 纳米粒子溶解产生的 Pt 离子向催化剂外表面的扩散。图 6-25 显示了具有不同厚度氧化硅层的 SiO_2/Pt/CNTs 催化剂的电化学表面积随电位扫描循环次数的变化情况。SiO_2/Pt/CNTs 催化剂的初始电化学表面积随氧化硅层厚度的增加而减小。较厚的氧化硅层会阻碍活性 Pt 金属表面反应物和产物的扩散，不利于电化学反应的进行。SiO_2/Pt/CNTs 催化剂氧化硅层的厚度也会影响催化剂的电子导电性。在电化学反应中，催化剂中的电子需要通过碳纳米管的表面流入外电路。Pt/CNTs 催化剂上较厚的氧化硅层会减小暴露在外的碳纳米管表面，从而降低催化剂的电子导电性。此外，当 SiO_2/Pt/CNTs 催化剂的氧化硅层只有 2nm 厚时，随着电位扫描循环次数的增加，催化剂的电化学表面积急剧下降。经过 1000 次的电位扫描循环，其电化学表面积由 $136m^2/g$（Pt）降至 $23m^2/g$（Pt）。相比之下，当 SiO_2/Pt/CNTs 催化剂的氧化硅层厚度为 10nm 时，其电化学表面积相对稳定。这是由于当氧化硅层较厚时，Pt 金属粒子溶解产生的 Pt 离子无法扩散到催化剂的外表面，从而保证了催化剂的高耐久性。但过厚的氧化硅层也会降低催化剂的电化学表面积。

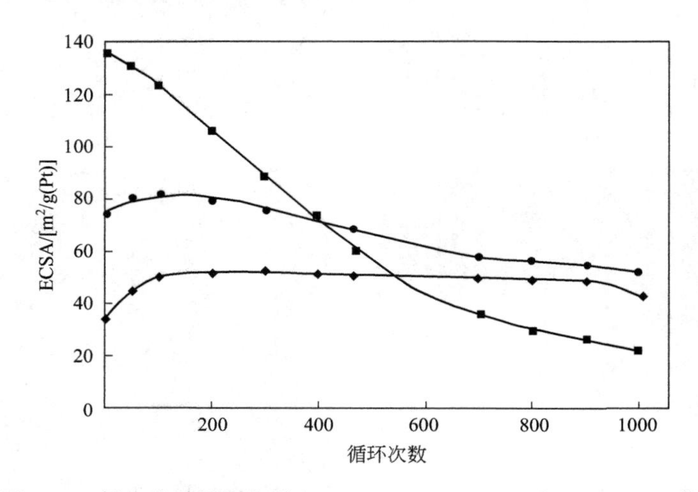

图 6-25 氧化硅层厚度分别为 2nm（■）、6nm（●）和 10nm（◆）的 SiO_2/Pt/CNTs 催化剂的电化学表面积随电位扫描循环次数的变化

除 Pt 金属催化剂以外，多孔氧化硅保护层也被应用于 Pd 金属催化剂[35]。在 SiO_2/Pd/CNTs 催化剂中，氧化硅层的存在同样改善了催化剂的耐久性。在此基础上，进一步将多孔氧化硅层应用于 Pd 基双金属催化剂，也取得了满意的效果[36]。在电位扫描循环试验中，覆盖于 Pd-Co/CNTs 催化剂上的几纳米厚的氧化硅层可以阻止金属组分扩散到催化剂的外表面。SiO_2/Pd-Co/CNTs 催化剂具有较高的氧还原活性，并且在聚合物电解质燃料电池的阴极条件下显示出良好的耐久性。

采用疏水氧化硅覆盖层可以进一步改善 Pt/CNTs 催化剂的性能[37]。研究发现，以甲基三乙氧基硅烷（MTEOS）制备的氧化硅覆盖 Pt/CNTs 催化剂的氧还原活性与无覆盖 Pt/CNTs 催化剂相当，而以四乙氧基硅烷（TEOS）制备的氧化硅覆盖 Pt/CNTs 催化剂的氧还原活性则略低于无覆盖 Pt/CNTs 催化剂。由于甲基的疏水作用，由甲基三乙氧基硅烷制备的氧化硅层比由四乙氧基硅烷制备的氧化硅层更具疏水性。此外，与由四乙氧基硅烷制备的氧化硅层相比，由甲基三乙氧基硅烷制备的氧化硅层具有较大的孔径。这种大孔径的疏水氧化硅有利于氧还原反应中反应物和产物的传质。通过对不同分子量的醇类（甲醇、乙醇和正丙醇）氧化反应催化活性的比较，可以判断氧化硅层孔结构对催化剂性能的影响。Pt/CNTs、SiO_2/Pt/CNTs（TEOS）和 SiO_2/Pt/CNTs（MTEOS）三种催化剂的电化学表面积分别为 $70m^2/g$（Pt）、$46m^2/g$（Pt）和 $71m^2/g$（Pt）。图6-26比较了 SiO_2/Pt/CNTs（MTEOS）和 SiO_2/Pt/CNTs（TEOS）催化剂对甲醇、乙醇和正丙醇氧化反应的相对活性。值得注意的是，随着醇类分子量的增大，SiO_2/Pt/CNTs（MTEOS）和 SiO_2/Pt/CNTs（TEOS）催化剂的活性差别越来越大。对于甲醇氧化反应，两种催化剂的活性很接近；而对于正丙醇的氧化反应，两种催化剂的活性则相差数倍。这一结果充分说明，由APTES和MTEOS制得的二氧化硅层比由APTES和TEOS制得的二氧化硅层具有更大的孔径。

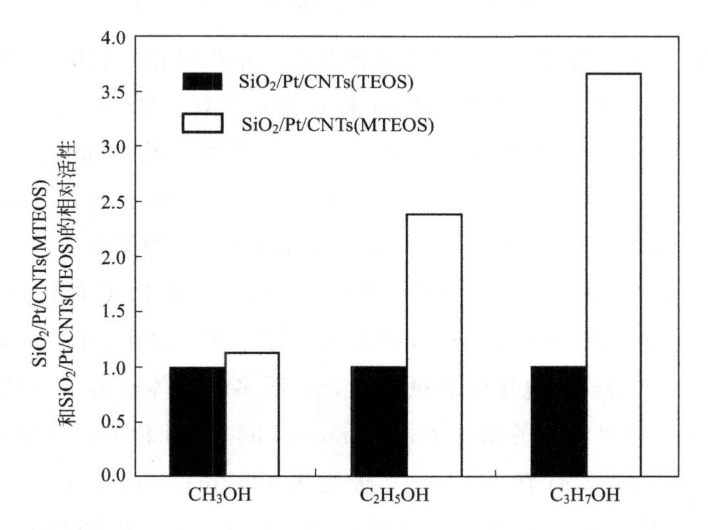

图6-26 SiO_2/Pt/CNTs（MTEOS）和 SiO_2/Pt/CNTs（TEOS）催化剂对甲醇、乙醇和正丙醇氧化反应的相对活性

在催化剂的制备过程中引入硅胶，可以提高碳载Pt催化剂的金属利用率。Zeng等[38]首先将Pt纳米粒子沉积在硅胶表面，形成Pt-silica复合物；然后将其吸附到碳载体上。Pt-silica/C催化剂的制备过程如图6-27所示。这种催化剂制备方法提高了Pt金属的利用率，并能在互相穿插的碳和二氧化硅粒子网络中产生易于进入的孔隙空间，有利于反应物和产物的传质。氢的电化学吸附/脱附试验和CO氧化试验均表明，本方法制得的Pt-silica/C催化剂具有较高的电化学

表面积。催化活性试验结果显示，二氧化硅修饰的催化剂的甲醇电氧化活性是未修饰催化剂的 3 倍。催化剂中的二氧化硅粒子对于抑制碳载体的聚集具有重要意义。二氧化硅粒子的采用有效地改善了反应物向催化剂金属表面的传质效率。进一步研究了催化剂中二氧化硅与 Pt 的原子比对催化剂性能的影响[39]。研究发现，当原子比 silica：Pt=1.7：1 时，催化剂具有较高的活性。

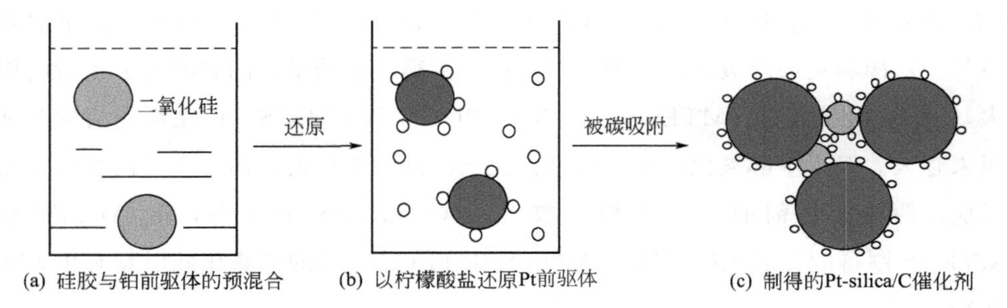

图 6-27 Pt-silica/C 催化剂的制备过程示意图

Tang 等[40]通过氢键辅助自组装路径合成了介孔碳和二氧化硅-碳复合载体，用作高温聚合物电解质膜燃料电池 Pt 催化剂的载体。Pt/meso-C 和 Pt/meso-SiO_2-C 催化剂的孔径分别为 4.5nm 和 5.2nm。采用介孔碳和介孔二氧化硅-碳载体来代替传统的 XC-72 炭黑载体，可以显著改善燃料电池的高温运行性能。图 6-28 显示了 Pt/meso-SiO_2-C、Pt/meso-C 和 Pt/C 三种催化剂在 100℃和 30%相对湿度条件下的单电池性能。在低电流密度区域，普通 Pt/C 催化剂的性能急剧下降，表明在高温和低湿度条件下电池快速失水。相比之下，Pt/meso-SiO_2-C 和 Pt/meso-C 催化剂的初始电压降要低很多，表明多孔载体具有优异的保水能力。在 100℃和 30%相对湿度的条件下，Pt/meso-SiO_2-C 催化剂的电池最大功率密度可达 456mW/cm^2，高于 Pt/meso-C 催化剂（417mW/cm^2）和 Pt/XC-72 炭黑催化剂（345mW/cm^2）。在电化学阻抗谱中，Pt/meso-C 和 Pt/meso-SiO_2-C 催化剂的电荷传递电阻分别为 1.98Ω 和 1.34Ω，远小于 Pt/XC-72 炭黑催化剂(3.96Ω)，同样反映出介孔催化剂具有良好的催化性能。

Zhu 等[41]利用烷氧基硅烷的水解反应，制备了氧化硅稳定化的 Pt/C 阴极催化剂，用于质子交换膜燃料电池。研究表明，烷氧基硅烷的水解不会显著改变 Pt 纳米粒子的形貌和晶体结构。与 Pt/C 催化剂相比，SiO_2/Pt/C 催化剂显示出较高的耐久性，这是由于覆盖的氧化硅层有利于减轻 Pt 纳米粒子的聚集和溶解，并可增强碳载体的耐腐蚀性。同时，SiO_2/Pt/C 催化剂的氧还原活性略低于 Pt/C催化剂，这是由于氧化硅层的存在降低了催化剂的氧还原动力学性能及传

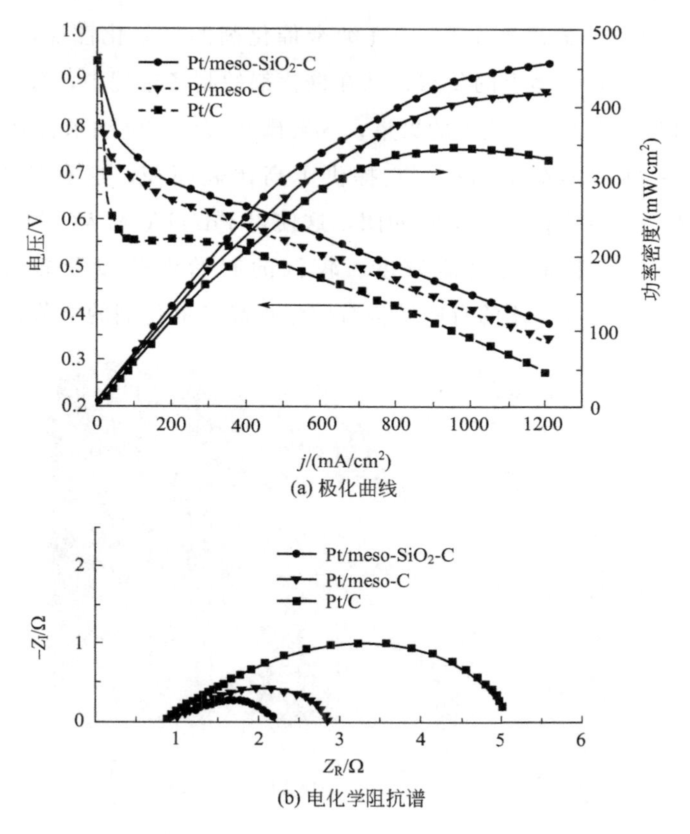

图 6-28　Pt/meso-SiO_2-C、Pt/meso-C 和 Pt/C 三种催化剂在 100℃和 30%相对湿度条件下的单电池性能

质速率。Oh 等[42]利用原硅酸四乙酯的水解反应制备了炭黑负载的氧化硅覆盖的 Pt_3Co_1 合金纳米粒子 Pt_3Co_1@SiO_2/C。经过高温处理后，以 HF 除去氧化硅壳层，得到纳米尺度隔离的 Pt_3Co_1/C(SiO_2) 氧还原催化剂。在催化剂的制备过程中，氧化硅壳层的隔离作用阻止了高温处理时金属粒子的烧结。

6.4 其他无机材料的功能化作用

羟磷灰石是一种生物陶瓷材料，其结构易于吸附各种金属，产生修饰作用。Safavi 等[43]以羟磷灰石包裹的碳纳米管为载体，制备了 Pd 纳米催化剂，用于碱性介质中的醇类电化学氧化反应。图 6-29 是 Pd/HA/MWCNTs 催化剂的透射电子显微镜图片。可以看出，在多壁碳纳米管的周围，有一层由均匀分布的羟磷灰石构成的薄壳层。平均粒径为 3nm 的 Pd 纳米粒子均匀地分散在羟磷灰石壳层上。羟磷灰石的引入显著地改善了 Pd 纳米催化剂的醇氧化性能：①促进了 Pd 纳米粒子在碳纳米管载体上的负载；②在催化剂的制备过程中，羟磷灰石起到配体的作用，抑制了 Pd 纳米粒子的聚集；③羟磷灰石修饰碳纳米管复合载体 HA/MWCNTs 具有独特的纳米结构，它提供了高比表面积，这有利于传质过程；④羟磷灰石表面含有丰富的羟基官能团，这使得 Pd/HA/MWCNTs 催化剂在醇氧化反应中显示出较高的电流密度、较低的起始电位以及较好的耐久性；⑤HA/MWCNTs 复合载体的有序结构有效地提高了催化剂的电荷转移效率。

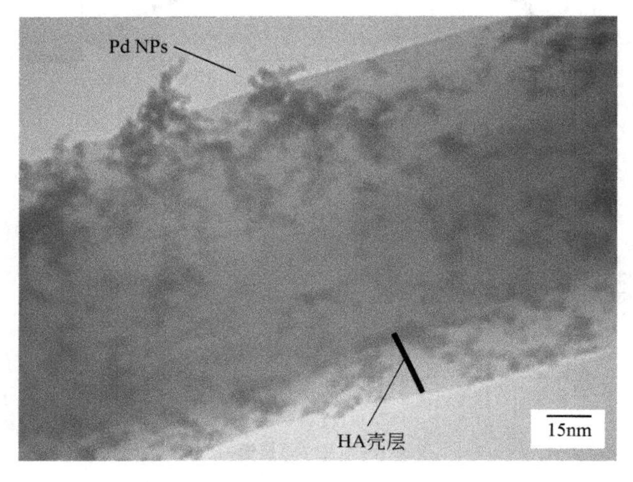

图 6-29　Pd/HA/MWCNTs 催化剂的透射电子显微镜图片

近年来的研究表明，磷对电催化剂的性能具有显著的促进作用。Sun 等[44]采用次磷酸盐辅助还原法制备了具有超高甲醇电氧化活性和稳定性的碳纳米管负载 Pt-Co-P 超细纳米粒子电催化剂。催化剂的电化学测试结果如图 6-30 所示。循环伏安曲线显示，Pt-Co-P 纳米粒子的粒径随 Pt-Co-P-x/CNTs 催化剂中磷含量的升高而减小，而催化剂的甲醇氧化峰电流密度则随磷含量的升高而增大。Pt-Co-P-11.9/CNTs 催化剂具有最大的峰电流密度。Pt-Co-P-11.9/CNTs 催化剂的正向扫描峰面积和反向扫描峰面积之比为 1.07，高于 Pt-Co/CNTs 催化剂（0.87）和商品 Pt/C 催化剂（0.95），表明 Pt-Co-P-11.9/CNTs 催化剂具有较强的抗 CO 中毒能力。这可能是由于加入的磷同铂和钴形成合金，产生了协同效应。CO 溶出伏安曲线显示，Pt-Co-P-11.9/CNTs 催化剂的 CO 氧化起始电位为 0.45V，显著低于 Pt-Co/CNTs 催化剂（0.55V）和商品 Pt/C 催化剂（0.57V）。这表明磷与铂和钴形成合金后，可以促进 CO 类中间产物的除去。这可以归因于电子协同效应，它减弱了 CO 类中间产物的吸附强度，并提供含氧基团以加快吸附的 CO 类物种的氧化。计时电流曲线显示，Pt-Co-P-11. 9/CNTs 催化剂的电流密度衰减幅度远低于 Pt-Co/CNTs 催化剂和商品 Pt/C 催化剂。这同样可能源于 Pt-Co-P 合金催化剂的电子协同效应。

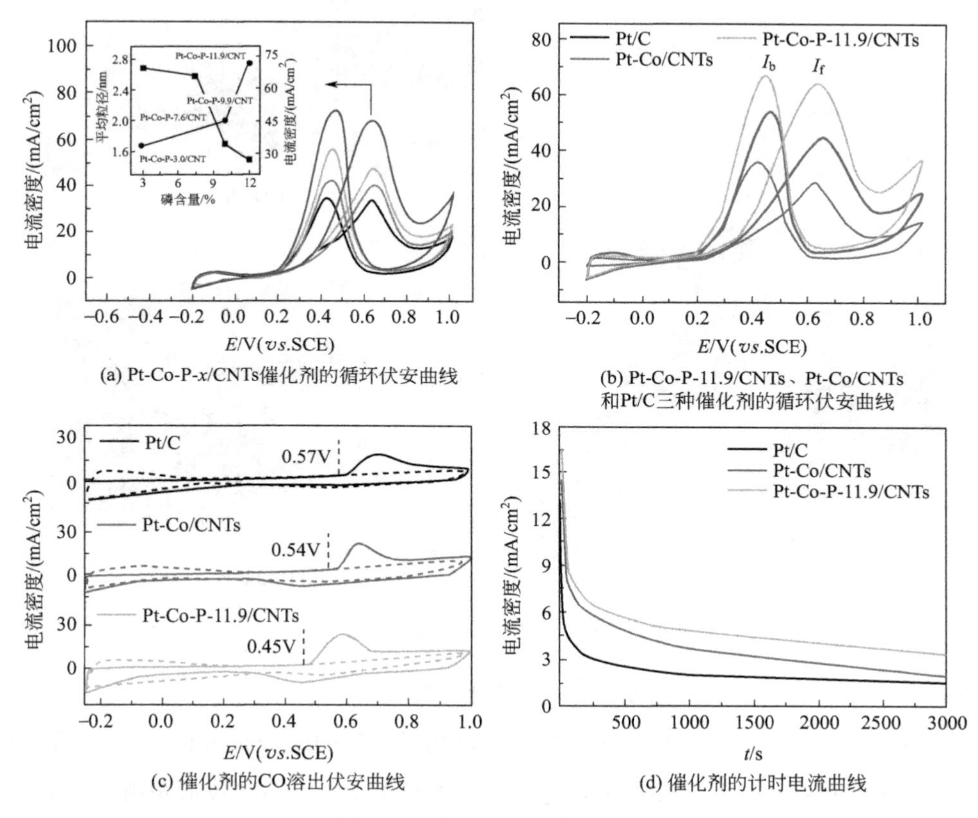

图 6-30　催化剂的电化学曲线

对于碱性介质中的 Pd 基电催化剂，磷的引入同样起到了改善催化性能的作用。磷是一种价格低廉的非金属元素，含有丰富的价电子。磷在催化反应中的电子转移效应和配体效应已被一些研究所证实。Xu 等[45]制备了具有网状结构的 Pd-Ru-P 三元纳米粒子催化剂，用于碱性介质中的甲醇氧化反应。分别以苯甲醇和水合肼为溶剂和还原剂，合成了一系列具有网状结构的 PdRu/P 催化剂。图 6-31为催化剂的透射电子显微镜图片。可以清楚地看到，在 $Pd_3Ru_1/P_{1.5}$催化剂中，一些纳米粒子相互结合，形成 3D 网状结构，有效地增大了催化剂的活性表面积。得益于 3D 网状结构，非金属元素磷的引入增强了催化剂的协同效应及电子移动性。与 Pd/C、PdRu 及 Pd/P 催化剂相比，PdRu/P 催化剂显示出较高的

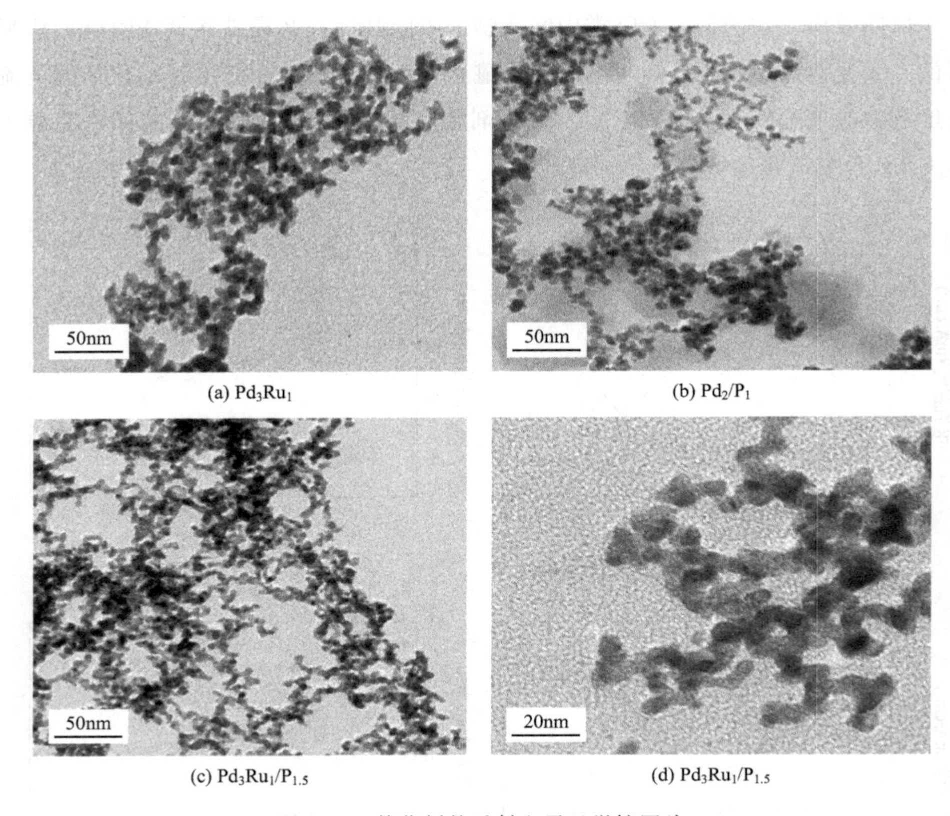

(a) Pd_3Ru_1 (b) Pd_2/P_1

(c) $Pd_3Ru_1/P_{1.5}$ (d) $Pd_3Ru_1/P_{1.5}$

图 6-31 催化剂的透射电子显微镜图片

峰电流、较低的起始电位以及出色的长期稳定性。

磷对金属催化剂的助催化作用可以用催化活性位的改变来解释。Chen 等[46]发现，在 Pd-Ni-P 纳米催化剂中，磷的引入缩短了 Pd-Ni 活性位的距离，从而改善了催化剂的乙醇电氧化性能，如图 6-32 所示。制备了用于乙醇电氧化反应的、粒径约为 5nm 的 Pd-Ni-P 三元纳米粒子催化剂。通过将催化剂的存在形式由 Pd/Ni-P 异二聚体转变为 Pd-Ni-P 纳米粒子，并调节 Pd/Ni 原子比为 1∶1，实现了 Pd 和 Ni 活性位之间距离的缩短。其催化活性可达 4.95A/mg（Pd），约为商品 Pd/C 催化剂活性［0.72A/mg（Pd）］的 6.88 倍。密度泛函理论计算表明，催化剂活性和稳定性的改善源自 Ni 活性位上 OH 基团的大量产生，以及它与邻近的 Pd 活性位上 CH_3CO 自由基的结合。Ni 活性位上的 OH 基团促进了碳质毒物的氧化除去。

在制备金属-磷催化剂的过程中，如何将高含量的磷引入催化剂中，是一个需要考虑的问题。Li 等[47]以白磷为磷源，合成了 PdAu-P 三元合金催化剂，用

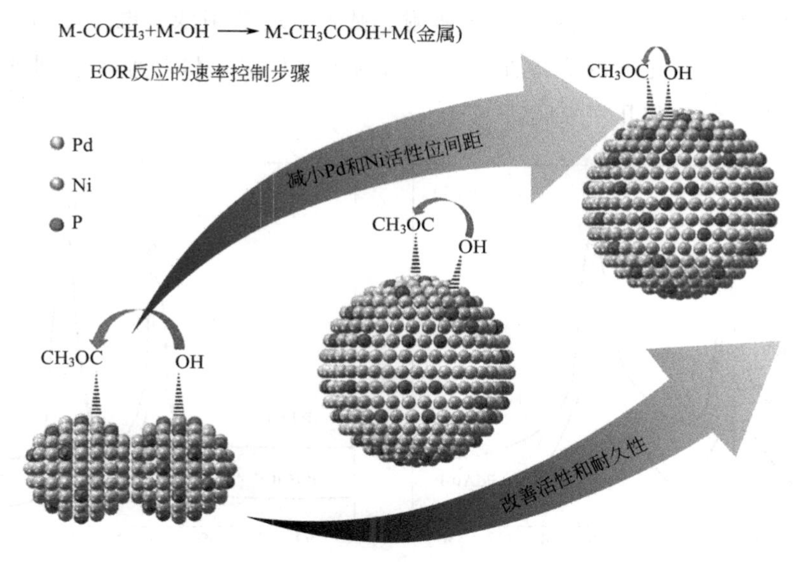

图 6-32　通过缩短 Pd-Ni 活性位的距离实现催化性能的改进示意图

于碱性介质中的甲醇电氧化反应。在 PdAu-P 催化剂的制备过程中，以 $PdCl_2$ 和 $HAuCl_4$ 为前驱体，以白磷（P_4）分子为还原剂和 P 掺杂剂。制得的 PdAu-P 催化剂显示出较高的电催化活性、稳定性和良好的抗 CO 中毒能力。PdAu-P 催化剂的结构特点（较高的磷含量和较小的粒径）和协同效应（电子效应和几何效应）促成了其优异的催化性能。

图 6-33 为 PdAu-P 催化剂和 PdAu 催化剂的 X 射线光电子能谱。可以看出，与 PdAu 催化剂相比，PdAu-P 催化剂 Pd 3d 谱峰的结合能显著正移了约 0.4eV。与 Pd 3d 谱峰相类似，其 Au 4f 谱峰的位置也正移了约 0.2eV。同时还可以观察到，与 P 2p 结合能的标准值（130.4eV）相比，PdAu-P 催化剂 P 2p 谱峰的结合能发生了显著的负移，其负移的幅度约为 0.4eV。PdAu-P 催化剂中的 Pd 3d（或 Au 4f）谱峰与 P 2p 谱峰的反向偏移表明，在 PdAu 和 P 原子之间存在强相互作用。这种强相互作用导致了催化剂中电子和原子结构的改变。考虑到 Pd 3d 和 Au 4f 谱峰结合能的正移，可以判断，在 PdAu-P 催化剂中，电子由带正电荷的 Pd 和 Au 原子向带负电荷的 P 原子转移。一般说来，Pd 3d 结合能的正移意味着 Pd 原子 d 能带中心的下移，这可以有效地弱化各种吸附质在催化剂表面的吸附，从而促进甲醇的电化学氧化。此外，基于几何效应，PdAu-P 催化剂表面由 Pd、Au 和 P 构成的混合活性位可以降低 Pd 表面桥式键合 CO（CO_B）与线式键合 CO（CO_L）的比率，从而促进毒性物种 CO_{ads} 的氧化除去。这是由于 CO

分子在 Pd 表面的线式吸附弱于桥式吸附。基于上述 X 射线光电子能谱分析，可以判断 PdAu-P 催化剂的优异性能主要归因于 Pd、Au 和 P 原子之间的协同效应，包括电子效应和几何效应。

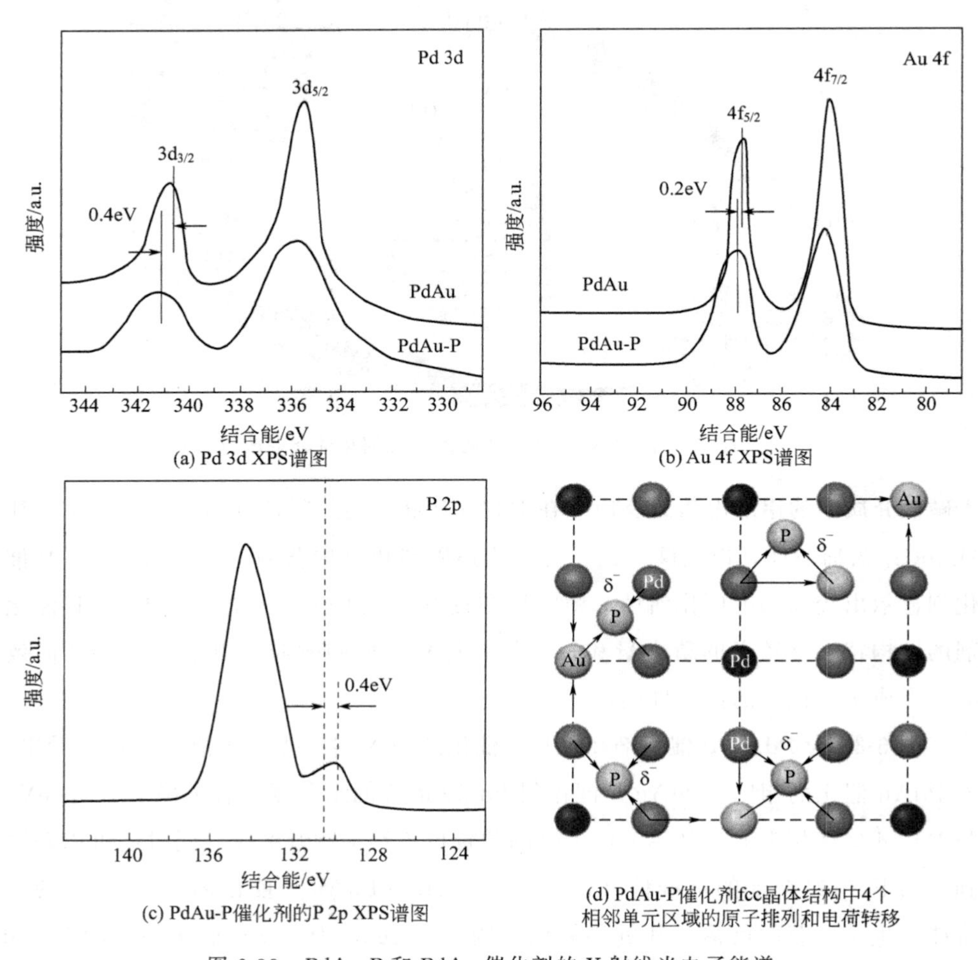

(a) Pd 3d XPS谱图

(b) Au 4f XPS谱图

(c) PdAu-P催化剂的P 2p XPS谱图

(d) PdAu-P催化剂fcc晶体结构中4个相邻单元区域的原子排列和电荷转移

图 6-33 PdAu-P 和 PdAu 催化剂的 X 射线光电子能谱

无机材料在电催化剂中的功能化作用具有显著的特点。不同于有机化合物的复杂分子结构和官能团效应，无机材料的功能化作用往往通过自组装薄膜或特殊的孔结构、核壳结构等方式来实现。无机功能化材料对催化剂活性组分的影响包括了空间效应、电荷效应及组分协同效应等方面。与有机化合物的官能团协同效应不同，无机材料的协同效应主要通过表面原子的电子相互作用来实现。电催化反应在催化剂和反应物的界面上发生，这对于催化剂的活性、传质性能及导电性都提出了较高的要求。结合不同功能化材料的特点，对其进行整合和优化，形成复合功能化体系，是电催化剂功能化的一个发展方向。

参 考 文 献

[1] Ferrell J. R.，Kuo M. C.，Turner J. A.，et al. The use of the heteropoly acids，$H_3PMo_{12}O_{40}$ and $H_3PW_{12}O_{40}$，for the enhanced electrochemical oxidation of methanol for direct methanol fuel cells [J]. Electrochim. Acta，2008，53：4927-4933.

[2] Pan D.，Chen J.，Tao W.，et al. Polyoxometalate-modified carbon nanotubes：New catalyst support for methanol electro-oxidation [J]. Langmuir，2006，22：5872-5876.

[3] Guo Z. P.，Han D. M.，Wexler D.，et al. Polyoxometallate-stabilized platinum catalysts on multi-walled carbon nanotubes for fuel cell applications [J]. Electrochim. Acta，2008，53：6410-6416.

[4] Han D. M.，Guo Z. P.，Zhao Z. W.，et al. Polyoxometallate-stabilized Pt-Ru catalysts on multiwalled carbon nanotubes：Influence of preparation conditions on the performance of direct methanol fuel cells [J]. J. Power Sources，2008，184：361-369.

[5] Chen W.，Wei X.，Zhang Y.. Phosphomolybdic acid modified PtRu nanocatalysts for methanol electro-oxidation [J]. J. Appl. Electrochem.，2013，43：575-582.

[6] Li H.，Zhang X.，Pang H.，et al. PMo_{12}-functionalized graphene nanosheet-supported PtRu nanocatalysts for methanol electro-oxidation [J]. J. Solid State Electrochem.，2010，14：2267-2274.

[7] Guo X.，Guo D. J.，Wang J. S.，et al. Using phosphomolybdic acid（$H_3PMo_{12}O_{40}$）to efficiently enhance the electrocatalytic activity and CO-tolerance of platinum nanoparticles supported on multi-walled carbon nanotubes catalyst in acidic medium [J]. J. Electroanal. Chem.，2010，638：167-172.

[8] Wang X.，Zhang X.，He X.，et al. Facile electrodeposition of flower-like PMo_{12}-Pt/rGO composite with enhanced electrocatalytic activity towards methanol oxidation [J]. Catalysts，2015，5：1275-1288.

[9] Jin X.，He B.，Miao J.，et al. Stabilization and dispersion of PtRu and Pt nanoparticles on multi-walled carbon nanotubes using phosphomolybdic acid，and the use of the resulting materials in a direct methanol fuel cell [J]. Carbon，2012，50：3083-3091.

[10] Zhang X.，Wang X.，Le L.，et al. A Pd/PW_{12}/RGO composite catalyst prepared by electro-codeposition for formic acid electro-oxidation [J]. J. Electrochem. Soc.，2016，163 (2)：F71-F78.

[11] Zhang L.，Li Z.，Huang X.，et al. Green and facile synthesis of Pt/{PW_{12}-GN} composite film and its electrocatalytic activity for methanol oxidation [J]. J. Solid State Electrochem.，2014，18：2005-2012.

[12] 陆亮，陈婷婷，葛存旺，等．磷钨酸修饰活性炭载Pd催化剂的制备及对甲酸氧化的电催化性能 [J]. 高等学校化学学报，2014，35 (1)：115-120.

[13] 杨改秀，邓玲娟，唐亚文，等．磷钨酸对甲酸在碳载Pd催化剂上电氧化的促进作用 [J]. 高等学校化学学报，2009，30 (6)：1173-1176.

[14] Lu J.，Hong L.，Yang Y.，et al. Phosphotungstic acid-assisted preparation of carbon nanotubes-

supported uniform Pt and Pt bimetallic nanoparticles, and their enhanced catalytic activity on methanol electro-oxidation [J]. J. Nanopart. Res., 2014, 16: 2162.

[15] Chojak M., Mascetti M., Wlodarczyk R., et al. Oxidation of methanol at the network film of polyoxometallate-linked ruthenium-stabilized platinum nanoparticles [J]. J. Solid State Electrochem., 2004, 8: 854-860.

[16] Chen W., Wei X., Zhang Y.. A comparative study of tungsten-modified PtRu electrocatalysts for methanol oxidation [J]. Int. J. Hydrogen Energy, 2014, 39: 6995-7003.

[17] Chojak M., Kolary-Zurowska A., Wlodarczyk R., et al. Modification of Pt nanoparticles with polyoxometallate monolayers: Competition between activation and blocking of reactive sites for the electrocatalytic oxygen reduction [J]. Electrochim. Acta, 2007, 52: 5574-5581.

[18] Tian Q., Li J., Jiang S., et al. Mixed heteropolyacids modified carbon supported Pd catalyst for formic acid oxidation [J]. J. Electrochem. Soc., 2016, 163 (3): F139-F149.

[19] Zhang X., Huang Q., Li Z., et al. Effects of silicotungstic acid on the physical stability and electrocatalytic activity of platinum nanoparticles assembled on graphene [J]. Materials Research Bulletin, 2014, 60: 57-63.

[20] Maiyalagan T.. Silicotungstic acid stabilized Pt-Ru nanoparticles supported on carbon nanofibers electrodes for methanol oxidation [J]. Int. J. Hydrogen Energy, 2009, 34: 2874-2879.

[21] Mason S. K., Neyerlin K. C., Kuo M. C., et al. Investigation of a silicotungstic acid functionalized carbon on Pt activity and durability for the oxygen reduction reaction [J]. J. Electrochem. Soc., 2012, 159 (12): F871-F879.

[22] 杨改秀，陈婷婷，唐亚文，等. 硅钨酸修饰碳载Pd催化剂对甲酸氧化的电催化性能 [J]. 物理化学学报，2009，25 (12)：2450-2454.

[23] 李莉，武刚，叶青，等. Pt/C催化剂的硅钼酸电化学修饰 [J]. 物理化学学报，2006，22 (4)：419-423.

[24] Wang D., Lu S., Jiang S. P.. Pd/HPW-PDDA-MWCNTs as effective non-Pt electrocatalysts for oxygen reduction reaction of fuel cells [J]. Chem. Commun., 2010, 46: 2058-2060.

[25] Cui Z., Kulesza P. J., Li C. M., et al. Pd nanoparticles supported on HPMo-PDDA-MWCNT and their activity for formic acid oxidation reaction of fuel cells [J]. Int. J. Hydrogen Energy, 2011, 36: 8508-8617.

[26] Ma A., Zhang X., Li Z., et al. Graphene and polyoxometalate synergistically enhance electro-catalysis of Pd toward formic acid electro-oxidation [J]. J. Electrochem. Soc., 2014, 161 (12): F1224-F1230.

[27] Wang D., Lu S., Xiang Y., et al. Self-assembly of HPW on Pt/C nanoparticles with enhanced electrocatalysis activity for fuel cell applications [J]. Appl. Catal. B, 2011, 103: 311-317.

[28] Yu S., Wang Y., Zhu H., et al. Synthesis and electrocatalytic performance of phosphotungstic acid-modified Ag@Pt/MWCNTs catalysts for oxygen reduction reaction [J]. J. Appl. Electrochem., 2016, 46 (9): 917-928.

[29] Cui Z. M., Li C. M., Jiang S. P.. PtRu catalysts supported on heteropolyacid and chitosan functionalized carbon nanotubes for methanol oxidation reaction of fuel cells [J]. Phys. Chem. Chem. Phys., 2011, 13: 16349-16357.

[30] Shi H., Wang R., Lou M., et al. A novel Pt/pyridine ionic liquid polyoxometalate/rGO tri-component hybrid and its enhanced activities for methanol electrooxidation [J]. Electrochim. Acta, 2019, 294: 93-101.

[31] Takenaka S., Matsumori H., Nakagawa K., et al. Improvement in the durability of Pt electrocatalysts by coverage with silica layers [J]. J. Phys. Chem. C, 2007, 111: 15133-15136.

[32] Takenaka S., Arike T., Matsune H., et al. Preparation of carbon nanotube-supported metal nanoparticles coated with silica layers [J]. J. Catal., 2008, 257: 345-355.

[33] Takenaka S., Matsumori H., Matsune H., et al. High durability of carbon nanotube-supported Pt electrocatalysts covered with silica layers for the cathode in a PEMFC [J]. J. Electrochem. Soc., 2008, 155 (9): B929-B936.

[34] Matsumori H., Takenaka S., Matsune H., et al. Preparation of carbon nanotube-supported Pt catalysts covered with silica layers; application to cathode catalysts for PEFC [J]. Appl. Catal. A, 2010, 373: 176-185.

[35] Takenaka S., Susuki N., Miyamoto H., et al. Highly durable Pd metal catalysts for the oxygen reduction reaction in fuel cells; coverage of Pd metal with silica [J]. Chem. Commun., 2010, 46: 8950-8952.

[36] Takenaka S., Tsukamoto T., Matsune H., et al. Carbon nanotube-supported Pd-Co catalysts covered with silica layers as active and stable cathode catalysts for polymer electrolyte fuel cells [J]. Catal. Sci. Technol., 2013, 3: 2723-2731.

[37] Takenaka S., Miyamoto H., Utsunomiya Y., et al. Catalytic activity of highly durable Pt/CNT catalysts covered with hydrophobic silica layers for the oxygen reduction reaction in PEFCs [J]. J. Phys. Chem. C, 2014, 118: 774-783.

[38] Zeng J., Lee J. Y., Chen J., et al. Increased metal utilization in carbon-supported Pt catalysts by adsorption of preformed Pt nanoparticles on colloidal silica [J]. Fuel Cells, 2007, 7 (4): 285-290.

[39] Zeng J., Chen J., Lee J. Y.. Enhanced Pt utilization in electrocatalysts by covering of colloidal silica nanoparticles [J]. J. Power Sources, 2008, 184: 344-347.

[40] Tang H., Jiang S. P.. Self-assembled Pt/mesoporous silica-carbon electrocatalysts for elevated-temperature polymer electrolyte membrane fuel cells [J]. J. Phys. Chem. C, 2008, 112: 19748-19755.

[41] Zhu T., Du C., Liu C., et al. SiO_2 stabilized Pt/C cathode catalyst for proton exchange membrane fuel cells [J]. Applied Surface Science, 2011, 257: 2371-2376.

[42] Oh J. G., Oh H. S., Lee W. H., et al. Preparation of carbon-supported nanosegregated Pt alloy catalysts for the oxygen reduction reaction using a silica encapsulation process to inhibit the sintering effect during heat treatment [J]. J. Mater. Chem., 2012, 22: 15215-15220.

[43] Safavi A., Abbaspour A., Sorouri M.. Hydroxyapatite wrapped multiwalled carbon nanotubes

composite, a highly efficient template for palladium loading for electrooxidation of alcohols [J]. J. Power Sources, 2015, 287: 458-464.

[44] Sun J., Dou M., Zhang Z., et al. Carbon nanotubes supported Pt-Co-P ultrafine nanoparticle electrocatalysts with superior activity and stability for methanol electro-oxidation [J]. Electrochim. Acta, 2016, 215: 447-454.

[45] Xu H., Yan B., Zhang K., et al. Facile synthesis of Pd-Ru-P ternary nanoparticle networks with enhanced electrocatalytic performance for methanol oxidation [J]. Int. J. Hydrogen Energy, 2017, 42: 11229-11238.

[46] Chen L., Lu L., Zhu H., et al. Improved ethanol electrooxidation performance by shortening Pd-Ni active site distance in Pd-Ni-P nanocatalysts [J]. Nature Communications, 2017, 8: 14136.

[47] Li T., Wang Y., Tang Y., et al. White phosphorus derived PdAu-P ternary alloy for efficient methanol electrooxidation [J]. Catal. Sci. Technol., 2017, 7 (15): 3355-3360.